TRANSFORMATION

DE

L'ARITHMÉTIQUE

OU

PRÉCIS ÉLÉMENTAIRE

SUR L'EXPLICATION DES LOGARITHMES ET SUR

LEUR APPLICATION

AUX DIFFÉRENTS USAGES DES CALCULS

Emploi de l'addition ou de la soustraction
logarithmique pour suppléer à la multiplication (effectuée par le
principe de l'arithmétique), à la division, à la règle de trois et aux règles
qui en dépendent, aux règles de trois composées, aux règles de
répartition proportionnelle simple, aux règles de répartition
proportionnelle composée, aux règles de société simple, aux règles de
société composée, aux règles du temps pour les
paiements du premier cas et du second cas, à la règle de la
méthode dite du marc le franc, à la règle sur l'extraction des racines
carrées, à la règle sur l'extraction des racines cubiques, à la règle sur
l'escompte en dehors et en dedans, aux règles sur les
changes et les arbitrages, aux règles sur les fonds publics étrangers,
aux règles des intérêts simples, aux règles des intérêts
composés, aux règles sur les rentes, aux règles
sur les annuités et des amortissements,

Par P.-C. HENUY-MARY

REIMS

IMPRIMERIE DE P. DUBOIS, RUE DE L'ARBALÈTE, 9

1863

TRANSFORMATION

DE L'ARITHMÉTIQUE

Tout exemplaire de ce genre, non revêtu de
la signature de l'auteur, sera considéré comme
contrefait, et tout contrefacteur ou débitant de
contrefaçons sera poursuivi selon la rigueur de
la loi.

TRANSFORMATION

DE

L'ARITHMÉTIQUE

OU

PRÉCIS ÉLÉMENTAIRE

SUR L'EXPLICATION DES LOGARITHMES ET SUR LEUR APPLICATION
AUX DIFFÉRENTS USAGES DES CALCULS

Emploi de l'addition ou de la soustraction
logarithmique pour suppléer à la multiplication (effectuée par le
principe de l'arithmétique), à la division, à la règle de trois et aux règles
qui en dépendent, aux règles de trois composées, aux règles de
répartitions proportionnelles simples, aux règles de répartitions
proportionnelles composées, aux règles de société simples, aux règles de
société composées , aux règles du temps pour les
paiements du premier cas et du second cas, à la règle de la
méthode dite du marc le franc, à la règle sur l'extraction des racines
carrées, à la règle sur l'extraction des racines cubiques , à la règle sur
l'escompte en dehors et en dedans, aux règles sur les
changes et les arbitrages, aux règles sur les fonds publics étrangers,
aux règles des intérêts simples , aux règles des intérêts
composés, aux règles sur les rentes, aux règles
sur les annuités et les amortissements,

Par P.-C. HENUY-MARY

REIMS

IMPRIMERIE DE P. DUBOIS, RUE DE L'ARBALÈTE, 9

1863

AVANT-PROPOS.

Depuis plus de deux siècles , on a publié différentes tables de logarithmes de différentes grandeurs, en partie à l'usage de l'astronomie et de quelques règles de l'arithmétique ; mais cela ne donnait pas un développement complet de la transformation de l'arithmétique par l'application des susdits logarithmes.

Je me suis persuadé qu'il était urgent de remplir cette lacune par la composition d'un petit traité élémentaire de logarithmes tabulaires.

J'ai divisé cet ouvrage en deux parties distinctes :

La première partie a principalement pour objet le développement de la transformation de l'arithmétique par l'application des logarithmes , c'est-à-dire que les opérations de l'arithmétique s'effectuent par une seule addition, au moyen des logarithmes, en prenant le complément arithméthique du ou des logarithmes soustractifs (quand il y en a plusieurs). On les additionne avec les logarithmes additifs, et on obtient un résultat satisfaisant, comme il est démontré, dans le cours de cet ouvrage, par 162 solutions raisonnées et expliquées. Chacune de ces solutions logarithmiques est précédée d'une opération faite sur le principe de l'arithmétique, pour en faire comprendre le principe logarithmique, science indispensable à l'industrie et au commerce.

La seconde partie est composée d'une table de logarithmes des nombres depuis l'unité jusqu'à 9,000. Quoique cette table de logarithmes n'offre qu'une minime dimension, en apparence, cependant, on peut facilement déterminer le logarithme d'un nombre qui serait plus d'un million de fois plus grand que le plus grand nombre des plus grandes tables de logarithmes , par le moyen d'un mécanisme qui est démontré dans le cours des opérations contenues dans cet ouvrage. Ce mécanisme est aussi intelligible que méthodique pour opérer sur de grands nombres, surtout pour l'extraction des racines carrées et cubiques, comme on le verra à ce genre d'opérations.

Ce livre est d'une très-grande utilité pour tout le monde, et est indispensable à toutes les personnes dont les connaissances en arithmétique ne sont pas approfondies.

Ce petit traité élémentaire, j'ose le dire, est à la fois une œuvre consciencieuse et une bonne action; aussi, je suis persuadé que le suffrage du public confirmera promptement mon opinion.

EXPLICATION

DES PRINCIPAUX SIGNES ET DE
QUELQUES ABRÉVIATIONS DONT ON FERA USAGE
DANS LE COURS DE CET OUVRAGE.

Le signe $=$ signifie *est égal à* : $\frac{21}{3} = 7$ unités.

Le signe $-$ signifie *moins :* $7 - 2 - 3 = 2$ unités.

Le signe $+$ signifie *plus :* $7 + 2 + 3 = 12$ unit.

Le signe $\times$ signifie *multiplié par*, $2\,1/2 \times 2\,1/2$
$= 6\,1/4$.

Le signe $>$ au $\frac{21}{7}$ signifie *divisé par* $\frac{21}{7} = 3$.

Le signe $:$ signifie *est à*, signe de proportion.

Le signe $::$ signifie *comme*, signe de proportion.

Le signe x signifie *terme inconnu*.

Les signes $7 : 22 :: 6 : x$, et $22 : 7 :: 6 : x$, proportion qui signifie le rapport du diamètre à la circonférence du cercle, ou le rapport de la circonférence au diamètre, selon Archimède.

Les signes $113 : 355 :: 6 : x$, et $355 : 113 :: 6 : x$, proportion qui signifie le rapport du diamètre à la circonférence du cercle, ou le rapport de la circonférence au diamètre, selon Adrien Métius.

Les signes $100 : 314 :: 6 : x$, ou $314 : 100 :: 6 : x$, proportion qui signifie le rapport du diamètre à la circonférence du cercle, ou le rapport de la circonférence au diamètre, selon les géomètres modernes.

Le signe $\sqrt[2]{}$ signifie *racine carrée à extraire*.

Le signe $\sqrt[3]{}$ signifie *racine cubique à extraire*.

Le signe $0/0$ signifie (5) *pour cent* (taux légal).

Le signe $0/00$ signifie *pour mille*.

Dem. . . . . . signifie Demande.

Rép. . . . . . — Réponse.

Log. . . . . . — Logarithme.

Log^s. . . . . . — Logarithmes.

Opér. fig. par — Opération figurée par
   l'arithm. —   l'arithmétique.

Résult. arithm . — Résultat arithmétique.

Résult. logarith. — Résultat logarithmique.

Log. add. . . — Logarithme additif.

Log. soust. . . — Logarithme soustractif.

Log. diff.. . . — Logarithme différentiel.

Compl. arith. . — Complément arithméti-
    que.

Chiff. signif. . — Chiffres significatifs.

1*

Chiff. fract. . . .	signifie	Chiffres fractionnaires.
Diff. tab. . . .	—	Différence tabulaire.
Diff. des nomb. . .	—	Différence des nombres.
Fr.	—	Franc *ou* francs.
Cent.	—	Centime *ou* centimes.
Centièm. et mil-	—	Centièmes *ou* millièmes.
lièm.		
Mèt.	—	Mètre *ou* mètres.
Mèt. car. . . .	—	Mètre carré.
Mèt. cub. . . .	—	Mètre cube.
Fract. décim. .	—	Fraction décimale.
Fract. ordin. . .	—	Fraction ordinaire.
Num.	—	Numérateur.
Dénom. . . .	—	Dénominateur.
Prob. à rés. . .	—	Problème à résoudre.
Sol. eff. . . .	—	Solution effectuée.
Voy. la 1re *ou* 2me	—	Voyez la première ou
sol., p......		deuxième solution,
		page......

TRANSFORMATION DE L'ARITHMÉTIQUE

ou

PRÉCIS ÉLÉMENTAIRE

Sur l'explication des logarithmes et sur leur application
aux différents usages des calculs

PREMIÈRE PARTIE

INTRODUCTION, OU DÉFINITIONS PRÉLIMINAIRES

Disposition et usage des tables vulgaires

On appelle logarithmes vulgaires, ceux dont
la formation est fondée sur le système des deux
progressions géométrique et arithmétique :

$$\begin{cases} \because\ 1 : 10 : 100 : 1000 : 10000 : 100000 : \\ \therefore\ 0.\quad 1.\quad 2.\quad 3.\quad 4.\quad\quad 5. \end{cases}$$

parce que c'est de cette table qu'on se sert le
plus communément. On les appelle encore logarithmes de Briggs, du nom du premier auteur
d'une table de cette espèce.

Il résulte de l'inspection des deux progressions :

1º Que le logarithme de l'unité est zéro ;

2º Que le logarithme de 10 est 1, celui de 100 est 2, celui de 1,000 est 3, celui de 10,000 est 4, etc. ;

3º Que les logarithmes de tous les nombres entiers ou fractionnaires, compris entre 1 et 10, sont plus petits que l'unité ; que ceux des nombres compris entre 10 et 100 se composent d'une unité et d'une certaine fraction ; que ceux des nombres compris entre 100 et 1,000 se composent de deux unités et d'une certaine fraction ; que ceux des nombres compris entre 1,000 et 10,000 se composent de trois unités et d'une certaine fraction, et ainsi de suite.

Dans les logarithmes tabulaires de Briggs, les fractions sont évaluées en décimales. Ainsi les logarithmes des nombres d'un seul chiffre représentés par une fraction décimale proprement dite, les logarithmes des nombres de deux chiffres ont 1 pour partie entière, laquelle est, d'ailleurs, suivie d'une fraction décimale.

Les logarithmes des nombres de trois chiffres ont 2 pour partie entière. . . . .

En général, la partie entière du logarithme

d'un nombre quelconque renferme autant d'unités moins une qu'il y a de chiffres dans le nombre, si ce nombre est entier, ou dans la partie entière de ce nombre, s'il est fractionnaire ; cette partie entière d'un logarithme quelconque se nomme *caractéristique*, parce qu'on peut juger, d'après son inspection seule, l'ordre des plus hautes unités qui se trouvent comprises dans le nombre correspondant au logarithme proposé.

Ainsi le logarithme 2,78958 correspond à un nombre compris entre 100 et 1,000, c'est-à-dire 616 unités ; de même que le logarithme 4,07882 est le logarithme d'un nombre compris entre 10,000 et 100,000, c'est-à-dire 11990 unités.

Connaissant le logarithme d'un nombre quelconque, on peut obtenir facilement celui d'un nombre 10, 100, 1,000, 10,000, 100,000, etc. fois plus grand ; il suffit, pour cela, d'ajouter 1, 2, 3, 4, etc., unités à la caractéristique, et *vice versa*. Le logarithme d'un nombre quelconque étant connu, il suffit pour obtenir celui d'un nombre 10, 100, 1,000, 10,000, etc., fois plus petit, de retrancher de la caractéristique 1, 2, 3, 4, 5, etc., unités ; en effet, on a le logarithme 1er 2,78958 = 616 unités, de même

le logarithme 2e 1,78958 $=$ 61,6 dixièmes, puis le logarithme 3° 4,07882 $=$ 11,990 unités, et de même le logarithme 4° 1,07882 $=$ 11,990 millièmes ; donc, on voit par ce mécanisme, 1° que le premier nombre est 10 fois plus grand que le second ; 2° que le troisième nombre est mille fois plus grand que le quatrième, et qu'ils n'en diffèrent que par leur caractéristique, et ainsi des autres. On peut conclure de là que les loga-
rithmes des nombres 98880 | 9888,0 | 988,80 98,880 et 9,8880, par exemple, ne diffèrent pas les uns des autres par la partie décimale, mais seulement par leur caractéristique, qui est 4 unités pour le premier nombre, 3 pour le second, 2 pour le troisième, 1 pour le quatrième, et 0 pour le cinquième nombre. En général, le logarithme d'un nombre fractionnaire décimal est le même, à la caractéristique près, que le logarithme de son numérateur, ou du nombre proposé dans lequel on ferait abstraction de la virgule. Il n'y a point de différence dans la partie décimale du logarithme. Il est bon d'observer que cette propriété est toute particulière au système des logarithmes de Briggs ; et c'est ce qui doit faire préférer ce

système à tout autre, puisque les fractions décimales sont celles sur lesquelles on a à opérer le plus.

Il était impossible de placer dans les tables d'autres logarithmes que ceux des nombres entiers; car, deux nombres entiers consécutifs comprenant une infinité de nombres fractionnaires, il n'y aurait pas de raison pour y placer les uns plutôt que les autres.

En outre, les calculs que nécessitait la confection d'une table étaient trop laborieux pour qu'on pût l'étendre au-delà d'une certaine limite, même assez faible ; cependant, les applications logarithmiques exigent souvent la recherche du logarithme, soit d'un nombre fractionnaire ; comment alors obtenir ce logarithme ?

C'est ce que nous allons développer sur des exemples. Un nombre quelconque étant donné, déterminer son logarithme.

SECTION PREMIÈRE.

1re SOLUTION. — *Soit à déterminer le logarithme de* 98880 *unités.*

Ce nombre ayant cinq chiffres significatifs, la caractéristique de son log. est 4 unités ;

ainsi la question se réduit à en trouver la partie décimale. Or, il résulte de ce qui a été dit à l'Introduction, page 13, que cette partie décimale est la même que celle du nombre 988,80 centièm.; par cette préparation, qui consiste à séparer, vers la droite du nombre, assez de chiffres pour que la partie à gauche se trouve dans la table, on obtient un nombre compris entre 988 et 989 ; ainsi, son log. est égal à celui de 988, plus une partie de la différence qui existe entre le log. de 989 et celui de 988.

On trouve dans la table le logarithme de 988 = 2,99476 ; on y trouve également 44 pour différence entre le logarithme de 989 et celui de 988 ; cette différence 44 exprime des unités de l'ordre du cinquième chiffre décimal, ou des cent-millièm.

Cela posé, afin d'obtenir la partie de cette différence qu'il faut ajouter au logarithme de 988, pour avoir celui de 988,80 centièm., on établit cette proportion : si, pour une unité de différence entre les nombres 989 et 988, on a 44 cent-millièm. de différence entre leurs log., combien, pour 0,80 centièm. de diff. entre 988,80 et 988, aura-t-on de diff. entre leurs logarithmes ; ou bien 1 : 44 :: 0,80 : x, d'où $x = 44 \times 0,80$ $= \frac{35,20}{1} = 35$ est ce qu'il faut ajouter de cent-millièm. au logarithme 2,99476 pour avoir le logarithme demandé ; comme on ne doit tenir compte que de la partie à gauche de la virgule, dans ce quatrième terme, on ajoute 35 au chiffre des cent-millièm., ou aux derniers chiffres du logarithme 2,99476, et on obtient le log du nomb. 988,80 = 2,99511 ; donc le logarithme de 98880 = 4,99511. Dans la pratique, on dispose ainsi le calcul : le log. du nomb. 98880 = le log. du nomb. 988,80 + 2 unités à la caractéristique; la différence tabulaire, qui est $44 \times 0,80 = 35$ cent-millièm., multipliée par les chiffres retranchés du nombre, donne la partie décimale logarithmique des chiffres retranchés ; donc on a le log. 988,80 + 2 = log. 4,99511 par l'addition des 35 cent-millièm.

2e SOLUTION.—*Soit encore à déterminer le logarithme de 784967 unités.*

On a d'abord le log. 784967 = log. de 784·967 + 3 unités à la caractéristique; la différence tabulaire est 55, laquelle, étant multipliée par les trois derniers chiffres abstraits ou retranchés, donne 53 cent-millièm., qu'il faut ajouter à la partie décimale du log. trouvé. On a premièrement le log. du nomb. 784.967 $=$ log. 2,89432 $+$ 00053 $=$ log. 2,89485 $+$ 3 unités $=$ log 5,89485 qui est le log. demandé, correspondant au nombre 784967 unités.

Opération logarithmique.

Le log. du n. 784.967 $=$ log. 2,89432 $+$ 3 unités.
La diff. tab. est 55 $\times$ 0,967 $=$ 0,00053 cent-mill.

$$\frac{3}{}$$

$+$ 3 unités pour les trois
     chiffres $=$ log. 5,89485, correspondant au nomb. 784967 unités.

Opération logarithmique en prenant 4 chiffres.

Le log. du n. 7849.67 $=$ log. 3,89481 $+$ 2 unités.
La diff. tab. est 6 $\times$ 0,67 $=$ 0,00004 cent-mill.

$$\frac{2}{}$$

$+$ 2 unités pour les deux
     chiffres $=$ log. 5,89485, même log. que le précédent, correspondant au nomb. 784967 unités. (Voy. la 1re solution, pages 15.)

Opération logarithmique de la 1re solution.

Le log. du n. 988.80 = log. 2,99476 + 2 unités.

La diff tab. est 44 × 0,80 = 0,00035

+ 2 unités pour les deux

   chiffres = log. 2,00000

qu'on a retranchés, log. 4,99511 = 98880

unités.

Opération logarithmique en prenant 4 chiffres.

Le log. du n. 9888.0 = log. 3,99511 + 1 unité,

+ 1 unité pour le chiffre

   retranché = log. 1,00000

(Voy. la 1re sol. p. 15.) log. 4,99511 qui correspond, par conséquent, à 98880 unités.

Si le nombre était composé de neuf chiffres significatifs, il faudrait séparer six chiffres vers la gauche. Cherchons, comme nous avons fait aux solutions précédentes, le log. du nombre exprimé par les trois chiffres restants, et multiplions la différence tabulaire comme ci-dessus, par les trois premiers chiffres des chiffres retranchés du nombre donné, et ajoutons le produit de cette multiplication à la partie décimale du log. trouvé, et nous aurons le log. du nombre proposé, quand il serait de 30 chiffres significatifs.

Eclaircissons l'effet de ce mécanisme par un exemple :

3e Solution. — *Soit, enfin, à déterminer le log. du nombre* 290888209 *unités.*

Pour résoudre cette opération, on fait pour un instant abstraction de six chiffres, ce qui rend le nombre un million de fois moins grand, et on ajoute six unités à la caractéristique du log. des trois premiers chiffres ; cela donne au nombre sa valeur primitive, comme on va le voir. On trouve dans la table le log. du n. 290,888209 = log. 2,46240 + 6 unités à la caractéristique, pour les six chiffres significatifs retranchés ; la différence tabulaire étant de 149, on la multiplie par les trois premiers chiffres retranchés, 149 × 0,888 = 0,00132, on ajoute le produit à la partie décimale du log. trouvé, on obtient le log. du nombre proposé.

Dans la pratique, on dispose ainsi le calcul :

Opération logarithmique.

Le log. du n. 290,888209 = log. 2,46240 + 6 unit.
La diff. tab. est 149×0,888 = log. 0,00132 cent-mill.
+ 6 unités pour les six
            chiffres = log. 6,00000 retranc.

               log. 8,46372
               = 290888209 unités.

(Voyez la 1re solution, page 15.)

Le log. total est donc 8,46372, correspondant au nombre 290888209 unités, et ainsi des autres nombres.

Opération logarithmique en prenant 4 chiffres,

Le log. du n. 2908,88209 $=$ log. 3,46359$+$5 unit.
La diff. tab. est 15 $\times$ 0,88 $=$ log. 0,00013 cent.-m.
$+$ 5 unités pour les cinq

$$\text{chiffres} = \text{log.} 5,00000 \text{ retranc.}$$
$$\text{log.} 8,46372$$
$$= 290888209 \text{ unîtés.}$$

(Voyez la 1re solution, page 15.)

On obtient le même résultat que ci-devant.

Des raisonnements analogues à ceux-ci conduisent à la solution des problèmes de ce genre.

SECTION 2e.

4e SOLUTION. — *Sur les nombres fractionnaires décimaux.*

Quant au log. d'un nombre fractionnaire décimal, tel que 479,256 millièm., on a déjà vu, dans l'Introduction, page 13, que tout se réduit à déterminer le log. de 479256, comme il vient d'être dit; puis à retrancher 3 unités de la caractéristique du log. trouvé, ou bien on peut dire :

Le log. du nombre 479,256 $=$ log. 2,68034
La dif. tabul. est 90 $\times$ 0,256 $=$ log. 0,00023

Le log. de 479,256 $=$ donc le log. 2,68057

Opération logarithmique en prenant 4 chiffres.

Le log. du n. 479,2.56 $=$ log. 3,68052 $-$ 1 unité.
La diff. tab. est 9 $\times$ 0,56 $=$ 0,00005 cent.-mill.
$-$ 1 pour le chif. frac. $=$ log. 1   à retrancher

du log. prim.; il reste le log. 2,68057 qui correspond à 479,256 millièm. Même résultat. Si ce nombre fractionnaire était 47925,6 dixièmes, on ferait abstraction, pour un instant, de deux chiffres de droite à gauche, et on dirait le log. de 479,25.6 $=$ log. 2,68057 $+$ 2 unités $=$ le log. 4,68057 qui $=$ 47925,6 dixièmes.

Opération logarithmique en prenant 4 chiffres.

Le log. du n. 479,25,6 $=$ log. 3,68052 $+$ 1 unité.
La diff. tab. est 9 $\times$ 0,56 $=$ 0,00005
$+$ 1 unité pour le chiffre
   retranché $=$ log. 1,00000

(Voy. l'Introd., p. 13) $=$ log. 4,68057 qui correspond à 47925,6 dixièmes.

De même que si ce nombre fractionnaire n'était que de 4,79256 cent-millièmes, on ferait également l'opération avec trois ou quatre chiffres; cela augmenterait le nombre de cent ou mille fois sa valeur ; et, à cet effet, on retrancherait 2 ou 3 unités de la caractéristique du logarithme, pour le remettre au niveau précédent. En effet, le log. du nomb. $4,79256 \times 100 = 479,256 = \log. 2,68057 - 2 = \log. 0,68057$ correspondant à 4,79256 cent-millièmes. De même, par 4 chiffres, on a le log. du nombre $4,79256 \times 1000 = 4792,56 = \log. 3,68057 - 3$ unités $=$ par conséquent, log. 0,68057, qui correspond à 4,79256 cent-millièm., même résultat que ci-dessus.

Remarque. — Il résulte de ce qui précède, que l'on reconnaît mécaniquement la valeur des logarithmes, par le placement de la virgule des nombres (quoi qu'ayant les mêmes chiffres), et les décimales des logarithmes sont les mêmes aussi; on voit que les logarithmes ne diffèrent l'un de l'autre que par leur caractéristique. (Voy. l'Introd., p. 13.)

Tel est le principe général, dont l'application logarithmique est démontrée par les opérations précédentes. (Voy. la 1re solut., p. 15)

5ᵉ Solution.—*Sur les fractions ordinaires.*

On demande le logarithme de la fraction $37\frac{47}{60}$. Ce nombre revient à $\frac{2267}{60}$. Pour résoudre cette opération logarithmique, il faut soustraire le log. du dénominateur 60, de celui du numérateur 2267; le reste de la soustraction est le log. demandé. En effet, on trouve dans la table le log. du num. 2267 = log. 3,35545 — le log. du dénominateur 60 = log. 1,77815

il reste, par conséq., le log. 1,57730 qui correspond à $37\frac{47}{60}$, équivalant à 37,783 mill.

6ᵉ Solution.—*Veut-on le logarithme de $1\frac{4}{5}$?*

Cette fraction revient à $\frac{9}{5}$; on prend dans la table le log. du num. 9 = log. 0,95424, et le log. du dénominateur 5 = log. 0,69897 d'où faisant

la soustraction, on a log. 0,25527, qui correspond à 1,80 centièm. ou $\frac{9}{5}$, équivalant à $1\frac{4}{5}$, même valeur.

7ᵉ Solution.—*Sur les fractions ordinaires, où le dénominateur est plus grand que le numérateur.*

Pour obtenir le log. de ces fractions, il faut

soustraire le log. du numérateur de celui du dénominateur de la fraction proposée, et prendre le résultat avec le signe — (qui signifie moins). D'où l'on voit que le log. d'une fraction est égal au log. d'une fraction renversée, pris avec le signe —; ainsi, le log. de $\frac{3}{4} = $ log. $\frac{4}{3}$, c'est-à-dire le log. de 4 — log. de 3, et divisant l'unité par le reste, on obtient 0,75 centièmes pour le nombre cherché. En effet, cette notion établie, faisons quelques applications.

1° *On demande le logarithme de* $\frac{3}{4}$.

Cela revient à $\frac{4}{3}$; cela nous indique à prendre le log. de 4, qui $=$ log. 0,60206, et celui de 3, qui $=$ log. 0,47712, lequel étant soustrait de celui de 4, il reste le log. 0,12494, qui correspond à 1,33, et divisant l'unité par ce nombre 1,33 $\frac{1}{1,33} = 0,75$, on obtient 0,75 pour le nombre cherché.

8e Solution.—2° *On désire savoir par logarithmes la valeur du produit des fractions suivantes :* $\frac{12}{43}$, $\frac{19}{24}$, $\frac{31}{42}$ *et* $\frac{54}{65}$.

Les fractions étant renversées, on a cette nouvelle série de fractions : $\frac{43}{12}$, $\frac{24}{19}$, $\frac{42}{31}$ et $\frac{65}{54}$, qui donnent pour log. total, savoir : effectuant l'opéra-

tion indiquée, on prend le log. des susdits nu-
mérateurs, 13, 24, 42 et 65, qui donnent un
log. total de log. 5,93031, ensuite le log. des
susdits dénominateurs, 12, 19, 31 et 54, qui
donnent un log. total de log. 5,58168, lequel,
étant soustrait de l'autre log. total, donne pour
reste le log. 0,34863, qui correspond à 2,23
centièmes; on divise comme ci-devant l'unité par
ce nombre, $\frac{1}{223}$ = 0,448 millièmes, on obtient
0,448 millièmes pour le produit cherché.

Remarque. — On peut encore avoir recours
à l'artifice suivant : mettons — log. 0,34863
sous la forme du log. 3, — le log. 0,34863 —
log. 3, ce qui revient à augmenter et diminuer
à la fois le log. proposé de 3 unités logarithmiques; il vient le log. 3, — le log. 0,34863
= log. 2,65137, qui correspond à 448 unités;
ensuite, on a, d'après les tables logarithmiques,
le log. 2,65137 = 448 unités; d'où le log.
2,65137 — log. 3, = 448 — 1000 = $\frac{448}{1000}$
ou 0,448 millièm. pour le résultat définitif,

Ce dernier moyen est, en général, plus simple
et surtout plus rigoureux que le premier.

Opération logarithmique de la solution ci-dessus, page 25.

D'après le principe énoncé p. 25, on prend

le log. de 13 $=$ log. 1,11394 et le log. de 12 $=$ log. 1,07918
$+$ log. de 24 $=$ log. 1,38021 $+$ le log. de 19 $=$ log. 1,27875
$+$ log. de 42 $=$ log. 1,62325 $+$ le log. de 31 $=$ log. 1,49136
$+$ log. de 65 $=$ log. 1,81291 $+$ le log. de 54 $=$ log. 1,73239

Total des log. 5,93031   total des log. 5,58168
Log. soustract. log. 5,58168 à soustraire des log. additifs

Différence log. 0,34863, qui correspond à 2,23 cent. et $\frac{1}{223} =$ 0,448 millièmes pour le nombre cherché.

On obtient le même résultat qu'à l'opération précédente. Cette solution suffit pour faire voir que les nombres qui correspondent à des log. affectés du signe — peuvent être obtenus avec un très-grand degré d'approximation.

Des raisonnements analogues à ceux-ci conduiront à la solution des problèmes de ce genre.

SECTION 3e.

Un logarithme étant donné, on désire connaître le nombre qui lui correspond.

Lorsque, pour effectuer certaines opérations arithmétiques, on emploie le secours des logarithmes, on parvient ordinairement à un résultat qui exprime le logarithme du nombre cher-

ché, et il faut, au moyen de la table, déterminer
à quel nombre correspond ce logarithme.

9e SOLUTION.—Considérons le cas où la caractéristique est deux unités, qui est la plus
proche de celles qui se trouvent dans les petites
tables, soit à trouver le nombre correspondant
au logarithme 2,45936.

On commence par chercher ce logarithme
parmi ceux des nombres de trois chiffres, et
l'on trouve qu'il est compris entre log. 2,45788
et log. 2,45939, qui sont les log. de 287 et 288;
donc le nombre cherché est égal à 287, plus une
certaine fraction. Pour obtenir cette fraction,
on prend la différence tabulaire, qui est 151, et
la différence des nombres, qui est 148 entre le
log. donné et celui de 287; puis on établit la
proportion; si, pour 151 cent-millièmes de différence entre le log. de 288 et celui de 287, on
a une unité de différence entre les nombres,
combien, pour 148 cent-millièmes de différence
entre le log. donné et celui de 287, doit-on
avoir de différence entre les nombres correspondants? On a cette proportion : 151 : 1 ::
148 : x; d'où $x = \frac{148}{151} = 0,98$ centièmes; ajoutant ce 4e terme à 287 unités, on obtient 287,98
centièmes pour le nombre demandé.

Voici le tableau des calculs : appelant N le nombre cherché, on a le logarithme N, égalant le log. demandé 2,45936 ; on trouve dans la table le logarit. 2,45788

$$\text{Différence } \overline{0,00148,0} \left\{ \begin{matrix} 151 \text{ diff. tab.} \\ \overline{0,98} \end{matrix} \right.$$
$$12,10$$
$$0,02$$

287 = 2,45788 ; effectuant la soustraction, on a 148 pour la différence des nombres, laquelle, étant divisée par la différence tabulaire, qui est 151, donne un quotient de 0,98 centièmes d'unité, qu'on doit ajouter au nombre 287 ; cela fait 287,98 pour le nombre demandé.

Explication. — La valeur obtenue pour le nombre, dans cette solution, a été trouvée, avant la réduction en décimales, égale à 287 $+ \frac{148}{151}$, en supposant la proportion exacte, hypothèse qui peut et doit être admise ici, puisque l'on reconnaît, à l'inspection de la table de log., que des accroissements constants et égaux à 1, sur les nombres, correspondent (pour cette portion de la table) à des accroissements constants et égaux à 151 unités (de l'ordre des cent-millièm.), faits sur les log. correspondants, ou bien, ce qui revient au même, qu'une unité (de l'ordre

des cent-millièm.) d'augmentation sur les log.,
correspond à 151/151 d'augmentation sur les
nombres.

Maintenant, au lieu de laisser au 4e terme de
la proportion (ou à la fraction $\frac{548}{151}$) cette forme,
sous laquelle il s'était naturellement présenté,
nous l'avons réduit en décimales, comme cela
se fait ordinairement pour la commodité des
calculs, et nous avons trouvé ainsi la fraction
0,98 centièm., exactement égale à $\frac{548}{151}$.

10e SOLUTION.—Veut-on déterminer le nombre
correspondant au log. 1,73890, il faut commencer par chercher ce log. parmi ceux des
nombres de deux chiffres à la caractéristique,
ce qui donne le log. 2,73890. Cherchant, d'après
la règle ci-dessus, le nombre correspondant à
ce nouveau logarithme, on trouve dans la table
(voyez la 9e solution, page 28) le log, 2,73890
$=548,15$ centièm. Or, puisqu'en ajoutant 1 unité
à la caractéristique, on a multiplié le nombre
cherché par 10, il faut, pour obtenir la valeur
de celui-ci, 548,15, le diviser par 10, ce qui
donne enfin 54,815 millièm. pour le nombre
demandé, à 0,0002 près.

Opération logarithmique en prenant 3 unités à la caractéristique.

D'après le principe de la solution ci-dessus, on prend le log. qui approche le plus près en moins du log. 3,73890, qui est log. 3,73886 ($= 5481 + \frac{4}{8}$), lequel étant soustrait du log. donné, il reste 4 pour la différence du nombre, laquelle, étant divisée par la diff. tabul., qui est 8, donne 0,5 dixièmes au quotient, qu'on doit ajouter au nombre 5481 correspondant au log. 3,73886; on a 5481,5 pour le nombre figuré demandé.

Remarque.—Comme on a ajouté 2 unités à la caractéristique du log. proposé, on a multiplié le nombre cherché par un cent; il faut, pour avoir la valeur de ce nombre, 5481,5 dixièmes, le diviser par 100, ce qui donne définitivement 54,815 millièmes pour le nombre cherché.

Opération logarithmique figurée.

Du log. 3,73890 — 2 unités,
ôtez le log. 3,73886 — 2 unités,

il reste   4 pour la différence des nombres; la différence tabulaire est 8; en divisant

$$4 \big| \, 8 = 0,5 \text{ dixièmes, pour la fract.} \frac{4 \text{ du dénom.}}{8 \text{ diff. tab.}}$$

donc le log. $3,73890 = \dfrac{5481,5}{100} = 54,815$ milliém.,

(même résultat que ci-dessus), qui correspond conséquemment au log. 1,73890, qui est le log. proposé. (Voy. la 10e sol., p. 30.)

11e SOLUTION. — *On demande le nombre correspondant au logarithme* 0,69795 (même manière d'opérer qu'à la 9e sol., p. 28).

Pour effectuer cette opération, on prend le log. $2,69723 = 498 + \frac{72}{87} = $ environ 0,83 centièmes; donc le log. $2,69795 = 498,83$ centièm.; comme on a ajouté 2 unités à la caractéristique du log. proposé, on l'a rendu 100 fois trop fort, et pour obtenir la véritable valeur du nombre correspondant à ce nouveau log., il faut le diviser par 100, et par conséquent le log. 0,69795 $= 4,9883$ dix-milliémes environ.

Dans la pratique, on opère ainsi : le log. $2,69795 = 498,83 - $ log. $2, = 4,9883$ dix-milliémes.

Remarque.—Quand on opère par le système logarithmique, additionner, c'est multiplier; soustraire, c'est diviser; donc, le choix du log. à soustraire du log. donné ou à ajouter à ce même log. proposé, n'offre pas de difficulté; donc le log. à soustraire est celui qui approche le plus près en moins du log. donné.

12e SOLUTION.—*Veut-on, par exemple, déterminer le nombre correspondant au logarithme* 3,98758?

Pour résoudre ce problème, on cherche dans la table le log. qui en approche le plus près en moins, qui est le log. 2,98722, lequel, étant soustrait du log. proposé, il reste 36, pour la différence des nombres; laquelle, étant divisée par la différence tabulaire, qui est 45, donne 0,8 dixièmes au quotient, qu'on doit ajouter au nombre 971, correspondant au log. 2,98722; on a 971,8 dixièmes pour le nombre demandé. Comme on a retranché une unité de la caractéristique du log. soustractif, on a rendu le nombre correspondant 10 fois moins grand qu'il devait l'être; et pour obtenir la valeur de ce nombre, il faut le multiplier par 10, ce qui

2*

donne enfin 9,718 unités pour le nombre cherché, corresp. au log. 3,98758.

Remarque. — Dans la pratique, on opère ainsi : du log. 3,98758, on prend dans la table le log. 2,98722 $+$ 1 unité $+$ la fraction $\frac{36}{45} =$ 0,8 $=$ 971,8 $\times$ 10 $=$ 9,718 unités, correspondant au log. 3,98758.

13e SOLUTION.—*Soit encore à déterminer le nombre qui correspond au logarithme* 5,46805.

Pour obtenir ce résultat, on doit retrancher 3 unités de la caractéristique du log. proposé; il reste log. 2,46805; on trouve dans la table un log. qui en approche le plus près en moins; il est log. 2,46687, lequel étant soustrait de ce nouveau log. 2,46805, il reste 118 pour la différence du nombre, qu'on doit diviser par la différence tabulaire, qui est 147; on a cette fraction $\frac{118}{147} =$ 0,8 dixièmes, à ajouter au nombre 293 correspondant au log. 2,46687; on a 293,8, qui correspond au log. 2,46805. (Voy. la 9e sol., p. 28.)

Dans la pratique, on opère ainsi : le log. 2,46805 $=$ 293,8 $+$ 3 unités qui $=$ 1000 $\times$

293,8 = 293,800 unités, et par conséquent le
log. 5,46805 = 293800 unités.

14ᵉ SOLUTION. — *Déterminer le nombre corres-*
pondant au logarithme 8,65466. (Voy. la 9ᵉ
et la 12ᵉ sol., p. 28 et 33.)

Pour effectuer cette opération et les semblables, on retranche 6 unités de la caractéristique du log. proposé ; on le rend un million de fois moins grand (voyez l'Introd., p. 13) ;
le log est réduit à ce log., 2,65466. On cherche
dans la table un log. qui en approche le plus
près en moins, qui est log. 2,65418=451 unités,
lequel, étant soustrait de ce nouveau log. 2,65466,
donne 48 pour reste, qui est la différence des
nombres, que l'on doit diviser par la différ. tab.,
qui est 96 ; on obtient 0,5 dixièm. au quotient,
que l'on ajoute au nombre 451 ; on a 451,5, qui
correspond maintenant au log. 2,65466. Comme
on a soustrait 6 unités de la caractéristique du
log. proposé, on l'a rendu un million de fois
moins grand qn'il était, et pour obtenir la véritable valeur de ce nombre, il faut le multiplier
par 1 million. De là on voit que le log. 2,65466
= 451,5 × 1000000 = 451500000 unités pour

le nombre demandé, qu'il faut lire 451 millions 500 mille unités.

Dans la pratique, on opère de cette manière ; d'après le principe qui précède, on dispose le calcul ainsi : du log. 8,65466 — 6 unités (équivalant à un million), on a log. 2,65466 = 451,5 × 1000000 = 451500000 unités, qui correspondent au log. 8,65466.

Remarque. — Les petites tables de logarithmes ne permettent pas d'obtenir un plus grand degré d'approximation sur les grands nombres, parce que, la différence des nombres et la différence tabulaire étant toujours prises sur les dernières décimales des logarithmes, et ces dernières se trouvant, tantôt un peu plus, tantôt un peu moins grandes, ou d'un quart ou d'un tiers d'unité (de l'ordre des cent-millièmes), il pourrait se glisser une erreur dans les calculs des grands nombres ; pour obvier à cet inconvénient, il faudrait pouvoir prendre une différence moyenne tabulaire, parce que c'est par la différence tabulaire que l'on divise la différence des nombres ; de là, considérons que, plus le diviseur (diff. tab.) est grand, le dividende (diff. des nomb.) restant le même, plus le quotient (résultat) est petit ; et plus le diviseur est petit, le dividende restant le même, plus le quotient est grand. Les calculateurs doivent apprécier cet état de choses inévitable dans le système logarithmique.

Des raisonnements analogues à ceux-ci conduiront à la solution des problèmes de ce genre.

SECTION 4ᵉ.

Sur le mécanisme des compléments arithmétiques.

Explication.—Dans les opérations logarithmiques, on est conduit à retrancher la somme de plusieurs logarithmes de la somme de plusieurs autres ; or, on peut remplacer les deux additions et la soustraction, effectuées pour la détermination du résultat, par une seule addition, en employant les compléments arithmétiques.

15ᵉ SOLUTION.—On appelle *complément arithmétique d'un logarithme* ce qu'il faut ajouter à ce logarithme pour faire 10 unités ; en d'autres termes, c'est le résultat qu'on obtient en soustrayant ce log. de 10. Ainsi, le complément arithmétique du log. 6,50364 =10 — 6,50364 ; et, pour obtenir ce complément, il faut évidemment, d'après la règle de la soustraction, retrancher chaque chiffre de 9, excepté le dernier chiffre significatif à droite, qu'on retranche de 10 ; ce qui donne, compl. arithmét. 6,50364 = 3,49636 ; de même, le compl. arithmét. 8,32568 = 1,67432.

Les compléments arithmétiques des logarithmes s'obtiennent, pour ainsi dire, d'après l'inspection des logarithmes; si le dernier chiffre à droite du logarithme était un 0, il faudrait retrancher de 10 le premier chiffre significatif à gauche de ce 0, et de 9 les autres chiffres à gauche.

Ainsi, le complément arith. du log. 3,32570 = log. 6,67430 ; de même, le compl. arith. du log. 6,62400 = 3,37600, et le còmpl. arith. du log. 3,30000 = 6,70000. Cela posé, soit à soustraire de la somme de quatre log. l, l', l'', l''', la somme des trois autres log. l, l', l'', et désignant par D la différence, on a évidemment cette expression, qui peut être regardée comme le terme inconnu dans une règle de trois composée : le log. $+$ l', $+$ l'', $+$ l''',

— 1, + l', + l″, = 1, + l', l″, l‴, — 1, + 10 — l', + 10 l″, — 30, ou, ce qui revient au même, = log. + l', + l″, + l‴, + le compl. arith. 1, + l', + l″, — 3 ; d'où l'on déduit cette règle générale : on prend les compl. arith. des log. soustractifs, puis on fait une somme totale de ces compl. et des log. additifs; puis on retranche de la caractéristique du résultat autant de fois 10, ou autant de dizaines qu'on a pris de compl. arith. ; le résultat ainsi obtenu est la différence demandée.

Opération logarithmique en prenant les compléments arithmétiques.

$$\begin{array}{rcl}
\text{Le log. du nom. } 17 & = & 1,23045 \\
+ \text{ le log. du nom. } 37 & = & 1,56820 \\
+ \text{ le log. du nom. } 49 & = & 1,69020 \\
+ \text{ le log. du nom. } 175 & = & 2,24304 \\
\text{Le compl. arith. du log. de } 29 & = & 8,53760 \\
+ \text{ compl. arith. du log. de } 69 & = & 8,16115 \\
+ \text{ compl. arith. du log. de } 154 & = & 7,81248 \\
\end{array}$$

Total des log. et des compl. arithmétiq. 31,24312 — 30 = 1,24312.

Le résultat de cette addition étant de log.

31,24312, on retranche 3 dizaines pour les trois
compl. arith.: il reste log. 1,24312, correspondant à 17,50 centièm. environ.

La même opération logarithmique par
la soustraction.

Log. additifs.	Log. soustractifs.
Le log du nomb 17 = 1,23045,	log. de 29 = 1,46240
+ log.du nomb. 37 = 1,56820,	+ log. de 69 = 1,83885
+ log.du nomb. 49 = 1,69020,	+ log. de 154 = 2,18752
+ log.du nomb. 175 = 2,24304,	Total log.　5,48877

Total des log.　6,73189
Log. soustract. log　5,48877
Même diff. log.　1,24312

Pour effectuer cette double opération, il faut
faire l'addition des log. additifs; ils donnent un
total de log. 6,73189 ; ensuite on additionne les
log. soustractifs : ils donnent un total de log.
5,48877, lequel étant soustrait du total des log.
additifs, qui est de log. 6,73189, il reste pour
la différence le log. 1,24312, corresp. à 17,50
centièm., même différence qu'en prenant les
complém. arithm. des log. soustractifs ; ce qui
fait voir que l'usage des complém. arithm.
abrége beaucoup les calculs par l'application
des logarithmes.

Des raisonnements analogues à ceux-ci conduiront à la solution des problèmes de ce genre.

Par ce moyen, plus de multiplications ni de divisions, c'est-à-dire que l'arithmétique est transformée par l'application théorique et pratique des log. Voyons maintenant les diverses applications que l'on peut faire, en se servant des logarith., aux opérations de l'arithmétique.

SECTION 5e.
De la Multiplication.

Multiplier un nombre par un autre nombre, c'est former un troisième nombre, qui soit composé avec le premier, comme le second est composé avec l'unité ; et quand les deux nomb. proposés sont des nombres entiers, leur multiplication revient à prendre le premier autant de fois qu'il y a d'unités dans le second.

On appelle *multiplicande* le nombre à multiplier, *multiplicateur* celui par lequel on multiplie, ou qui marque combien de fois on doit prendre le premier, et le *produit* le résultat de la multiplication ; les deux nombres proposés portent conjointement le nom de *facteurs du produit*.

16e Solution.—*Soit à multiplier 475 par 398 unités.*

Opération par l'arithmétique :

Multiplicande 475
Multiplicateur 398
———
3800
4275
1425
———
189050 unités.

Pour effectuer cette opération par l'arithmétique, on multiplie le multiplicande par le multiplicateur; on obtient un résultat qu'on nomme produit, qui est de 189050 unités. Opération figurée : 475 × 398 = 189050 unités.

Par le système logarithmique, additionner, c'est multiplier. Pour effectuer cette opération par l'application des logarithmes, on prend le log. du multiplicande 475, qui = log. 2,67669, + le log. du multiplicateur 398, qui = log. 2,59988; on additionne ces deux log., on obtient un log. total de log. 5,27657, correspondant au nombre 189050 unités. Même résultat.

Opération logarithmique.

Le log. du nomb. 475 = log. 2,67669 , *multiplicande*
+ log. du nomb. 398 = log. 2,59988 , *multiplicateur*

Produit ou total du log. 5,27657 = 189050 unit.
Même résultat que par l'arithmétique.

17ᵉ SOLUTION. — *Soit, pour second exemple, à multiplier* **87468** *par* **58470** *unités.*

Opération par l'arithmétique.

D'après le principe de l'opération précédente, on peut donner le résultat de cette règle par une opération figurée.

Opération figurée.

$87468 \times 58470 = 5114253960$ unités, qu'on doit lire 5 billions 114 millions 253 mille et 960 unités, pour le nomb. cherché. Au moyen des log., le principe est le même que le précédent.

Pour résoudre ce problème par l'application des log., on considère actuellement le cas où le multiplicande et le multiplicateur excèdent les tables de logarithmes; on fait, pour un instant, abstraction de deux chiffres, tant du multiplicande que du multiplicateur, et on opère comme si on n'avait que 874×584, ou 874,68

$\times$ 584,70 centièm. (Voyez les 1re et 2e solutions, p. 15 et 17, pour l'explication et la manière d'opérer au moyen des logarithmes).

Par le système logarithmique, on opère ainsi : on trouve dans la table le log. du multiplicande 874,68 (abstraction faite de deux chiffres) = log. 2,94185 + 2 unités ; ensuite le log. du multiplicateur 584,70 (abstraction faite de deux chiffres) = log. 2,76693 + 2 unités à la caractéristique. L'addition faite de ces deux logarithmes), on obtient un log. apparent de log. 5,70878 + 4 unités pour les deux chiffres retranchés des deux facteurs ; on obtient un log. total de log. 9,70878, qui correspond au nombre 5114253960 unités, même résultat que par l'arithmétique.

Opération logarithmique.

Le log. du multiplicande 874,68 = log. 2,94185 + 2 unités

\+ log du multiplicateur 584,70 = log. 2,76693 + 2 unités

Total apparent du log. 5,70878 + 4 unités

Total définitif du log. 9,70878

qui correspond, par conséquent, à 5114253960

unités. Donc, l'addition remplace la multiplication par l'application des logarithmes.

18e Solution. — *Combien contient d'hectares, d'ares et de centiares, un bois qui a 874 mètres et 68 centimètres, d'une longueur moyenne, sur 584 mètres 70 centimètres, d'une largeur moyenne?*

Même manière d'opérer qu'à l'exemple précédent.

Opération figurée des nombres décimaux.

$874,68 \times 584,70 = 511425,3960$. Résultat qu'on doit lire 511 mille 425 mètres carrés, 39 décimètres carrés et 60 centimètres carrés ; ou, en d'autres termes, 51 hectares 14 ares et 25 centiares. Les quatre derniers chiffres à la droite du produit, qui sont séparés par une virgule, n'ont pas de valeur.

Remarque.—La multiplication des nombres décimaux s'effectue comme celle des nombres ordinaires, sans avoir égard à la virgule ; mais on sépare, à la droite du produit, autant de chiffres décimaux qu'il y en a dans les deux facteurs.

Opération logarithmique.

Le log. du multiplicande 874.68 $=$ log. 2,94185
$+$ log. du multiplicateur 584,70 $=$ log. 2,76693

On obtient un log. total de log. 5,70878
qui correspond à 511425,3960 dix-millièm., ou 51 hect. 14 ares et 25 cent., pour la surface du bois, même résultat que le précédent.

19e Solution.—*Un propriétaire d'une pierre précieuse, pesant 8 grammes et 7468 dix-milligrammes, veut la vendre à un lapidaire, à raison de 5 francs 8470 dix-millièmes de franc le gramme : quelle est la valeur de cette pierre?*

Même manière d'opérer qu'aux exemples précédents.

Opération figurée par l'arithmétique.

8,7468 $\times$ 5,8470 $=$ 51,14.253960 cent-millionnièmes ; la valeur de la susdite pierre est donc de 51 fr. 14 cent.; les six derniers chiffres à la droite du produit, séparés par un point, n'ont pas de valeur. Pour effectuer cette opération par l'application des logarithmes, on déplace la virgule des deux facteurs, de deux chiffres vers la droite; on les rend cent fois plus grands; ainsi, le multiplicande 8,7468 devient 874,68 centièm., et le multiplicateur 5,8470 devient 584,70; à cet effet, on doit retrancher quatre unités de la caractéristique du produit logarithmique. (Voy. la 2e sol., p. 17.)

Opération logarithmique.

Le log. du multiplicande 874,68 $=$ log. 2,94185 — 2
$+$ log. du multiplicateur 584,70 $=$ log. 2,76693 — 2

Total apparent du log. 5,70878 — 4
$=$log. 1,70878, qui correspond à 51 fr. 14 cent. environ.

Remarque.—Les chiffres des trois résultats de ces multiplications sont les mêmes, quoique d'une valeur bien différente; ils n'en diffèrent que par le placement de la virgule, et les décimales logarithmiques, qui correspondent aux nombres de ces trois résultats, sont les mêmes; et les log. ne diffèrent les uns des autres que

par leur caractéristique. (Voy. les trois résultats p. 44, 46 et 47.) Ainsi, pour obtenir le log.
du premier résultat (p. 44), on a ajouté deux
unités au log. du multiplicande, et deux à celui
du multiplicateur ; parce que l'on a fait abstraction de deux chiffres significatifs aux deux facteurs de la multiplication, ce qui a rendu le
produit dix mille fois moins grand, et en ajoutant
quatre unités au log., on a reproduit sa véritable
valeur primitive.

On a obtenu le log. du deuxième (p. 46) naturellement, sans y rien ajouter ni retrancher.

Et quant au troisième résultat (p. 47), on a
retranché quatre unités de son log., c'est-à-
dire qu'on a retranché deux unités du log. de
chaque facteur, parce qu'on les a rendus cent
fois plus grands, par le déplacement de la virgule, de deux chiffres chacun, ce qui a rendu
le produit dix mille fois trop grand ; et pour obtenir sa véritable valeur, on a retranché quatre
unités de la caractéristique de son log. total.
(Voy. l'opération, p. 47.)

20e SOLUTION. — *Soit encore proposé de multiplier 4750 par 3980 unités.*

Opération figurée par l'arithmétique.

On a $4750 \times 3980 = 18905000$ unités.

Pour résoudre ce problème par l'application des log., on fait pour un instant abstraction d'un chiffre de chaque facteur, ce qui rend le résultat logarithmique cent fois moins grand qu'il doit être, et pour obtenir sa véritable valeur logarithmique, on ajoute deux unités à sa caractéristique. (Voy. l'opér. ci-dessous.)

Opération logarithmique.

Le log. du multiplicande 475,0 $=$ log. 2,67669 $+$ 1 unité
$+$ le log. du multiplicat. 398,0 $=$ log. 2,59988 $+$ 1 unité

Total apparent du log. 5,27657 $+$ 2 unités.
2

Total définitif du log. 7,27657

qui correspond à 18905000 unités. Ainsi cela revient à diminuer et augmenter à la fois le log. ou le nombre proposé, de 10, de 100, de 1,000, etc., unités; le log. correspondant l'est de 1, de 2, de 3 unités, etc.; par ce moyen, on peut opérer sur des grands nombres avec un très-grand degré d'approximation.

21ᵉ Solution.—*Soit enfin proposé de trouver la valeur de 7 élevé à sa 7ᵉ puissance. M. de... est propriétaire d'un beau jardin, ayant pour contenance autant de mètres carrés que le chiffre 7 contient d'unités élevées à sa 7ᵉ puissance; dire la contenance de ce jardin, en hectares, ares et centiares, sachant que le centiare est un mètre carré?*

Pour effectuer cette opération par l'arithmétique, il faut multiplier le chiffre 7 sept fois par lui-même. Ainsi, on a, opération par l'arithmétique (figurée), $7 \times 7 \times 7 \times 7 \times 7 \times 7 \times 7 = 823543$ unités, équivalant à 82 hect. 35 ares et 43 cent., pour la surface du susdit jardin.

Pour résoudre ce problème par l'application des log., il suffit de prendre le log. de 7, qui $=$ log. 0,84510, et le multiplier par la puissance donnée (ici 7); on aura un log. correspondant au nombre cherché.

Opération logarithmique.

On trouve dans la table le log. de 7, qui $=$ log. 0,84510, $\times$ 7, $=$ log. 5,91570, qui correspond au nomb. 823543 unités ou centiares, équivalant à 82 hect. 35 ares et 43 cent.

Si ce chiffre 7 était élevé à sa 20e puissance, quelle serait la valeur du nombre par log.?

Opération logarithmique.

D'après le principe de l'opération précédente, on a le log. de 7 = log. 0,84510, $\times$ 20 = log. 16,90200 correspt à 798000000000000000 unités (voy. la 2e sol., p. 17), qu'on doit lire 79 quatrillions et 800 trillions d'unités.

Des raisonnements analogues à ceux-ci conduiront à la solution des problèmes de ce genre.

SECTION 6e.

Usage des logarithmes pour la division

La division est une opération par laquelle on cherche l'un des facteurs d'un produit dont on connaît l'autre facteur et ce produit.

Ainsi, diviser 15 par 5, c'est chercher un nombre qui, étant multiplié par 5, donne 15 au produit. Le produit se nomme *dividende*, le facteur connu *diviseur*, et celui qu'on cherche, *quotient*.

22e Solution.—*Soit proposé de diviser* 9638784 *par* 2789 *unités*.

Pour effectuer cette opération par l'arithmétique, on dispose ainsi le calcul.

Dividende 9638784	2789 diviseur
2e div. part. 12717	3456 quotient
3e div. part. 15618	
4e div. part. 16734	

Il reste 0000 pour 5e divid.

On commence cette opération par la gauche,
en disant : En 9638, combien de fois 2789? Il y
est 3 fois; on écrit 3 au quotient, par lequel
on multiplie le diviseur 2789; le produit partiel est 8367 : ôté du 1er dividende partiel 9638,
il reste 1271. On abaisse le 7 à la droite de ce
nombre, et on a 12717 pour 2e dividende partiel; puis on dit : En 12717, combien de fois
2789? Il y est 4 fois; on écrit 4 au quotient,
par lequel on multiplie le diviseur 2789, on obtient 11156, que l'on soustrait de 12717; il
reste 1561. On abaisse le 8 à la droite de ce
nombre, et on a 15618 pour le 3e dividende partiel.
On dit : En 15618, combien de fois 2789? Il y
est 5 fois; on écrit 5 au quotient, par lequel
on multiplie le diviseur 2789; on obtient 13945,

que l'on soustrait de 15618; il reste 1673.
On abaisse le 4 à la droite de ce reste, et on
a 16734 pour le 4ᵉ et dernier dividende partiel ;
on dit donc : En 16734, combien de fois 2789 ?
Il y est 6 fois ; on écrit 6 au quotient, on
multiplie ce 6 par le diviseur 2789, et il vient
16734, à soustraire du 4ᵉ dividende partiel, qui
est 16734 ; il reste 0. L'opération finie, on
trouve 3456 pour le quotient de 9638784 unités.

Pour résoudre ce problème par l'application des
log., il suffit de soustraire le log. du diviseur
2789, qui = log. 3,44545, de celui du dividende
9638784 (voyez la 2ᵉ solution, pages 17),
qui = log. 6,98402; il reste le log. 3,53857,
correspondant à 3456 unités. Même résultat.

Opération logarithmique par la soustraction.

Le log. du dividende 9638784 = log. 6,98402—
le log. du diviseur 2789, qui = log. 3,44545
Le log. du quotient, log. 3,53857

qui correspond à 3456 unités.

Pour abréger l'opération, on l'effectue par
une seule addition, en prenant le complément
arithmétique du log. du diviseur, qui est le log.
soustractif, et on retranche 10 unités de la ca-

ractéristique du log total ; on obtient un log. qui correspond au nombre cherché. (Voyez la 15ᵉ solution, page 37.)

Opération logarithmique en prenant le complément arithmétique.

Le log. du dividende 9638784 $=$ log. 6,98402 $+$ compl. arith. du log. du diviseur 2,789, qui$=$log 6,55455

Total apparent du log. 13,53857 — 10 unités

Il reste définitivement le log. 3,53857

qui correspond à 3456 pour le nombre demandé.

On obtient le même résultat qu'aux solutions précédentes.

Remarque. — Il arrive très-souvent qu'après avoir employé tous les chiffres du dividende, il y a encore un reste ; on réduit ce reste d'abord en dixièmes, en écrivant un 0 à sa suite, et on continue la division ; mais on ne peut plus avoir d'unités, et on met une virgule au quotient. Si l'on veut continuer la division, on réduit le second reste en centièmes, en écrivant encore un 0, les unités étant déterminées par le rang qu'elles occupent.

Exemple.—23e SOLUTION.—*28 ouvriers ont* 679
*francs à se partager : combien auront-ils
chacun?*

Pour effectuer cette opération, on opère de la
même manière qu'à la solution précédente.

Opération par l'arithmétique.

Le dividende fr. 679 | 28 ouvriers co-partageants.
          119 | 24,25, part de chaque ouvrier.
        07.0
         1.40
          00

Opération figurée $\frac{679}{28}$ = 24,25 centimes.

D'après le principe de l'opération précédente,
on en conclut que 24 fr. 25 cent. est le quotient exact de 679 divisé par 28.

En effet, la multiplication qui lui sert de
preuve le démontre. Opération : $28 \times 24,25$
= 679 francs.

Remarque.—S'il y avait eu encore un reste,
on aurait écrit un 0 à sa droite pour le réduire
en millièmes, et on aurait continué la division,
puis on aurait encore mis un 0 à la suite de ce
dernier reste, etc. On peut, par ce moyen, por-

ter l'approximation jusqu'à l'unité décimale de l'ordre qu'on voudra.

Pour résoudre ce problème par l'application des log. par une addition, on opère comme à la solution précédente ; ainsi, on prend le log. du dividende 679, qui = log. 2,83187, + le complém. arith. du log. du diviseur 28, qui = 1,44716, on additionne ces deux log. : ils donnent un log. total de log. 11,38471, et retranchant 10 unités de la caractéristique du log. total, il reste le log. 1,38471 correspondant à **24 fr. 25 cent.**

Opération logarithmique en prenant le complément arithmétique.

Le log. du dividende 679 = log. 2,83187
+compl.arith. du log. de 28 = log. 8,55284

Total apparent du log. 11,38471 — 10 unités.

Total définitif du log. 1,38471

qui correspond à **24 fr. 25** cent., même résultat que par l'arithmétique, mais beaucoup plus expéditif. (Voy. la 15e sol., p. 37.)

Des raisonnements analogues à ceux-ci conduiront à la solution des problèmes de ce genre.

SECTION 7ᵉ.

*Usage des logarithmes pour la règle de trois
et les règles qui en dépendent.*

La règle de trois est une opération à laquelle
donne lieu l'énoncé d'un problème qui renferme
quatre termes d'une proportion dont trois, étant
connus, servent à découvrir le quatrième.

Par exemple, le problème suivant : 8 hommes
ont fait 45 mètres d'ouvrage; combien 12 hommes en feront-ils durant le même temps? Renferme une règle de trois.

24ᵉ SOLUTION. — *On demande le prix de 384
kilogrammes d'une certaine marchandise, en
supposant que 25 kilogrammes de la même
marchandise aient coûté 650 francs.*

Opération par l'arithmétique.

Pour effectuer cette opération par l'arithmétique, on a cette proportion :

$25 : 384 :: 650 : x$. Cela revient à $384 \times 650 = \frac{249600}{25} = 9{,}984$ fr., pour le prix des 384
kilogr. de marchandise. Pour résoudre ce pro-
blème par l'application des log., par une seule

addition, on prend le log. des deux derniers termes de cette proportion, 25 : 384 :: 650 : x, et puis le compl. arith. du log du premier terme 25; ainsi on a le log. de 384, qui $=$ log. 2,58433, $+$ le log. de 650, qui $=$ log. 2,81291, $+$ le compl. arith. du log. de 25, qui $=$ log. 1,39794 ; son compl. arith. $=$ log. 8,60206 ; on fait l'addition de ces trois log., on retranche une dizaine du total, et on obtient alors un log. qui correspond au nombre demandé.

Opération logarithmiqué én preñant le complément arithmétique.

Le log. de 384 $=$ log. 2,58433 deuxième terme,
$+$ log. de 650 $=$ log. 2,81291 troisième terme,
$+$ compl. arith. $=$ log. 8,60206 premier terme 25 kil.

Total apparent, log. 13,99930 — 10 $=$ log. 3,99930

qui correspond à 9984 fr., même résultat que le précédent.

25e SOLUTION. — *Un négociant a vendu 984 mètres de toile, pour la somme de 989 francs : combien recevra-t-il pour 876 mètres de la même toile qui lui restent, en la vendant le même prix que l'autre?*

Opération par l'arithmétique.

Pour résoudre ce problème par l'arithmétique, d'après le principe précédent, on dispose le
calcul par cette proportion : 984 : 876 :: 989
: x; cela revient à 876 $\times$ 989 $= \frac{866364}{984} =$
880,45 cent., qu'on doit lire : 880 fr. 45 cent.
pour le prix des 876 mètres de toile qui lui
restent en magasin. Par l'application des log., au
lieu de deux longues opérations, on ajoute les
deux log. des deux termes moyens, plus le
compl. arith. du log. soustractif, et retranchant dix unités de la caractéristique du log.
total, le reste sera le log. du 4e terme de la
proportion, correspondant au nombre cherché.

Opération logarithmique en prenant le complément arithmétique.

Ainsi, de cette proportion : 984 : 876 :: 989
: x,

On prend le log. de 876, qui $=$ log. 2,94250
$+$ le log de 989, qui $=$ log. 2,99520
$+$ compl. arith. du log de 984 $=$ log. 7,00700

Total apparent du log. 12,94470 — 10 unités
Il reste le log. définitif, log. 2,94470

qui correspond au nombre 880,45 cent. pour

le 4e terme. Le résultat de cette proportion est le même que ci-dessus.

Remarque.—Tous les chiffres qui précèdent immédiatement la virgule sont des entiers, et tous ceux qui la suivent immédiatement sont des décimales.

Des raisonnements analogues à ceux-ci conduiront à la solution des problèmes de ce genre.

SECTION 8e.

Usage des logarithmes pour les règles de trois composées.

Les règles de trois composées sont celles dans lesquelles plusieurs quantités concourent à former un même antécédent ou un même conséquent.

26e SOLUTION.—*60 hommes, en 24 jours, travaillant 8 heures par jour, ont fait 4,560 mètres d'ouvrage : on demande combien en feront 50 hommes en 20 jours, travaillant 10 heures par jour?*

Par le principe de l'arithmétique, on voit que

60 hommes, en 24 jours, feront 1,440 journées, lesquelles, à raison de 8 heures, font 11,520 heures. C'est donc en 11,520 heures qu'on a fait 4,560 mètres d'ouvrage.

Dans le second rapport, 50 hommes, pendant 20 jours, feront 1,000 journées, à raison de 10 heures, ou 10,000 heures; ce qui revient à cette solution : $60 \times 24 \times 8 : 4560 :: 50 \times 20 \times 10 : x$, d'où $11520 : 4560 :: 10,000 : x$; par où l'on voit que les hommes, les jours et les heures, dans chaque rapport, ont concouru à former l'antécédent; et pour trouver le 4e terme de la proportion, il faut multiplier les deux moyens, et diviser le produit par le premier terme; le quotient donne la valeur du 4e terme. Ainsi, on a $4560 \times 10000 = \frac{45600000}{11520} = 3958,33$ centimètres. Donc, le 4e terme de la proportion $= 3958,33$ centimètres.

Pour résoudre cette opération par l'application des log., au moyen d'une addition, on a deux log. additifs et un soustractif qui $=$ log. 4,06145; son compl. arithm. est de log. 5,93855. Ainsi, de cette proportion, $11520 : 4560 :: 10000 : x$.

Opération logarithmique en prenant le complément arithmétique.

$$\begin{aligned}
&\text{Le log. de } 4560 = \text{log. } 3{,}65896 \\
+\ &\text{log. de } 10000 = \text{log. } 4{,}00000 \\
+\ &\text{compl. arith. de } 11520 = 5{,}93855
\end{aligned}$$

Total apparent du log. $13{,}59751 - 10 =$ log. $3{,}59751$

qui correspond, par conséquent, à 3958,33 centimètres d'ouvrage correspondant au 4e terme 10000. Même résultat que par l'arithmétique.

Ce genre d'opération peut s'effectuer sans multiplier les nombres qui la composent. Ainsi, d'après cette proportion : $60 \times 24 \times 8 : 4560 :: 50 \times 20 \times 10 : x$, il y a quatre log. additifs, qui sont le log. de 4560, $+$ celui de 50, $+$ celui de 20, $+$ celui de 10, et trois log. soustractifs, qui sont le log. de 60, qui $=$ log. 1,77815, son compl. arithm. $=$ log. 8,22185, $+$ le log. de 24, qui $=$ log. 1,38021, son compl. arithm. $=$ log. 8,61979, $+$ le log. de 8, qui $=$ log. 0,90309, son compl. arith. $=$ log. 9,09691. L'addition faite de ces sept log , on obtient un log. total de log. 33,59751 $-$ 30, $=$ log. 3,59751 pour les trois compl. arithm. (Voy. la 15e sol., p. 37.)

Opération logarithmique en prenant les compléments arithmétiques.

On prend le log. de 4560 $=$ log. 3,65896

$+$ le log. de 50,qui $=$ log. 1,69897

$+$ le log. de 20,qui $=$ log 1,30103

$+$ le log de 10,qui $=$ log. 1,00000

$+$compl arith. du log. de 60 $=$ log. 8,22185

$+$compl. arith du log. de 24 $=$ log. 8,61979

$+$compl. arith. du log. de 8 $=$ log. 9,09691

Total apparent du log. 33,59751 — 3 dizaines
ou 30 unités pour les trois compl. arithm.; il
reste définitivement le log. 3,59751, correspondant au nomb. 3958,33 centièm., qui est le
nombre cherché. Même résultat qu'aux solutions précédentes.

27e SOLUTION.—*Deux champs sont à vendre :
le premier a 75 mètres de longueur sur 15,5
décimètres de largeur ; on l'offre pour 5,400
francs ; le second a 60 mètres de longueur sur
17,25 centimètres de largeur, et on l'offre pour
5,000 francs. Lequel est au meilleur marché,
et de combien?*

Par l'arithmétique, on voit que la surface du

premier champ est de 75 fois 15,5 = 1162,50 décimètres carrés ; divisant par ce nombre le prix total 5,400 fr., on trouve 4 fr. 645 millièm. pour le prix du mètre carré (ou centiare).

Opération par l'arithmétique pour le premier champ.

$75 \times 15{,}5 = 1162{,}5$ à diviser par $\frac{5400}{1162{,}5} =$ 4,645. La surface du second champ est de 60 fois 17,25 = 1035 mètres carrés ; divisant par ce nombre le prix total 5,000 fr., on trouve 4 fr. 831 millièm. de franc pour le prix du mètre carré (ou centiare) du second champ.

Opération par l'arithmétique pour le second champ.

$60 \times 17{,}25 = 1035$ à diviser par $\frac{5000}{1035} =$ 4,831 millièmes.

$$\begin{array}{ll} \text{Deuxième,} & 4{,}831 \\ \text{Premier,} & 4{,}645 \\ \hline & 0{,}186 \end{array}$$

On fait la soustraction des deux revients ; on voit que le second champ est donc plus cher que le premier d'environ 0,186 millièm. de franc

par mètre carré (centiare), et de 18 fr. 60 cent.
par are (100 mètres carrés).

Premiére opération logarithmique en prenant
le complément arithmétique.

On prend le log. de 5400 $=$ log. 3,73239 $+$ le compl.
arith. du log. de 1162,5 $=$ log. 6,93460   (surface)

Total apparent du log. 10,66699 — 10 unités.

Il reste définitivement le log. 0,66699

qui correspond à 4 fr. 645 millièm. de franc
pour le prix du premier champ.

Deuxième opération logarithmique en prenant
le complément arithmétique.

On prend le log. de 5000 $=$ log. 3,69897 $+$ le compl.
arith. du log. de 1035 $=$ log. 6,98506   (surface)

Total apparent du log. 10,68403 — 10 unités.

Il reste définitivement le log. 0,68403

correspondant à 4 fr. 831 millièm. de franc
pour le prix du second champ. On obtient le
même résultat que par l'arihmétique. Voyez
l'opération ci-dessus, faite sur le principe de
l'arithmétique figurée. (Voy la 15ᵉ sol., p.37.)

Des raisonnements analogues à ceux-ci conduiront à la solution des problèmes de ce genre.

SECTION 9e.

*Usage des logarithmes pour les règles de répar-
titions proportionnelles simples.*

La règle de répartition proportionnelle est une
opération par laquelle on partage un nombre
proposé en parties proportionnelles à d'autres
nombres donnés. Tel est le cas du problème
suivant.

Pour effectuer ces sortes d'opérations, on fait
autant de règles de trois simples qu'il doit y
avoir de parts. Le 1er terme de chaque règle
est la somme des nombres donnés, comme con-
ditions des rapports; le 2e terme est le nombre
à partager, et le 3e terme est l'un des nombres
qui servent à former le 1er terme.

28e SOLUTION. — *Soit proposé de partager* 1890
*francs en 3 parties proportionnelles aux
nombres* 25, 35 *et* 45.

Ainsi la solution du problème ci-dessus sera :

$25 + 35 + 45 = 105 : 1890 :: 25 : x$, ou $1890 \times 25 = \frac{47250}{105} = 450$ fr. pour la part du 1er co-partageant; ensuite on dit : $105 : 1890 :: 35 : x$, ou $1890 \times 35 = \frac{66150}{105} = 630$ fr. pour la part du 2e co-partageant; et $105 : 1890 :: 45 : x$, ou $1890 \times 45 = \frac{85050}{105} = 810$ fr. pour la part du 3e co-partageant.

Preuve de la règle ci-dessus : $450 + 630 + 810 = 1890$ fr. L'addition faite de ces trois parts donne un total de 1890 fr., même total que le précédent.

Explication. — La manière d'opérer les règles de répartitions proportionnelles est fondée sur ce principe que, dans toute proportion par quotient, la somme des antécédents est à la somme des conséquents comme un antécédent est à son conséquent.

Or, dans l'opération ci-dessus, 105 est la somme des antécédents 25, 35 et 45; le nombre 1890 est la somme des conséquents, puisqu'il renferme toutes les parts. Ces nombres sont donc entre eux comme chaque antécédent 25, 35 et 45 est à son conséquent.

On fait la preuve de ces sortes de règles en additionnant les résultats de toutes les opérations;

si elles sont bien faites, la somme égalera le nombre qui était à partager. Ainsi, dans cette opération, les trois résultats sont $450 + 630 + 810 = 1890$ fr., ce qui prouve que l'opération a été bien faite.

Pour effectuer ces sortes de règles par l'application des logarithmes, on prend le log. de la somme à partager, plus le log. de l'un des nombres qui servent à former le 1er terme, et le complément arithmétique du log. du 1er terme, qui est la somme des trois nombres. $25 + 35 + 45 = 105$ pour la somme.

Opération logarithmique en prenant le complément arithmétique.

1re Opération :

Le log. de 1890 $=$ log. 3,27646

$+$ log. du nombre 25 $=$ log. 1,39794

$+$ log. de 105 $= 2,02119$, son compl. $=$ log. 7,97881 arith.

Total apparent du log. 12,65321 — 10 unit.

Total définitif du log. 2,65321

correspondant à 450 fr. pour la part du 1er co-partageant.

On obtient le même résultat que par l'arithmétique, même manière d'opérer, pour les deux autres opérations.

2e Opération :

Le log. de 1890==log. 3,27646

+ le log. du nombre 35==log. 1,54407 + log.

de 105==2,02119, son compl.==log. 7,97881 arith.

Total apparent du log. 12,79934 — 10 unités

Il reste définitivement le log. 2,79934

correspondant à 630 fr., pour la part du second co-partageant.

3e Opération :

Le log. de 1890 == log. 3,27646

+ le log. du nombre 45 == log. 1,65321 + le log.

de 105==log. 2,02119, son compl. == log. 7,97881 arith.

Total apparent du log. 12,90848—10 unités.

Il reste définitivement le log. 2,90848

correspondant à 810 fr., pour la part du 3e co-partageant.

Preuve : 450 + 630 + 810 = 1890 fr., même résultat.

Des raisonnements analogues à ceux-ci conduiront à la solution des problèmes de ce genre.

SECTION 10e.

Règle de répartition proportionnelle composée.

Cette règle diffère de la précédente en ce que

les antécédents sont formés de plusieurs nombres qui concourent à déterminer les rapports.

Exemple. — *Trois ouvriers qui ont été employés dans un atelier ont gagné 1240 fr. Le 1er a travaillé pendant 60 jours et 10 heures par jour ; le 2e pendant 100 jours et 8 heures par jour, et le 3e pendant 90 jours et 12 heures par jour : quelle sera la part de chacun à proportion de son travail?*

29e Solution.—On doit remarquer que, pour obtenir les antécédents partiels, il faut multiplier les jours par les heures, et que le premier terme de la règle est formé de leur somme.

Opération par le principe de l'arithmétique.

$60 \times 10 = 600$ heures, travail du 1er ouv.;
$100 \times 8 = 800$ heures, travail du 2e ouv.,
et $90 \times 12 = 1080$ heures, travail du 3e ouv. Donc, $600 + 800 + 1080 = 2480$ heures pour le 1er terme; ainsi, on a cette proportion : 1re opération : $2480 : 600 :: 1240 : x$; cela revient à $600 \times 1240 = \frac{744000}{2480} = 300$ fr. pour la part du 1er co-partageant; 2e opération : $2480 : 800 :: 1240 : x$, ou $800 \times 1240 = \frac{992000}{2480} = 400$ fr. pour la part du 2e co-partageant; 3e opé-

ration : $2480 : 1080 :: 1240 : x$, ou $1080 \times 1240 = \frac{1339200}{2480} = 540$ fr. pour la part du 3e co-partageant.

On fait la preuve de ces sortes de règles en additionnant les trois parts; ainsi, on a 300 fr. $+ 400$ fr. $+ 540$ fr. $= 1,240$ fr., total de la somme.

Explication.—Le 1er ouvrier, en travaillant 60 jours et 10 heures par jour, a travaillé pendant 600 heures ($60 \times 10 = 600$); le 2e, en travaillant 100 jours et 8 heures par jour, a travaillé pendant 800 heures ($100 \times 8 = 800$); et le 3e ouvrier, en travaillant 90 jours et 12 heures par jour, a travaillé pendant 1080 heures ($90 \times 12 = 1080$); comme le partage doit se faire proportionnellement au travail de chacun, les nombres 600, 800 et 1080 sont donc les antécédents du second rapport, et leur somme le 1er terme de la règle. Ainsi, pour effectuer les règles de répartitions proportionnelles composées par l'application des log., on opère de la même manière que pour les règles simples ; il suffit de prendre les log. des deux derniers termes de la proportion et le complém. arithm. du log. du 1er terme, et on additionne ces trois log,, puis on soustrait dix unités de la caractéristique du log. total ; il reste le log. demandé, correspondant aux parts de chaque co-partageant.

Opération logarithmique en prenant le complément arithmétique.

1re Opération : total des heures, 2480 ; somme à partager, 1,240 fr. ; total partiel des heures, 600, 800 et 1080 ; ce qui revient à cette proportion, 2480 : 600 :: 1240 : x; or, d'après le principe énoncé, on a

$$\text{le log. de 600, qui} = \text{log. } 2{,}77815$$
$$+ \text{le log. de la somme 1240, qui} = \text{log. } 3{,}09342$$
$$+ \text{compl. arith. du log. 2480, qui} = \text{log. } 6{,}60555$$

Total apparent du log. 12,47712—10 unit.

Il reste définitivement le log. 2,47712

qui correspond à 300 fr., pour la part du 1er co-partageant.

2e Opération :

$$\text{Le log. de 800} = \text{log. } 2{,}90309$$
$$+ \text{le log. de la somme 1240} = \text{log. } 3{,}09342$$
$$+ \text{le compl arith. de la somme 2480} = \text{log. } 6{,}60555$$

Total apparent du log. 12,60206—10 unit.

Il reste définitivement le log. 2,60206

correspondant à 400 fr., pour la part du 2e co-partageant.

3e Opération :

$$\text{Le log. de } 1080 = \text{log. } 3,03342$$
$$+ \text{ le log. de la somme de } 1240 = \text{log. } 3,09342$$
$$+ \text{le compl. arith. du log de } 2480 = \text{log. } 6,60555$$

$$\text{Total apparent du log. } 12,73239 - 10 \text{ unités}$$

Il reste définitivement le log. 2,73239 correspondant à 540 fr., pour la part du 3e co-partageant.

Remarque. — On fait la preuve de ces trois opérations en additionnant les résultats de toutes les opérations ; si elles sont bien faites, la somme égalera le nombre qui était à partager ; ainsi, dans l'exemple ci-dessus, $300 + 400 + 540 = 1,240$ fr. ; ce qui prouve que les opérations ont été bien faites. Même résultat que le précédent.

Des raisonnements analogues à ceux-ci conduiront à la solution des problèmes de ce genre.

SECTION 11e.

Usage des logarithmes pour les règles de société simples.

La règle de société est une opération qui sert à partager entre plusieurs associés le profit ou la perte qui résulte de leur commerce; cette règle n'est autre chose que la règle de répartition proportionnelle appliquée à un cas particulier.

Exemple. — 30e SOLUTION. — *Trois négociants ont fait un armement dans lequel le premier a mis 8,000 fr., le second 9,000 fr., et le troisième 13,000 fr.; ils ont gagné, tous frais faits, 25,200 fr.: combien reviendra-t-il de bénéfice à chaque armateur?*

Pour résoudre ce problème et les autres semblables, on partage le profit ou la perte en parties proportionnelles aux mises des associés et au temps que leur argent est resté dans la société, ce qui se fait par plusieurs règles de trois directes simples. Ainsi, le premier terme de proportion est la somme des mises, le second la somme que l'on veut partager; les troisièmes termes sont les mises particulières, et les quatrièmes termes donnent la part de chaque associé.

Opérations par l'arithmétique.

1re Opération : Mises des associés, francs, $8,000 + 9,000 + 13,000 = 30,000$; on a donc cette proportion, $30,000 : 8,000 :: 25,200 : x$; ce qui revient à $25,200 \times 8,000 = \frac{201600000}{30000}$ $= 6,720$ fr. pour la part du 1er co-partageant.

2e Opération : $25,200 \times 9,000 = \frac{226800000}{30000}$ $= 7,560$ fr. pour la part du 2e co-partageant.

3e Opération : $25,200 \times 13,000 = \frac{327600000}{30000}$ $= 10,920$ fr. pour la part du 3e co-partageant.

On fait l'addition de ces trois parts ; on a : 1re part, $6,720 + 7,560 + 10,920 = 25,200$ francs ; le total est $25,200$ fr., égal à la somme à partager ; cela prouve que les opérations sont bien faites.

Pour effectuer ces opérations par l'application des logarithmes, on opère de la même manière qu'à l'exemple précédent ; on dispose le calcul ainsi : $8,000 + 9,000 + 13,000 = 30,000 : 8,000 :: 25,200 : x$.

Première opération logarithmique en prenant
le complément arithmétique.

On prend le log. de 8000, qui $=$ log. 3.90309

$+$ log. du gain de 25,200 fr. $=$ log. 4,40140

$+$ compl. arith. du log de 30000 $=$ log. 5,52288

Total apparent du log. 13,82737 — 10 unités

Il reste définitivement le log. 3.82737

correspondant à 6,720 fr., pour la part du 1er co-partageant.

Deuxième opération logarithmique en prenant
le complément arithmétique.

Le log. de la somme partielle 9000 $=$ log. 3,95424
$+$ log. de la som. à partager 25,200 $=$ log. 4,40140
$+$ compl. arit. du l. des som. 30000 $=$ log 5,52288

$\overline{\quad}$ Total apparent du log. 13,87852 — 10 unit.

Il reste définitivement le log. 3,87852
correspondant à 7560 fr., pour la part du 2e
co-partageant.

Troisième opération logarithmique en prenant
le complément arithmétique.

Le log. de la somme partielle 13,000 $=$ log. 4,11394
$+$ log. de la somme à partager 25,200 $=$ log. 4,40140
$+$ compl. arith. du l. des som. 30,000 $=$ log. 5,52288

$\overline{\quad}$ Total apparent du log. 14,03822 — 10 un.

Il reste définitivement le log 4,03822
correspondant à 10920 fr., pour la part du 3e
co-partageant; même résultat que par l'arithmétique. (Voyez la 15e solution, page 37.)

Preuve par l'addition des trois parts : 6720
$+$ 7560 $+$ 10920 $=$ 25200 fr. qui $=$ log. 4,40140;
son complément $=$ 5,59860.

Des raisonnements analogues à ceux-ci conduiront à la solution des problèmes de ce genre.

SECTION 12ᵉ.

Usage des logarithmes pour les règles
de société composées.

Pour opérer ces sortes de règles, il faut multiplier la mise de chaque associé par le temps
qu'il l'a laissée dans la société; la somme de
toutes les mises ainsi multipliées représentera
le fonds de la société, et le reste s'opère comme
la règle de société simple.

31ᵉ Solution. — *Trois négociants ont à se*
partager la perte qu'ils ont faite dans le
commerce, qui est de 1500 fr. Le premier a
mis 5,000 fr. pour 12 mois, le second 7,000
francs pour 10 mois, et le troisième 6,000 fr.
pour 15 mois : combien revient-il de perte à
chacun, à proportion de sa mise et du temps
qu'elle est restée dans le commerce ?

Opération préparatoire par l'arithmétique.

Mise du 1er associé : 5,000 $\times$ 12 $=$ 60,000, somme.
Dito du 2e associé : 7,000 $\times$ 10 $=$ 70,000, somme.
Dito du 3e associé : 6,000 $\times$ 15 $=$ 90,000, somme.

la som^{e} totale des mises est de   220,000,
et la perte étant de 1,500 fr., pour effectuer
cette opération, on a donc cette proportion :
220,000 : 60000 :: 1,500 : x.

Première opération par le principe de l'arithmétique.

Cette proportion revient à 22 : 6 :: 1500 : x,
d'où 6 $\times$ 1,500 $= \frac{9000}{22} =$ 409 fr. 09 cent., pour
la perte du 1er.

2e opération : 22 : 7 :: 1500 : x, ou 7 $\times$ 1500
$= \frac{10500}{22} =$ 477 fr. 27 cent., pour la perte
du 2e associé.

3e opération : 22 : 9 :: 1500 : x, ou 9
$\times$ 1500 $= \frac{13500}{22} =$ 613 fr. 64 cent., pour la
perte du 3e associé.

La preuve de ce genre de règle se fait en additionnant toutes les pertes ; ainsi, on a 477,27

$+$ 409,09 $\times$ 613,64 $=$ 1,500 fr., pour la perte totale des trois associés.

Remarque.—Pour comprendre la raison de cette opération, il faut considérer que la mise de 5,000 fr. pour 12 mois répond à 12 fois 5,000 fr. ou à 60,000 fr., que la mise de 7,000 fr. pour 10 mois répond à 10 fois 7,000 fr. ou à 70,000 francs, et que 6,000 fr. pour 15 mois répondent à 15 fois 6,000 fr. ou à 90,000 fr.; on conclura donc que 1,500 fr. est la perte (ou le gain) de 60,000 $+$ 70,000 $+$ 90,000 ou 220,000 francs pour un mois. On a donc, par ces multiplications, rappelé la question à une règle de société simple, qu'on doit, par conséquent, opérer de la même manière.

Pour résoudre ce problème par l'application des logarithmes, par une addition, on établit cette proportion : 220,000 : 60,000 :: (70,000 et 90,000) 1,500 : x, ou 22 : 6 :: (7 et 9) 1,500 : x.

Première opération logarithmique en prenant
le complément arithmétique.

On opère ainsi :

Le log. de 6 $=$ log. 0,77815
$+$ le log. de la perte qui est 1500, $=$ log. 3,17609
$+$ le compl. arith du log. de 22, $=$ log. 8,65758

Total apparent du log. 12,61182—10 unit.

Il reste définitivement le log. 2,61182
correspondant à 409 fr. 09 cent., pour la perte
du 1ᵉʳ négociant.

2ᵉ Opération :

Le log. de 7 $=$ log. 0,84510
$+$ le log. de la perte 1500 $=$ log. 3,17609
$+$ le compl arithmét. du log. 22 $=$ log. 8,65758

Total apparent du log. 12,67877—10 unit.

Il reste définitivement le log. 2,67877
correspondant à 477 fr. 27 cent., pour la perte
du 2ᵉ négociant.

3ᵉ Opération :

Le log. de 9 $=$ log. 0,95424
$+$ le log. de la perte 1500 $=$ log. 3,17609
$+$ le compl. arith. du log. de 22 $=$ log. 8,65758

Total apparent du log. 12,78791— 10 unités

Il reste définitivement le log. 2,78791
correspondant à 613 fr. 64 cent., pour la perte
du 3ᵉ négociant.

Preuve : la perte du 1er négociant étant alors de 409 fr. 09 cent. + (2e) 477 fr. 27 + (3e) 613 fr. 64 = 1,500 fr. pour la perte totale. Même résultat que par l'arithmétique.

Remarque.—Sur le principe des règles de société composées, il est certains cas où celui qui a le plus en fonds, à l'époque de la liquidation, reçoit le moins dans les bénéfices (on paie le moins dans les pertes), et où celui qui a le moins en fonds reçoit le plus (on paie le plus dans les pertes).

Exemple.—32e SOLUTION.—*Un garçon de boutique et un colporteur firent société pour 9 ans; le premier (le garçon de boutique) a mis au commencement 1,000 fr.; au bout de 8 ans, il eut besoin de 900 fr., il préleva cette somme; et le second (le colporteur) a mis d'abord 100 fr., et au bout de 8 ans, il fit un héritage de 900 fr.; il le mit dans leur commerce: on demande ce que chacun doit avoir du gain montant à 7,576 fr.?*

Explication.—Pour effectuer cette opération, il faut multiplier la mise de chaque associé par le temps qu'il l'a laissée dans la société ; la somme des mises, étant multipliée, représente le fonds de la société ; on soustrait les reprises faites sur les mises, et on additionne les reprises avec les mises déjà faites. Le reste s'opère comme les règles de société simples.

Première opération préparatoire
par l'arithmétique.

1,000 fr. $\times$ 9 = 9,000 fr. — 900 fr. $\times$ 1 = 900 fr. ; effectuant la soustraction de ces sommes, il reste 100 fr. pour le fonds du garçon de boutique, et 8,100 pour le nombre; ainsi ôté 900 fr. de 1,000 fr., il reste 100 fr., et ôté 900 de 9,000, il reste 8,100 pour le nombre.

2e Opération : Dito, 100 $\times$ 9 = 900 + 900 $\times$ 1 = 900 + 900 = 1,800 pour le nombre, et 100 fr. + 900 fr. = 1,000 fr. pour le fonds du colporteur ; à l'époque de la liquidation, l'addition faite de ces deux sommes 8,100 + 1,800 = 9,900 pour le total des nombres ; le gain étant de 7,576 fr., on établit cette proportion : 9,900 : 8,100 :: 7,576 : x.

Première opération par l'arithmétique.

$8,100 \times 7,576 = \frac{61365620}{9900} = 6,198$ fr. 545 millièm. de franc pour la part du garçon de boutique.

2ᵉ Opération : Dito, 9,900 : 1,800 :: 7,576 : x, ou $1,800 \times 7,576 = \frac{13635800}{9900} = 1,377$ fr. 455 millièm. de franc pour la part du colporteur. L'addition faite de ces deux parts, on a, (1º) 6198,545 + (2º) 1377,455=7,576 fr. pour le total du gain des deux associés; même résultat.

Opération logarithmique en prenant le complément arithmétique.

D'après le principe de l'arithm., on a cette proportion : 9,900 : 8,100 :: (1,800) 7,576 : x; le log. de 9,900 est le log. soustractif.

1ʳᵉ Opération :

Le log. du nombre 1800 = log. 3,90849

+ le log. du gain de 7576 = log. 3,87944 + compl. arith. du log. des nombres 9900 = log. 6,00436.

Total apparent du log. 13,79229—10 unités.

Il reste définitivement le log. 3,79229 qui correspond à 6,198 fr. 55 cent., pour la part du garçon de boutique.

2e Opération :

    Le log. du nombre 1800 $=$ log. 3,25527

$+$ log. du gain qui est de 7576 $=$ log. 3,87944 $+$ compl.

arith. du log. des nombres 9900 $=$ log 6,00436

        Total apparent du log. 13,13907 — 1 0unit.

        Total définitif du log. 3,13907

qui correspond, par conséquent, à 1,377 fr. 45 cent. environ pour la part du colporteur ; même résultat que le précédent, effectué par le principe de l'arithmétique. (Voy. les 14e et 15e sol., p. 35 et 37.)

Preuve : la part du garçon de boutique étant de 6,198 fr. 55 cent., et celle du colporteur de 1,377 fr. 45 cent. $=$ 7,576 fr., même total, prouvant que la règle est bien faite.

Des raisonnements analogues à ceux-ci conduiront à la solution des problèmes de ce genre.

SECTION 13e.

Des règles du temps pour les paiements. 1er cas.

La règle du temps pour les paiements est une opération qui sert à découvrir les temps auxquels les paiements doivent être faits, selon les conventions des créanciers et des débiteurs.

Remarque.—On doit proposer sur ces règles deux cas différents. Dans le premier cas, on cherche à quelle époque on devra faire un seul paiement, pour en remplacer plusieurs qui devraient avoir lieu à des époques différentes, afin qu'il y ait compensation dans les intérêts réciproques, comme dans l'exemple suivant.

83e SOLUTION.—*Un individu doit 2400 francs payables comme il suit, savoir : 400 francs dans 2 mois, 800 francs dans 5 mois et 1200 francs dans 8 mois; il convient avec son créancier de ne faire qu'un seul paiement : en quel temps doit-il le faire pour qu'il y ait compensation?*

Pour effectuer cette opération par l'arithmétique, il faut multiplier chaque somme par le temps de son crédit, faire le total des produits, et le diviser par celui de la dette : le quotient donnera le temps du paiement.

Opération par l'arithmétique.

400 fr. $\times$ 2 = 800; 800 fr. $\times$ 5 = 4000, et 1200 fr. $\times$ 8 = 9600, nombres partiels. Ainsi, 800 + 4000 + 9600 = 14400, total de la

somme des nombres ; cette somme 14400, étant divisée par la dette, qui est 2400 fr., donne 6 mois pour l'époque du paiement, Or, $\frac{14400}{2400} = 6$ mois.

Pour résoudre ce problème par l'application des logarithmes, par une addition, on prend le log. de la somme des nombres et le compl. arithm. du log. de la dette, et on retranche 10 unités du total.

Opération logarithmique en prenant
le complément arithmétique.

Le log. de la somme des nomb. 14400 $=$ log. 4,15836 $+$ le
compl. arith. du log. de la dette 2400 $=$ log. 6,61979

        Total apparent du log. 10,77815 — 10 unités

il reste le log. 0.77815, correspondant au nombre 6 mois, qui est l'époque du paiement.

Remarque. — La raison de cette opération, c'est que l'on suppose que l'argent profite entre les mains du possesseur, proportionnellement au temps qu'il l'a à sa disposition. Or, on gagne autant, par exemple, avec 2 fr. en 3 mois, qu'avec 6 fr. en 1 mois.

Règles du temps pour les paiements ; 2e cas.

Explication sur le 2e cas. —Dans le 2e cas de la règle du temps pour les paiements, on cherche combien de temps on doit différer un paiement pour compenser les avances qu'on a faites. Pour découvrir l'époque cherchée, il faut multiplier la somme due par le temps de son crédit ; multiplier pareillement les sommes avancées par le temps qu'on les a gardées ; faire la somme des produits, et la retrancher de la somme due multipliée par son temps ; diviser le restant par ce qui reste à payer ; le quotient donnera le temps du paiement du reste de la dette.

34e Solution. *— Un marchand a acheté pour 2500 fr. de marchandises payables à 15 mois de terme ; son créancier veut bien recevoir les avances qu'il lui fera, à la condition qu'il ne lui demandera pas d'escompte, mais qu'il gardera le restant à proportion des avances qu'il aura faites ; cette convention acceptée, le marchand a payé 1000 fr. au bout de 6 mois et 700 fr. 3 mois après la première avance : quand doit-il payer le reste?*

Opération par l'arithmétique.

Fr. 2500 $\times$ 15 = 37500, somme due.
Fr. 1000 $\times$ 6 = 6000, et 700 fr. $\times$ 9 = 6300
+ 6000 = 12300, sommes avancées; ainsi
ôtez 12300 de 37500, il reste 25200 pour la
somme des nombres restants, et les avances
monétaires sont 1000 fr. + 700 fr. = 1700 fr.;
ôtez de 2500 fr., il reste 800 fr. Les nombres
restants $\frac{25200}{800}$ = 31 mois 5 dixièmes ou
31 mois 1/2, au bout desquels le marchand doit
faire le dernier paiement de son achat.

On fait la preuve de ces opérations en exami-
nant si le profit qu'on fait en retardant le
paiement de certaines sommes, balance la perte
qu'on éprouve en en avançant le paiement.

Pour effectuer cette opération par l'application
des log., on prend le log. de la somme des
nombres restants, 25200, et le compl. arithmétique du log. de la somme restant à payer, et
l'on retranche 10 unités du log. total. Le reste
sera le log. cherché, correspondant au nombre
demandé.

Opération logarith. en prenant le compl. arith.

Le log. de la somme des nomb. 52200 = log. 4,40140 + le
compl. arith. du log. de la dette 800 == log. 7,09691

Total apparent du log. 11,49831 — 10

Il reste définitivement le log. 1,40831

qui = 31,5 ou 31 mois 1/2 pour l'époque du dernier paiement ; même résultat que par l'arithmétique.

Des raisonnements analogues à ceux-ci conduiront à la solution des problèmes de ce genre.

SECTION 14ᵉ.

Méthode du marc le franc.

La méthode dite du *marc le franc* consiste à diviser l'impôt extraordinaire par l'impôt ordinaire, et à multiplier les centimes additionnels par l'impôt ordinaire de chaque contribuable ; on obtient la quote-part extraordinaire de chacun.

35ᵉ SOLUTION. — *Une commune qui a payé, l'année dernière, pour 90000 fr. de contributions foncières, doit en payer 3600 fr. de plus cette année : quelle sera l'augmentation des contributions d'un propriétaire qui en payait 829 fr. l'année dernière ?*

Opération par l'arithmétique.

$$\frac{3600}{90000} = 0,04 \times 829 \text{ fr.} = 33 \text{ fr. } 16 \text{ cent.}$$

d'impôt extraordinaire, ou 0,04 cent. par fr.

Pour résoudre ce problème par l'application des logarithmes, on établit cette proportion : 90000 : 3600 :: 829 : x; le 4e terme donne la valeur de l'impôt extraordinaire. Même manière d'opérer que pour les règles de répart. proport. simples.

Opération logarithmique en prenant le complément arithmétique.

Le log. de l'impôt extraord. 3600 == log. 3,55630 + le log. de la quote-part ordin. 829 = log. 2,91855 + le compl. ar. du log. de l'imp. ord. 90000 == log. 5,04576

    Total apparent du log. 11,52061 — 10 unités.   Il reste définitivement le log. 1,52061 qui correspond à 33 fr. 16 cent. d'augmentation extraordinaire, ce qui revient à 0,04 cent. par franc. Même résultat que par l'arithmétique.

AUTRE MANIÈRE D'OPÉRER.

Opération logarithmique en prenant le complément arithmétique.

Le compl. arith. du log. de 90000 == log. 5,04576

+ log. de l'impôt annuel du prop. 829 == log. 2,91855

+ le log. de l'impôt extraordinaire 3600 == log. 3,55630

    Total apparent du log. 11,52061 —

10 unités.   Il reste par conséquent le log. 1,52061

qui correspond à 33 fr. 16 cent. Même résultat que le précédent.

Remarque.—Dans les opérations logarithmiques, lorsqu'on prend le complément arithmétique du log. ou des log. soustractifs, l'opération s'effectue par une seule addition ; on peut placer le ou les log. soustractifs correspondants aux nombres, indistinctement, comme on le voit par l'opération précédente et celle ci-dessus. Ainsi, le log. du nombre dont on prend le compl. arithm. peut être placé entre les autres log., ou au-dessus : cela ne dérange nullement la régularité de l'opération. (Voyez les 14e et 15e sol., p. 35 et 37.)

Des raisonnements analogues à ceux-ci conduiront à la solution des problèmes de ce genre.

SECTION 15e.

Usage des logarithmes pour l'arpentage.

36e SOLUTION.—*Un arpenteur a, mesuré une forêt qui a 9258 mètres 2 décimètres d'une longueur moyenne, sur 4528 mètres 6 décimètres d'une largeur moyenne : on demande la surface de cette forêt en hectares, ares et centiares.*

Pour effectuer cette opération par l'arithmétique, on multiplie le multiplicande par le multiplicateur, et on sépare 6 chiffres de droite à
gauche par une virgule; le reste des chiffres
donne des hectares. Voir l'opération.

Opération figurée par l'arithmétique.

$9258,2 \times 4528,6 = 4192,0684.52$ décimèt.
carrés, qu'il faut lire : 4192 hectares 66 ares
84 centiares et 52 centièmes de centiare pour la
surface de la forêt.

Pour résoudre ce problème par l'application
des logarithmes, on prend le log. du multiplicande et celui du multiplicateur, on additionne
ces deux logarithmes; on obtient un log. total
correspondant au nombre demandé.

Opération logarithmique par l'addition de
deux nombres.

Le log. du multiplicande 9258,2 $=$ log. 3,96652
$+$ le log. du multiplicat. 4528,6 $=$ log. 3,65596
Produit ou total du log. 7,62248

correspondant au nombre 4192,6684.52 décim.

carrés, qu'on doit lire 4192 hectares 66 ares 84 centiares et 52 centièmes de centiare. Même résultat que le précédent.

37e SOLUTION.—*Le même arpenteur a mesuré une pièce de terre d'une longueur moyenne de 274 mètres et 45 centimètres, sur 96 mètres et 86 centimètres d'une largeur moyenne : on désire connaître la surface de cette pièce de terre.*

Même manière d'opérer qu'à l'exemple précédent.

Opération figurée par l'arithmétique.

Le multiplicande 274,45 × 96,86 = 2,6583,2270 centimèt. carrés, qu'il faut lire 2 hectares 65 ares 83 centiares et 2270 dix-millièm. de centiare, pour la surface de la susdite pièce de terre.

Dans cette opération, on a séparé 8 chiffres, parce qu'il y a 4 décimales au produit.

Opération logarithmique par l'addition de deux nombres.

Le log. du multiplicande 274,45 = log. 2,43846
+ log du multiplicateur 96,86 = log. 1,98614
____
Produit ou total du log.   4,42460

qui correspond au nombre 2,6583,2270 centimèt. carrés, qu'il faut lire 2 hectares 65 ares
83 centiares et 2270 dix-millièm. de centiare
(1 centiare = 1 mètre carré), pour la surface
de la pièce de terre (Voyez la 2ᵉ sol., page 17).

38ᵉ SOLUTION. — *On connaît la surface d'une
prairie, qui est de 4192 hectares 66 ares 84 centiares et 52 centièmes de centiare, ou
41926684,52 décimètres carrés. Sa largeur
moyenne étant de 4528 mètres et 6 décimètres,
on ne peut pas prendre sa longueur, parce
qu'elle est coupée en deux parties par le courant
d'une rivière; on ne peut donc trouver cette
longueur qu'en divisant sa surface par sa
largeur.*

Opération figurée, ou division par l'arithmétique.

$$\frac{\text{Surface } 4192,6684.52}{\text{Largeur } 4528,6} = 9258,2 \text{ décimètres pour}$$

la longueur moyenne de la susdite prairie.

Remarque. — Dans cette opération et la précédente, l'hectare est pris pour l'unité.

Pour effectuer cette opération par l'application
des logarithmes, il suffit de prendre le log. de

la surface de la prairie et le complément arithmétique du log. de sa longueur moyenne. L'addition faite de ces deux log., ils donnent un log. total, lequel, étant diminué de 10 unités, correspond à la longueur cherchée.

Opération logarithmique en prenant le complément arithmétique.

Le log. de la surface de la prairie en hectares, ares et
centiares, 4192,6684,52 $=$ log. 7,62248
$+$ compl. arit. du log. de la larg. 4528,6 $=$ log. 6,34404

Total apparent du log. 13,96652—10
unités.   Il reste définitivement le log.   3,96652

qui correspond au nombre 9258,2 décimètres pour la longueur moyenne de la susdite prairie. Même résultat que par l'arithmétique (Voyez les 14e et 15e solutions, p. 35 et 37).

39e SOLUTION. — *Un entrepreneur est chargé de faire paver une route d'une longueur de 123456 mètres et 39 centimètres, sur une largeur de 36 mètres: on demande combien il y a de mètres carrés à faire paver ?*

Même manière d'opérer qu'à la 36e solution, page 91.

Opération figurée par l'arithmétique.

Le multiplicande 123456,79 $\times$ 36 = 4444444,44 décimèt. carrés, pour la surface de la susdite route.

Ce genre d'opération s'effectue par l'addition de deux nombres, par l'application des log. (Voir l'opération.)

Opération logarithmique, par l'addition de deux nombres.

Le log. de la longueur de 123456,79 = log. 5,09151
+ le log. de la largeur de la route, 36 = log 1,55630

Total des log- ou produit, le log. 6,64781 correspondant au nombre 4444444,44, qu'on doit lire 4444444 mètres carrés et 44 décimèt. carrés, pour la surface de la susdite route. Même résultat que le précédent.

40e SOLUTION.—*Si le même entrepreneur était chargé de faire empierrer une autre route de la même quantité de mètres carrés, ayant 45 mètres de largeur, quelle longueur aurait-elle?*

Même manière d'opérer qu'à la 38e sol., p. 94.

Opération figurée par l'arithmétique.

Surface de la route, $\dfrac{4444444,44}{45 \text{ mèt.}} = 98765$ mètres et largeur de la route.

432 millimètres, pour la longueur de la route.

D'après le principe de l'arithmétique, on opère ainsi :

Opération logarith. en prenant le compl. arith.

Le log. de la surface 4444444,44 $=$ log. 6,64781

$+$compl. arith. du log. de la largeur 45$=$ log. 8,34679

Total apparent du log. 14,99460 —

10 unités.   Il reste le log. définitif, log   4,99460

qui correspond à 98765 mètres et 432 millimèt., pour la longueur de la susdite route.

Même résultat qu'à l'exemple précédent. (Voy. les 14e et 15e sol., p. 35 et 37.)

Des raisonnements analogues à ceux-ci conduiront à la solution des problèmes de ce genre.

SECTION 16e.

*Usage des logarithmes pour l'extraction
des racines carrées.*

Pour extraire la racine carrée d'un nombre, il faut d'abord le partager en tranches de deux

5

chiffres chacune, en allant de droite à gauche ;
la dernière à gauche pourra n'en contenir
qu'un ; on examinera ensuite quel est le plus
grand carré contenu dans cette tranche à
gauche, dont on posera la racine à droite ;
puis, ayant soustrait son carré de cette même
tranche, on mettra le reste dessous ; à côté de
ce reste, on descendra la tranche suivante, et,
de ce nombre, on séparera par un point la figure à droite.

Pour avoir le second diviseur, on double la
racine trouvée, ce qui est le double des dizaines;
on cherche combien ce double est contenu de
fois dans les chiffres qui précèdent celui de la
droite ; on écrit le quotient à droite de la racine ; on écrit aussi ce même quotient à côté du
double des dizaines; on multiplie chaque chiffre
de ce diviseur par le quotient, et le produit se
soustrait du nombre dont on a pris la racine,
de la manière qu'on le fait dans la division : on
fait autant d'opérations semblables qu'il y a de
tranches dans le nombre dont on veut avoir la
racine. Il doit y avoir à la racine autant de
chiffres qu'il y a de tranches dans le nombre
donné.

41e Solution.— *Veut-on extraire la racine carrée du nombre 4096 unités?*

Opération par le principe de l'arithmétique.

$$40.96 | 64 \text{ racine.}$$
$$49.6 | 124 \text{ diviseur.}$$
$$00\ 0$$

La racine carrée de 4096 est donc 64 unités.

Pour résoudre ce problème et les autres semblables par l'application des logarithmes, on prend le log. du nombre proposé, on le divise par 2, ou, en d'autres termes, on prend la moitié du log. du nombre proposé.

Opération logarithmique.

Ainsi le log. du nombre 4096 = log, $\dfrac{3,61236}{2}$

= log. 1,80618 correspondant à 64 unités.

Même résultat que par l'arithmétique.

Preuve : 64 × 64 = 4096 unités, carré de 64.

42e Solution.—Si le nombre dont on veut

avoir la racine carrée avait trois tranches, le carré des dizaines se trouverait évidemment dans les centaines. Pour avoir la racine carrée de ces centaines, calculez comme dans un nombre de deux tranches, et pour avoir les unités, raisonnez comme dans la solution précédente.

Exemple. — *On demande la racine carrée de 458329 unités.*

Même manière d'opérer qu'à la solution précédente.

Opération par l'arithmétique.

le nombre 458329 | 677 unités.
      98 3 | 127 premier diviseur
    942.9 | 1347 deuxième diviseur
    0000 |

On voit par l'opération que 677 unités sont la racine carrée du nombre 458329 unités.

Par l'application des logarithmes, on se sert du même principe qu'à la solution précédente.

Opération logarithmique.

On trouve dans la table le log. de 458329 =

$$\log. \frac{5,66118}{2} = \log. \ 2{,}83059$$

pour la moitié du log. correspondant au nombre proposé. Donc le log. 2,83059 correspond à 677 unités, qui sont la racine carrée de 458329 unités.

Preuve : 677 × 677 = 458329 Même résultat qu'à l'opération précédente (Voyez la 14e solution, page 35).

43e SOLUTION. — Si, du reste, quand il y en a un, on voulait tirer des décimales, il faudrait ajouter à ce reste autant de fois deux zéros qu'on voudrait avoir de chiffres décimaux à la racine (Voyez la 18e solution, page 45).

En effet, veut-on, par exemple, extraire la racine carrée de 157 unités à 1 centième près ?

Opération par l'arithmétique.

Le nombre proposé, 1.57,0000	12,53 centièmes est la racine carrée de
cine carrée de 05.7	22 premier diviseur
157 unités 130,0	245 deuxième diviseur
750,0	2503 troisième diviseur

On fait la preuve de ces règles en multipliant la racine carrée 12,53 × 12,53 = 157 unités par elle-même, et ajoutant le reste au produit, ou retranchant, si on a mis un peu plus au dernier chiffre de la racine, le total doit égaler le nombre dont on a extrait la racine. Ainsi, pour faire la preuve de cette règle, il faut multiplier la racine trouvée, qui est 12,53 × 12.53 = 157,0009 — 0,0009 = 157 unités.

Cela prouve que la règle est exacte à très-peu de chose près.

Opération logarithmique.

Le log. du nombre 157 $=$ log. $\frac{2,19590}{2}=$ log. 1,09795, correspondant à 12,53 centièmes, qui est la racine carrée de 157 unités. Même résultat que par l'arithmétique.

44e SOLUTION. — *Si la surface circulaire de la terre et celle de la lune étaient des carrés parfaits, quelles en seraient les dimensions, et combien de fois celles de la terre contiendraient-elles celles de la lune?*

Pour résoudre ce problème par l'application des logarithmes, il faut prendre la moitié du log. correspondant au log. des surfaces en mètres carrés de la terre et de la lune ; on obtiendra un log. correspondant à la racine carrée de ces deux surfaces ; d'après cela, on prendra le complément arithmétique du log. de la racine carrée de la lune, on additionnera ces deux logarithmes, on retranchera 10 unités ou une dizaine de la caractéristique du log. total : on aura un log. correspondant au nombre cherché, qui est la différence par quotient de ces deux dimensions. (Voyez la 3e solution, page 20, et les 14e et 15e solutions, pages 35 et 37).

1re opération logarith. en prenant le compl. arith.

Surface de la terre, en mètres carrés, 509244767645244.

On trouve dans la table le log. de 509 $=$ log. 2,70672 $+$ 12 unit.; la diff.tab.85 $\times$ 0,245 $=$ 21 et $+$ 12 log. 12,00021

Le log. de la surface de la terre $=$ log. 14,70693

Donc la moitié de ce log. $=$ log. 7,35346

qui correspond au nombre 22566316 mètres, pour les dimensions de la surface de la terre, où la racine carrée de sa surface. (Voyez la 14e solution, page 35.)

2e Opération. — Surface de la lune en mètres carrés, 37123943561338.

On prend le log. de 371 $=$ log. 2,56937 $+$ 11 unit.; la diff. tab. $=$ 116 $+$ 0,24 $=$ 29, $+$ 11,00029

Le log. de la surface de la lune $=$ log. 13,56966

Donc la moitié de ce log. $=$ log. 6,78483

qui correspond, par conséquent, à 6093000 mètres, pour la racine carrée de la surface de la lune. (Voyez les 14ᵉ et 15ᵉ solutions, pag. 35 et 37.)

Opération logarith. en prenant le compl. arith.

Ainsi,

Le log. de la racine carrée de la terre=log. 7,35346 ┼ le complément arithmétique du log. de la

    racine carrée de la lune ==   log. 3,21517

               Total apparent du log. 10,56863—10 u.

        Il reste définitivement le log. 0,56863

qui correspond à 3 fois et 704 millièmes de fois les dimensions de la lune. Le double de ce log. 0,56863 = log. 1,13726, correspondant au nombre 13 fois et 714 millièm. de fois la surface de la lune, et 3 fois ce même log. 0,56863 = log. 1,70589, correspondant au nombre 50 fois et 8 dixièmes de fois le vol. de la lune. (Voyez les 14ᵉ et 15ᵉ sol., pages 35 et 37.)

Des raisonnements analogues à ceux-ci conduiront à la solution des problèmes de ce genre.

SECTION 17ᵉ.

Usage des logarithmes pour l'extraction des racines cubiques.

Pour extraire la racine cubique d'un nombre

quelconque, il faut suivre la méthode suivante.
Si le nombre proposé n'a pas plus de trois
chiffres, sa racine se trouve dans les unités; car
10, qui est le plus petit nombre de deux chiffres,
en a quatre à son cube ($10 \times 10 \times 10 = 1000$).
Si le nombre en contient plus de trois, on le
partage en tranches de trois chiffres en allant
de droite à gauche; la dernière peut en avoir
moins de trois, et quelquefois un. On cherche
ensuite la racine cubique de cette dernière
tranche, on l'écrit au-dessus du trait horizon-
tal, et on retranche le cube de cette racine du
nombre sur lequel on opère; à côté du reste, on
écrit la tranche suivante, on en sépare deux
chiffres par un point, puis on divise cette
tranche par le triple carré des dizaines; on
écrit le quotient à la racine, après quoi on soustrait de la tranche que l'on vient de diviser la
somme du produit du triple carré des dizaines
multiplié par ce dernier chiffre, plus celui du
triple carré des dizaines multiplié par le carré
des unités, plus le cube des unités.

45e Solution.—*Soit proposé de trouver la racine cubique de* 12167 *unités.*

Opération par le principe de l'arithmétique.

12.167|23 racine.
41.67|12 diviseur.

On conclut que 23 est la racine cubique de 12167 mètres.

Opération logarithmique.

Pour résoudre ce problème par l'application des logarithmes, on prend le tiers du log. correspondant au nombre proposé. Ainsi, pour cette opération, on dispose le calcul de cette manière : le log. du nombre 12167 $=$ log. $\frac{4,08518}{3}$, dont le tiers de ce log. 4,08518 $=$ log. 1,36173 correspondant au nombre 23 unités; donc 23 est la racine cubique de 12167 unités. Même résultat que par le principe de l'arithmétique.

46e Solution.—Si le nombre dont on veut avoir la racine cubique avait trois tranches, et même plus, sa racine serait composée de centaines, de dizaines et d'unités ; or, le cube de ces centaines et de ces dizaines se trouverait dans les centaines de millions et dans les mille ; on en séparerait donc le nombre par trois tranches, pour en extraire la racine cubique, puis on opérerait sur ces trois ou quatre tranches comme on a fait pour extraire la racine cubique du nombre précédent qui n'en avait que deux.

Soit maintenant proposé d'extraire la racine cubique d'un nombre de huit chiffres significatifs, comme, par exemple, ce nombre 43614208 unités.

On dispose le calcul comme à l'opération précédente.

Opération par le principe de l'arithmétique.

```
premier dividende 43.614208 | 352    racine
                       27    |
deuxièm. dividende 166.14    | 27     premier diviseur
                   158.75    |
troisièm. dividende 007392.08  3675   deuxième diviseur
                     7392.08
                     0000 00
```

Pour effectuer ces sortes de règles par l'arithmétique, il faut partager le nombre dont on

veut extraire la racine cubique par tranches de
trois chiffres, de droite à gauche, jusqu'à la
dernière tranche. (Voy. l'opération, p. 107.)
On prend d'abord la racine cubique de 43 ; elle
est 3; on cube cette racine (3 × 3 × 3 = 27),
qui est 27; ôté de 43, il reste 16 ; on abaisse la
seconde tranche 614, ce qui fait 16614; on sépare deux chiffres de la droite par un point : le
dividende partiel est 166, à diviser par le triple
carré de la racine trouvée (3 × 3 × 3 = 27),
qui est le premier diviseur ; après cela, on dit :
En 166, combien de fois 27? Il y est 5 fois ; ce
qui fait 35 pour la racine cubique des deux premières tranches; on prend le triple carré des
dizaines de cette racine multiplié par les unités (5), et le triple carré de ces unités multiplié
par les dizaines (30), plus le cube des unités (5),
(30 × 30 × 3 × 5 = 13500, + 5 × 5 × 3
× 30 = 2250, + 5 × 5 × 5 = 125), on
additionne ces trois produits : ils donnent un
total de 15875 unités. Ce nombre étant soustrait de 16614, il reste 739. A côté de ce reste,
on abaisse la dernière tranche 208 : on a
7392.08 ; on sépare deux chiffres de la droite de
ce nombre par un point, et on a 7392 pour le
3ᵉ dividende, à diviser par le triple carré de la

racine 35, ce qui donne 3675 ($35 \times 35 \times 3 = 3675$) pour le second diviseur ; ensuite on dit : En 7392, combien de fois 3675 ? Il y est 2 fois. On pose 2 à la racine déjà trouvée, ce qui fait 352 pour la racine cubique de 43614208. Pour s'assurer si ce 2 est la véritable racine du nombre restant 739208, on prend le triple carré des centaines (350) de la racine multiplié par les unités (2), puis le triple carré de ces unités multiplié par les centaines (350), plus le cube des unités (2), ($350 \times 350 \times 3 \times 2 = 735000$, $+ 2 \times 2 \times 3 \times 350 = 4200$, $+ 2 \times 2 \times 2 = 8$) ; on additionne ces trois produits : ils donnent un total de 739208, lequel, étant soustrait du nombre restant, qui est 739208, il reste zéro : ce qui prouve que la règle est bien faite. Donc 352 est la racine cubique de 43614208 unités.

Preuve : $352 \times 352 \times 352 = 43614208$, même total.

Remarque.—On pourrait aussi, ce qui est un peu plus expéditif, cuber les chiffres qui sont à la racine, et retrancher ce cube de toutes les tranches déjà employées ; on renouvelle les mêmes opérations toutes les fois qu'on écrit une nouvelle tranche à côté du reste; le nombre qui se trouve à la racine exprime alors la racine cubique du nombre proposé.

Pour résoudre ce problème et les autres de ce genre par l'application des logarithmes, il suffit de prendre le tiers du logarithme du nombre proposé : on aura un logarithme correspondant à la racine cubique de ce nombre.

Opération logarithmique.

On trouve dans la table le log. de 43614208 = log. $\frac{7,63963}{3}$; donc le tiers de ce log. = log. 2,54654, correspondant au nombre 352. Ce nombre est la racine cubique du nombre proposé 43614208 unités. On obtient le même résultat que par l'arithmétique.

Cette méthode est incomparablement plus expéditive que les méthodes ordinaires. (Voy. l'opération, p. 107.)

47e SOLUTION.—*Remarque.*—Pour approcher de la véritable racine au moyen des décimales, il faut ajouter à ce qui reste après l'extraction autant de fois trois zéros qu'on veut avoir de chiffres décimaux à la racine, et on opère ensuite comme à l'ordinaire, ayant soin de séparer à la racine autant de chiffres qu'on a ajouté de fois trois zéros au reste. Ceci est évident. Si la racine cubique doit avoir un certain nombre de chiffres décimaux, le cube, en aura trois fois plus ; s'il s'agissait d'un nombre déjà accompagné de chiffres décimaux, on les compterait avec les zéros qu'on ajouterait.

Exemple.— *Veut-on extraire la racine cubique de 36,20 centièmes, à moins d'un millième près ?*

Remarque.—Comme il y a déjà deux chiffres décimaux au nombre dont on veut extraire la racine cubique, on n'en ajoute que sept pour avoir les trois tranches qui doivent donner les trois chiffres décimaux à la racine, après quoi l'on opère comme à l'ordinaire. (Voy. la 46e sol., p. 106 et 107.)

Opération par l'arithmétique.

```
premier dividende 36,200000000 | 3,308 racine
deuxièm.dividende 9,200        | 27     premier diviseur
troisièm.dividende    263000   |   3267 deuxième diviseur
quatrièm. divid.        263000000   326700 troisième divis.
il reste environ 1 millième 1005888 du nombre.
```

Remarque.—On voit par l'opération que 36 unités 20 centièmes ont pour racine cubique 3 unités et 308 millièmes, et environ 1 millième de reste.

Cette opération s'effectue comme la précédente; il en est de même par l'application des logarithmes. (Voy. le principe de la 14ᵉ sol., p. 35)

Opération logarithmique.

(Voy. la 4ᵉ sol., p. 21.)

Le log. de 36,20 = log. 3,55871 — 2 = log. $\frac{1,55871}{3}$; donc le tiers de ce log. = log. 0,51957, correspondant au nombre 3,308 millièmes, pour la racine cubique de 36,20 ; même résultat que ci-dessus.

Ainsi, par la méthode logarithmique, on peut extraire la racine cubique d'un nombre donnant six chiffres, et même plus, à sa racine cubique.

48ᵉ SOLUTION. — *Soit proposé d'extraire la racine cubique du nombre 296295407408296296 mètres cubes?*

Pour résoudre ce problème par l'application

des logarithmes, on opère comme à la 46e sol.,
pages 106 et 107. (Voyez la 14e sol., page 35.)

Opération logarithmique.

Le log. de 296295407408296296 = log.
$\frac{17\,47173}{3}$. Le tiers de ce log = log. 5,82391,
correspondant au nombre 666666 mètres, qui
est la racine cubique du nombre proposé, ou
les dimensions cubiques de cette masse. On fait
la preuve de ces règles de cette manière : 666666
× 666666 × 666666 = 296295407408296296
mètres cubes de solidité.

Preuve logarithmique. — Le log. 5,82391
+ log. 5,82391 + log. 5,82391 = log. 17,47173,
correspondant au nombre proposé.

Remarque. — On voit par ceci que l'addition
remplace la multiplication.

49e SOLUTION. — *Si la solidité du soleil et celle*
de la terre étaient des cubes parfaits, quelles en
seraient les dimensions ? Combien de fois
celles du soleil contiendraient-elles celles de
la terre ou globe terrestre ?

Pour résoudre ce grand problème par l'appli-

cation des logarithmes, il faut prendre le tiers
du log. correspondant au log. du volume en
mètres cubes du soleil et du globe terrestre ; le
nombre correspondant au tiers de ce log. sera
la racine cubique de ces deux globes solides.
D'après cela, on prendra le complément arithmétique du log. correspondant à la racine
cubique du globe terrestre, et on l'additionnera
avec le log. correspondant à la racine cubique
du soleil; on retranchera 10 unités de la caractéristique du log. total : le reste sera le log.
correspondant à la différence par quotient des
deux dimensions. (Voyez : 1º les 14e et 15e sol.,
page 35 et 37; 2º les 1re et 3e sol., pages 15
et 20; la 15e, sur les comp. arithm., page 37.)

Solidité ou volume du soleil en mètres
cubes, 1435894560391398558132021314 mètres
cubes, qu'on doit lire 1 octillion 435 septillions
894 sextillions 560 quintillions 391 quatrillions
398 trillions 558 billions ou milliards 132 millions
021 mille et 314 mètres cubes pour la solidité
du soleil.

Ce nombre se compose de 28 chiffres significatifs. Pour déterminer le log. qui lui correspond, on fait, pour un instant, abstraction de
25 chiffres de droite à gauche, et il reste 143.

Donc le log. de 143 = log. 2,15534 + 25 unités
pour les 25 chiffres retranch. = log. 27,15534.
La dif. tab. étant de 302 × 59 =   00178
à ajout. à la partie décimale du log. 27,15534,

il reste définitivement le log. 27,15712,
pour le nombre proposé.

Opération logarithmique.

D'après le principe énoncé, on a le log. de
143, qui = le log. 2,15534 + 302 × 0,59 =
178,18 + 25 unités + 25,00178; le tiers du
susdit log. 27,15712, log. $\frac{27,15712}{3}$, = log.
9,05237, correspondant au nombre 1128157894
mètres pour la racine cubique du soleil, qui
donne ses dimensions cubiques. (Voyez la 14ᵉ sol.,
page 35.)

D'après les calculs approximatifs, on évalue
la solidité ou volume du globe terrestre à
1080870800685500312508 mètres cubes, qu'il faut
lire 1 sextillion 080 quintillions 870 quatrillions
800 trillions 685 billions ou milliards 500 millions 312 mille et 508 mètres cubes. Même manière d'opérer qu'à la solution précédente, pour
en extraire la racine cubique.

Ainsi, ce nombre se compose de 22 chiffres significatifs, 1080870800685500312508.

Opération logarithmique en prenant 4 chiffres.

L'abstraction sera de 18 chiffres significatifs.

On prend le log. de 1080 qui $=$ log. $3,03342 + 18$ unit·

La diff.tab. est $40 + 0,87 = 34,80,$ ou 00035 cent-mill.

$+ 18$ unités pour les 18 chiffres $= 18$ retranchés

Le total du log de la terre $=$ log. $21,03377$

3

Le tiers de ce log. donne, par conséquent, log. 7,01126, correspondant au nombre 10262619 mètres de longueur, de largeur et de hauteur, c'est-à-dire les dimensions cubiques du globe terrestre, soit la racine cubique de ce même globe. (Voyez la 14e solution, page 35.)

2e opération logar. en prenant le compl. arithm.

Le log. de la racine cubique de la terre $=$ log. 7,01126

Son compl. arith. $=$ log. 2,98874

$+$ log. de la rac.cub.du sol. $=$ log. 9,05237

Total apparent du log. 12,04111 — 10 unités

Il reste définitivement le log. 2,04111

correspondant au nombre 109,928 millièmes,

pour la différence par quotient entre les dimensions
cubiques du soleil et celles de la terre. Deux fois
ce log. 2,04111 = log. 4,08223, qui correspond à 12084 fois la surface de la terre, et 3
fois ce log. 2,04111 = log. 6,12335, qui correspond à 1328454 fois le volume du globe terrestre; c'est-à-dire qu'il faut 1328454 terres
pour avoir un volume équivalant à celui du
soleil; et pour savoir combien il faudrait de volumes comme celui de la lune pour équivaloir
à celui du soleil, il faut ajouter à ce dernier
log. 6,12335, le log. de la différence par quotient de la terre à celui de la lune, qui est log.
1,70589 : on aura le log. cherché, qui est log.
7,82924, qui correspond au nombre 67490000
fois le volume de la lune, c'est-à-dire qu'il faut
67 millions 490 mille lunes pour faire un volume équivalant à celui du soleil. (Appréciation
analogique)

50e Solution.—Pour faire la preuve de cette
opération, il faut diviser le volume du soleil
par celui de la lune, et pour résoudre ce problème par l'addition de deux nombres, il faut
prendre le complément arithmétique du log.
correspondant au volume de la lune, et l'ajou-

ter au logarith. correspondant au volume du soleil, et retrancher 100 unités du log. total, parce que la caractéristique du log. de la lune, qui est le log. soustractif, est de deux chiffres significatifs.

Opération logarith. en prenant le compl. arithm.

Le volume de la lune en mètres cubes est de 20 chiff. signif., savoir : 21274779969892702651 mètres cubes. Même manière d'opérer qu'à la solution précédente.

On prend le log. de 2127, qui $=$ log. 3,32777 $+$ 16 unités pour les 16 chiffres retranchés $=$ log. 16,00010

La diff. tab. est 21 $+$ 48 $=$ 10 $=$ log. 19,32787

correspondant au volume en mètres cubes de la lune. (Voy. la 3e sol, p. 20.)

Le compl. arith. de ce log. 19,32787 $=$ log. 80,67213 $+$ le log. du vol. du soleil (p. 114) $=$ log. 27,15712

Total apparent du log. 107,82925 — 100 unités. Il reste définitivement le log. 7,82925 qui correspond au nombre 67490000 lunes, pour (nombre rond) équivaloir au volume du soleil. Même log. que le précédent, à un cent-milliéme d'unité près.

51⁰ Solution.—Certains calculateurs ne comprendront peut-être pas facilement l'effet du prodigieux mécanisme de cette opération.

Nous allons en démontrer le principe par la soustraction; pour cela, on prend le log. correspondant au volume en mètres cubes du soleil, et le log. correspondant au volume en mètres cubes de la lune; puis, effectuant la soustraction, il reste le log. demandé, correspondant au nombre cherché.

Volume du soleil : 1.435.894.560,391.398.558.132.021.314 en mètres cubes; le log. de ce nombre $=$ log. 27,15712

Vol. de la lune : 21.274.779.969.892.702.651 en mètres cubes; le log. de ce nombre $=$ log. 19,32787
log. 07,82925

Il reste donc le log. 7,82925, même log. que le précédent, et correspondant conséquemment au même nombre de lunes, qui est 67490000 (nombre rond).

Des raisonnements analogues à ceux-ci conduiront à la solution des problèmes de ce genre.

Remarque.—Du moment qu'on a la clef du principe, on peut opérer sur tous les nombres, entiers ou fractionnaires; par l'arithmétique, un dividende quelconque, étant divisé par un diviseur quelconque, donne un résultat qu'on

nomme quotient ; et par l'application des logarithmes, on n'a simplement qu'à prendre le
complément arithmétique du ou des diviseurs
(quand il y en a plusieurs), qui est le ou les
log. soustractifs, et additionner les log. soustractifs avec les log. additifs ; ils donnent un
log. total apparent, lequel étant déduit d'autant
de dizaines qu'on a pris de compléments arithmétiques, le reste donne le résultat de l'opération. (Voy. les solutions précédentes à partir de
la 1re sol., p. 15, jusqu'à la 15e, p. 37.)

SECTION 18e.

Emploi des logarithmes pour la géométrie.

(Surface des corps.)

52e SOLUTION.—*Définitions préliminaires sur
la mesure des surfaces planes et sphériques.*

1º On obtient la surface d'un carré en multipliant la longueur d'un côté par elle-même.

2º On obtient la surface d'un rectangle en
multipliant la longueur de l'un des deux grands
côtés par celle de l'un des deux petits.

3º On obtient la surface d'un triangle en

multipliant sa hauteur par sa base, et prenant la moitié du produit.

4° Pour obtenir la surface d'un trapèze, il faut additionner la longueur des deux côtés parallèles de ce trapèze, en prendre la moitié et la multiplier par la hauteur, c'est-à-dire par la longueur de la distance perpendiculaire de ses deux côtés.

5° Pour obtenir la surface d'un losange, il faut multiplier sa base par sa hauteur, c'est-à-dire par la ligne qui, partant de l'un des côtés pris pour base, s'élève perpendiculairement vers le côté opposé.

6° Pour obtenir la surface d'un cercle, il faut multiplier la longueur de la circonférence par la moitié du rayon, ou le 1/4 du diamètre.

7° On obtient la longueur de la circonférence par cette proportion : 7 : 22 :: le diamètre donné est à la circonférence du cercle auquel il appartient.

8° Si l'on ne connaissait que la circonférence d'un cercle, on trouverait son diamètre par cette autre proportion : 22 : 7 :: la circonférence donnée est à son diamètre (selon Archimède); selon Adrien Métius, on a ces autres proportions : 113 : 355 :: , et 355 : 113 :: ; et d'après les géomètres modernes, on a encore ces autres proportions : 100 : 314 : :, et 314 : 100 : :, etc. Mêmes principes qu'aux nos 7 et 8.

Dans la pratique, on nomme ces proportions fractions constantes : $\frac{7}{22}$ et $\frac{22}{7}$, ou $\frac{113}{355}$ et $\frac{355}{113}$.

9o Pour obtenir la surface de la couronne circulaire, il faut retrancher la surface de son petit cercle de celle de son grand, considéré comme contenant la superficie totale.

10o Pour obtenir la surface de la sphère, il faut multiplier la longueur de sa circonférence par son diamètre.

11o Pour évaluer la surface des autres polygones, réguliers ou irréguliers, il faut les diviser en triangles par des diagonales, les évaluer séparément, et ensuite additionner les produits.

12o Pour obtenir la surface d'un cône, il faut multiplier la longueur de la circonférence par la moitié de la distance du sommet à cette circonférence.

13e Pour obtenir la surface d'un cylindre, appelé vulgairement rouleau, il faut multiplier la longueur de sa circonférence par la longueur du cylindre.

14o Pour obtenir la surface d'une pyramide, il faut additionner la largeur de ses quatre côtés (à leur base), les multiplier par leur hauteur, et prendre la moitié du produit (V. n° 3, page 120). On aura la surface de la susdite pyramide.

15° Les surfaces des cubes et des prismes formant des carrés et des rectangles, il est aisé d'en avoir la superficie Les surfaces des figures semblables sont entre elles comme les carrés de leurs lignes homologues. Ainsi, d'après l'énoncé du n° 6, page 121), la circonférence d'un cercle s'obtient en multipliant son diamètre par la fraction constante $\frac{355}{113}$ (Voyez n° 8, page 121).

Quelle est donc la circonférence d'un puits ou la grosseur d'un arbre de 3 mètres de diamètre?

Pour effectuer cette opération par l'arithmétique, on dispose ainsi le calcul.

Opération par l'arithmétique.

$3 \times 355 = \frac{1065}{113} = 9{,}425$ millimètres pour la circonférence du puits ou la grosseur de l'arbre.

Pour résoudre ce problème par l'application des logarithmes, on dispose le calcul par cette proportion : 113 : 355 :: 3 : x; de là, on prend le log. de 355 + le log. de 3 + le compl. arithm. du log. de 113, qui = log. 2,05308.

Opération logarith. en prenant le compl. arith.

Son compl. arith. = donc log. 7,94692
+ le log. de 355 = log. 2,55023
+ le log. de 3 = log. 0,47712

L'addition faite, on a pour le total du log. 10,97427 — 10 = log. 0,97427, qui correspond définitivement à 9 mètres 425 millimètres, pour la circonférence du puits ou de l'arbre. Même résultat que par l'arithmétique. (Voyez la 35e solution, p. 89, pour le placement des compl. arithm.)

53e SOLUTION.—*On désire trouver le diamètre d'un cercle dont la circonférence est de 14 mètres, soit d'un arbre ou d'un puits.*

Réponse, 4,456. Ce diamètre s'obtient en multipliant sa circonférence par la fraction constante $\frac{113}{355}$.

Opération par l'arithmétique.

Dans la pratique, on pose cette proportion : 355 : 113 :: 14 : x, ce qui revient à 113 $\times$

$14 = \frac{1582}{355} = 4,456$ millimètres, pour le diamètre de l'arbre ou du puits.

Pour effectuer cette opération par l'application des logarithmes, on dispose la proportion comme celle ci-dessus : $355 : 113 :: 14 : x$. On prend le log. de 113 $+$ celui de 14 et le complem. arithmét. du log. de 355; l'addition faite de ces trois log. $-$ 10 unités, on a le log. demandé, correspondant au nombre cherché.

Opération logarith. en prenant le compl. arith.

Ainsi, on a le log. de 113 qui $=$log.2,05308

$+$ le log. de 14 mètres qui $=$log.1,14613$+$

log. de 355 qui$=$log.2,55023;son compl.$=$log.7,44977 arit.

Total apparent du log. 10,64898 $-$

10 unités. Il reste définitivement le log. 0,64898 correspondant à 4 mètres 456 millimèt. Même résultat que le précédent.

54e SOLUTION.—Le rayon d'un cercle est la moitié (1ǀ2) de son diamètre.

Une cuve a 15 mètres 7 décimètres de circonférence : quel est son rayon ?

D'après le principe de la solution précédente, on a cette proportion : $1ǀ2 \times 355 = 710 : 113 :: 15,7 : x$.

Opération par l'arithmétique.

Cela revient à $113 \times 15,7 = \frac{1774,1}{710} = 2$ mèt. 498 millimèt. pour le rayon de la cuve.

Opération logarith. en prenant le compl. arithm.

De cette même proportion, $1\vert2 \times 355 = 710 : 113 :: 15,7, : x,$ on prend le log. de 113 $+$ le log de 15,7, qui est la circonférence de la cuve, $+$ le compl. arithmét. du log. de 710.

Ainsi on a le log. de 113 qui $=$ log. 2,05308

$+$ le log. de 15,7 dixièmes qui $=$ log. 1,19590 $+$ compl.

arith. du log. de 710 qui $=$ log. 7,14874

Total apparent du log. 10,39772—10 unités.

Il reste définitivement le log. 0,39772

correspondant à 2 mèt. 498 millimèt. environ, pour le rayon de la susdite cuve. Même résultat que par l'arithmétique.

55e SOLUTION.—La surface d'un cercle s'obtient en multipliant sa circonférence par la moitié (1\vert2) de son rayon, ce qui revient à multiplier le carré du rayon par la fraction constante $\frac{355}{113}$.

D'après cela, on demande la surface d'une cuve qui a 3 mètres de rayon.

Opération par l'arithmétique.

On établit cette proportion : $113 : 355 :: 3 \times 3 = 9 : x$; ce qui revient à $9 \times 355 = \frac{3195}{113} = 28$ mètres 2740 centimètres carrés de surface, qu'on doit lire : 28 mètres carrés, 27 décimètres carrés et 40 centimètres carrés, pour la surface de la cuve.

Par l'application des logarithmes, on établit la même proportion : $113 : 355 :: 3 \times 3 = 9 : x$.

Opération logarith. en prenant le compl. arith.

On trouve dans la table le log. de 355 qui $=$ log. 2,55023

$+$ log. du carré du rayon $3 + 3 = 9$ qui $=$ log. 0,95424

$+$ le compl. arit. du log. de 113, qui $=$ log. 7,94692

Total apparent des trois log. $=$ log. 11,45139 —

10 unités. Il reste définitivement le log. 1,45139 qui correspond à 28 mètres carrés 2740 centimèt. carrés pour la surface de la cuve. Même résultat que le précédent.

56e SOLUTION. — *Un parterre de forme circulaire a 3567 mètres carrés de surface: quel est son rayon?*

Par l'arithmétique, on dispose ainsi le calcul : $355 : 113 :: 3567 : x$; cela revient à $113 \times 3567 = \frac{403071}{355} = 1135,41$ centièmes pour le carré du rayon du parterre, et la racine carrée de ce nombre 1135,41 en est le rayon.

Opération par l'arithmétique.

1er divid. 1135,41 $\sqrt{}^{2}$	33,7 racine carrée
2e divid. 23.5	63 premier diviseur
3e divid. 464.1	667 deuxième diviseur

On voit par l'opération que le nombre 33,7 dixièmes est la racine carrée du nombre 1135,41 centièmes, c'est-à-dire le rayon du parterre circulaire de la contenance de 3567 mètres carrés de superficie.

Pour effectuer cette double opération par l'application des logarithmes, il faut prendre le log. de 113 + le log. de la surface du parterre, qui est 3567 mètres carrés, + le complément arithmétique du log. de 355, déduction faite de 10 unités; puis on prend la moitié du log.

restant : on a le log. demandé, correspondant au nombre cherché, qui est le rayon du susdit parterre.

Remarque. — Pour bien opérer par le système logarithmique, il faut suivre exactement le principe de l'arithmétique; hors de là, point d'accord.

Opération logarithm. en pren. le compl. arithm.

D'après le principe de cette proportion, 355 : 113 :: 3567 : x,

On prend le log. de 113 qui $=$ log. 2,05308

$+$ log. de la surface du parterre 3567 $=$ log. 3,55230

$+$ compl. arith. du log. de 355 qui $=$ log. 7,44977

Total apparent du log. 13,05515 $-$ 10 un.

Il reste définitivement le log. 3,05515

carré du rayon; la moitié de ce log. $=$ 1,52757 $\dfrac{}{2}$ pour le

correspondant à 33 mèt. 7 décimèt. pour le rayon du parterre. Ce rayon est la racine carrée du nombre 1135,41, qui correspond au log. 3,05515. Même résultat que l'autre.

57e SOLUTION.—*On désire trouver la surface*

d'une cuve dont la circonférence est de 15 mètres.

On sait qu'il faut multiplier le carré de sa circonférence par la fraction constante $\frac{355}{113}$, c'est-à-dire par 113, et diviser le produit par le carré de $2 \times 2 = 4 \times 355$.

Pour résoudre ce problème par l'arithmétique, on a cette proportion : $2 \times 2 = 4 \times 355 = 1420 : 113 :: 15 \times 15 = 225 : x$; ce qui revient à $\frac{25425}{1420} = 17,9050$ mèt. carrés, ou 17 mètres carrés, 90 décimèt. carrés et 50 centim. carrés pour la surface de la susdite cuve.

Pour résoudre ce problème par l'application des logarithmes, on dispose le calcul par cette proportion : $2 \times 2 = 4 \times 355 : 113 :: 15 \times 15 : x.$

Opération logarithm. en pren. le compl. arithm.

Dans cette opération, il y a deux complém. arithmét. : le complém. arithmét. de $4 +$ le complém. arithmét. de 355.

On prend le log. de 113 qui $=$ log. 2,05308

$+$ deux fois le log. de 15 qui $=$ log. 2,35218

$+$ le compl. arith. de 4 qui $=$ log. 9,39794

$+$ le compl. arith. de 355 qui $=$ log. 7,44977

Total apparent du log. 21,25297 — 10 unités

Il reste définitivement le log. 1,25297

correspondant à 17,9050 centimèt.. carrés, pour la surface de la cuve. Même résultat que par l'arithmétique.

58e SOLUTION. — *Veut-on trouver la circonférence de l'ouverture circulaire d'un gouffre dont la surface est de 71 mètres et 62 décimètres carrés?*

On sait qu'il faut multiplier cette surface par 4 et par la fraction constante $\frac{355}{113}$, puis prendre la racine carrée du produit.

Pour effectuer cette opération par l'arithmétique, on établit le calcul par cette proportion.

Opération par l'arithmétique.

$113 : 355 \times 4 = 1420 :: 71,62 : x.$

Ce qui revient à $1420 \times 71,62 = \frac{101700}{113} =$

$\sqrt{~}^2$

900|30 racine carrée; 30 mètres est la racine
000| carrée du nombre donné, qui est la circonférence du susdit gouffre.

Opération logarithm. en pren. le compl. arithm.

D'après le principe de cette proportion : $113 : 355 \times 4 :: 71,62 : x,$

On a le log. de 355 qui $=$ log. 2,55023
$+$ log. du nombre 4 qui $=$ log. 0,60206
$+$ log. de la surf. 71,62 qui $=$ log. 1,85503
$+$ compl. arith du log. 113 qui $=$ log. 7,94692

Total apparent du log. 12.95424 — 10 unités
Il reste définitivement le log. 2,95424 $=$ 900 mèt.

$$2$$

La moitié de ce log. 2,95424 $=$ log. 1,47712

correspondant au nombre 30 mèt., qui est la racine carrée de 900 mèt., correspondant au log. trouvé.

On voit, par l'opération logarithmique, que l'ouverture circulaire du gouffre a 30 mèt. de circonférence, ayant 71 mèt. carrés 62 décimèt. carrés de surface. Même résultat que par l'arithmétique. (Voy. la 15ᵉ sol., p. 37.)

Remarque.—Puisque les surfaces des cercles s'obtiennent en multipliant les carrés de leurs rayons par la fraction constante $\frac{355}{113}$ (il en serait à peu près de même par celles-ci : $\frac{314}{100}$ et $\frac{22}{7}$), il en résulte que ces surfaces sont proportionnelles aux carrés des rayons, et par suite aux carrés des diamètres, ou enfin aux carrés des circonférences.

Des raisonnements analogues à ceux-ci conduiront à la solution des problêmes de ce genre

SECTION 19e.

Usage des logarithmes pour la solidité des corps.

DÉFINITIONS PRÉLIMINAIRES.

1° L'étendue en longueur, largeur et épais=
seur se nomme *volume, corps* ou *solide.*

2° Pour évaluer la solidité des corps, on
cherche le nombre de mètres cubes qu'ils con-
tiennent.

3° Les solides que l'on a le plus ordinairement à mesurer sont le *cube,* le *cylindre* (soit
uu arbre, soit un puits), le *cône,* la *pyramide,*
la *sphère* et le *prisme.*

4° Le cube est un solide dont les six faces sont
des carrés égaux.

5° Le cylindre, ordinairement appelé *rouleau,* est un solide dont les bases sont deux
cercles égaux et parallèles.

6° Le cône, dont la forme est celle d'un
pain de sucre, est un solide qui a un cercle
pour base, et dont les lignes élevées au-dessus
aboutissent toutes à un point qu'on nomme
sommet.

7º La pyramide est un solide qui a pour base un polygone quelconque, et pour côtés des triangles dont les sommets se réunissent tous en un point commun, nommé le *sommet* de la pyramide.

8º La sphère est un solide renfermé par une surface dont tous les points sont également éloignés d'un point intérieur qu'on nomme *centre*.

9º Le prisme est un solide dont deux faces opposées, appelées *bases*, sont parallèles, et les deux autres sont des parallélogrammes.

10º Pour obtenir la solidité d'un cube, il faut multiplier la surface de sa base par sa hauteur.

11º Pour obtenir la solidité d'un cylindre, d'un arbre, ou le nombre de mètres cubes de terre extraits d'un puits, il faut multiplier la surface de leur base par la hauteur de ces solides.

12º On obtient la solidité d'un cône en multipliant la surface de sa base par le tiers de sa hauteur, ou par le tiers de la perpendiculaire abaissée du sommet sur le centre du cercle qui lui sert de base.

13º On obtient la solidité d'une pyramide en multipliant la surface de sa base par le tiers de sa hauteur.

14° On obtient la solidité d'une sphère, d'une boule, ou d'un boulet, en multipliant leur surface par le tiers de leur rayon, ou le sixième de leur diamètre.

15° On obtient la solidité des prismes, en multipliant la surface de leur base par leur hauteur; si les bases ou extrémités du prisme n'étaient pas égales, on les décomposerait en prismes et en pyramides, suivant la forme de l'objet, et les ayant calculés séparément, on additionnerait tous les produits partiels.

16° On obtient la solidité des corps irréguliers en les décomposant par tranches représentant des prismes ou autres corps réguliers faciles à évaluer. Les solides semblables sont entre eux comme le cube de leurs lignes homologues.

Exercices sur la solidité des corps.

59ᵉ SOLUTION.—*Quel est, en mètr. cub., le volume d'un tas de bois ayant la forme d'un parallélipipède rectangle (corps ayant 6 faces en rectangle) de 6 mètres de longueur sur 5 mètres de largeur et 4 mètres de hauteur, sachant qu'il faut faire le produit de ces trois dimensions?*

Opération figurée par l'arithmétique.

$6 \times 5 \times 4 = 120$ mètres cubes ou stères, pour le volume du tas de bois, de paille ou de pierre.

Cette opération se compose de trois logarithmes additifs, qui sont le log. de 6 + celui de 5 + celui de 4; l'addition faite de ces trois log., on aura un log total qui correspondra au nombre demandé.

Opération logarithmique.

On dit : Le log. de 6 = log 0,77815, + le log. de 5 = log. 0,69897, + le log. de 4 = log. 0,60206 ; total = log. 2,07918, correspondant à 120 mètres cubes ou stères, pour le volume du tas de bois; même résultat que le précédent.

60e SOLUTION. — *On désire trouver la hauteur d'un tas de bois, de paille ou de pierre (ayant la forme d'un prisme), dont le volume est de 175 mètres cubes ou stères, et la base de 35 mètres carrés, sachant qu'on doit diviser le volume d'un corps solide par sa base.*

Opération par le principe de l'arithmétique.

$$\frac{\text{Mètres cubes } 175}{\text{Mètres carrés } 35} = 5^m \text{ pour la haut. du tas}$$

de bois, de paille ou de pierre.

Opération logarithm. en pren. le compl. arithm.

On cherche le log. de 175 qui $=$ log. 2,24304
$+$ le compl. arit. du log. de 35 qui $=$ log. 8,45593

Total apparent du log. 10,69897—10

unités.   Il reste définitivement le log.   0,69897
correspondant à 5 mètres, pour la hauteur du
tas de bois.

61e SOLUTION. — *Une citerne de forme cubique
doit contenir 1331 mètres cubes d'eau : quelles
en seront les dimensions?*
Pour résoudre ce problème par l'arithmétique, il faut en extraire la racine cubique.

Opération par l'arithmétique.

le nombre 1331|11 racine.
2e dividende 331|31 diviseur.
            000

11 mètres sont donc la racine cubique de
1331 mètres cubes. Cette racine donne les dimensions de la susdite citerne.

Pour effectuer cette opération au moyen des logarithmes, on prend le log. de 1331, puis le tiers de ce log. On a un log. correspondant à la racine cubique du nombre proposé, et, par suite, les dimensions de la citerne.

Opération logarithmique.

On dit : Le log. de 1331 $=$ log. $\frac{3,12618}{3}$, le tiers de ce log. $=$ log. 1,04139, correspondant à 11 mètres, qui sont les dimensions de la citerne. Même résultat.

62ᵉ Solution. — *On veut faire peindre un cylindre : quelle est la surface (non compris les deux bases, qui sont des cercles) de ce cylindre, qui a 10 mètres de longueur et 3 mètres de diamètre à sa base, sachant, d'ailleurs, qu'il faut multiplier sa circonférence par sa longueur?*

Opération figurée par le principe de l'arithm.

113 : 355 $\times$ 3 $=$ 1065 :: 10 : x; ce qui revient à $\frac{355}{113} \times 10 = \frac{10650}{113} =$ 94,2478 centimètres carrés pour la surface du corps cylin-

drique, qu'on doit lire : 94 mètres carrés, 24 décimètres carrés et 78 centimètres carrés.

Opération logarithm. en pren. le compl. arithm.

D'après le principe qui précède, on a cette proportion : 113 : 355 × 3 :: 10 : x; ce qui revient à prendre

Le log. de 355 qui =log. 2,55023
+ le log. du diamètre 3 qui =log. 0,47712
+ le log. de la longueur 10 qui =log. 1,00000
+ le compl arith. du log. 113 qui =log. 7,94692

Total apparent du log. 11,97427—10 unit.

Il reste définitivement le log. 1,97427

correspondant au nombre 94,2478 dix-milliém., qu'on doit lire 94 mèt. carrés, 24 décimètres carrés et 78 centimètres carrés, pour la surface du corps cylindrique.

63e Solution. — *On désire connaître le volume d'un corps cylindrique de la longueur de 10 mètres et de 3 mètres de diamètre, sachant qu'on doit multiplier le carré de son rayon par la fraction constante $\frac{355}{113}$ et par la longueur du corps.*

Pour effectuer cette opération par l'arithmétique, on a cette proportion : le rayon de 3 mèt. de diamètre est de $1,5 \times 1,5 = 2,25$. Le carré est donc de 2,25 centimètres.

Opération par l'arithmétique.

De là, il vient : $113 : 355 \times 2.25 = 798,75 :: 10 : x$; ce qui revient à $798,75 \times 10 = \frac{7987,5}{113} = 70,6875$ dix-millièm., qu'il faut lire : 70 mèt. cubes, 687 décimètres cubes et 500 centimètres cubes pour le volume du corps.

On peut résoudre ce problème par une seule addition, par l'application des logarithmes.

Opération logarithm. en pren. le compl. arithm.

D'après le principe de l'arithmétique, on a cette proportion : $113 : 355 \times 2,25 :: 10 : x$; ce qui revient à prendre

Le log. de 355 qui $=$ log. 2,55023

$+$ le log. du carré du rayon 2,25 $=$ log. 0,35218

$+$ le log. de la long. du corps 10 $=$ log. 1,00000

$+$ le compl. arith. du log. de 113 $=$ log. 7,94692

Total apparent du log. 11,84933 — 10 unités.

Total définitif du log. 1,84933

qui correspond au nombre 70,6875 dix-millièm.,
qu'il faut lire : 70 mèt. cubes, 687 décimèt.
cubes et 500 centimèt. cubes, pour le volume
du corps cylindrique. Même résultat que par
l'arithmétique.

64e SOLUTION. — *Le volume d'une pyramide s'obtenant en multipliant la surface de sa base
par le tiers de sa hauteur, quel est le volume
d'une pyramide qui a 340 mètres carrés de
base et 12 mètres de hauteur?*

Opération par l'arithmétique.

$340 \times 4 = 1360$ mètres cubes pour la solidité de la pyramide.

Par logarithmes, cette opération se compose
de deux log. additifs, qui sont le log. de 340 +
le log. de 4, qui est le tiers de sa hauteur, 12
mètres.

Opér. logarith. par l'addition de deux nombres.

Le log. de la surface de la base 340 = log. 2,53148 + le
log. du tiers de la hauteur, 4 mètres = log. 0,60206
                  Total des deux log. 3,13354

qui correspond au nombre 1360 mètres cubes
pour le volume de la pyramide. Même résultat.

65e SOLUTION.— *On demande la hauteur d'une pyramide qui a 1875 mètres cubes de solidité, ayant 375 mètres carrés de base, sachant qu'il faut diviser le volume par la base et tripler le quotient pour avoir la hauteur de la pyramide.*

Opération par le principe de l'arithmétique.

$$\text{Volume de la pyramide, } \frac{1875}{\text{Base, } 375} = 5 \times 3 =$$

15 mètres pour la hauteur de la pyramide.

Opération logarithm. en pren, le compl. arith.

Il suffit de prendre le log de 1875 qui $=$ log. 3,27300
$+$ log. du nombre 3 ou le triple du q. $=$ log. 0,47712
$+$ compl. arith. du log. de 375 qui $=$ log. 7.42597

Total apparent du log. 11,17609 —

10 unités.   Il reste définitivement le log. 1,17609

qui correspond à 15 mètres, pour la hauteur de la pyramide.

66e SOLUTION.—*On désire connaître le côté d'un cube équivalant à cette pyramide.*

Pour arriver à ce résultat, il faut extraire la racine cubique de son volume, qui est de 1875 mètres cubes. (Voy. la 47e sol., p. 110.)

Opération figurée par l'arithmétique.

Le volume de la pyramide étant de 1875 $\sqrt[3]{\ }$|12,33 racine cubique du volume de la

pyramide, qu'il faut lire 12 mètres 33 centimèt., pour le côté du cube.

Au moyen des log., il suffit de prendre le tiers du log. correspondant au volume de la pyramide; on obtient un log. correspondant au côté du cube.

Opération logarithmique.

(Voy. la 47e sol., p. 110.)

Le log. du volume de la pyramide 1875 = log. $\frac{3,27800}{3}$; le tiers de ce log. = log. 1,09100, correspondant au nombre 12,33 centimèt., pour le côté du cube. Même résultat.

67e SOLUTION.—*Le volume d'un cône s'obtenant*

*en prenant le tiers du produit de sa hauteur
par le cercle qui lui sert de base, on désire
connaître le volume d'un cône ayant 13 mètres
de hauteur et 185 mètres carrés de base.*

Opération par l'arithmétique.

Base du cône : $185 \times 13 = \frac{2405}{3} = 801{,}667$ décimèt. cubes, qu'on doit lire 801 mèt. cubes et 667 décimèt. cubes, pour le volume du cône en mètres cubes.

Pour résoudre cette opération au moyen des log., on dispose le calcul par cette proportion : $3 : 185 :: 13 : x$.

On a le log. de 185 qui $=$ log. 2,26717
$+$ log. de la haut. du cône qui est 13$=$ log. 1,11394
$+$ le compl. arith. du tiers du prod 3$=$ log. 9.52288

Total apparent du log. 12,90399 —10 unités. Il reste définitivement le log. 2,90399 qui correspond à 801 mèt. cubes et 667 décimètres cubes, pour le volume du cône. Même résultat que le précédent.

68e SOLUTION. — *Veut-on trouver le volume d'un
cône ayant 5 mètres de hauteur et 2 mètres
de rayon à sa base?*

On sait qu'il faut multiplier le carré du rayon $(2 \times 2 = 4)$ par la fraction constante $\frac{355}{113}$, pour avoir les mètres carrés de sa base, et multiplier ensuite cette base par le tiers de la hauteur du cône (5 mètres), ou par la hauteur du cône, prendre ensuite le tiers du produit, et on obtient alors le volume du cône.

Dans la pratique, on établit la proportion de cette manière : $113 \times 3 = 339 : 355 :: 2 \times 2 \times 5 = 20 : x$; ce qui revient à $355 \times 20 = \frac{7100}{339} = 20{,}944$ millièm. (opération par l'arithmétique), qu'on doit lire 20 mèt. cubes et 944 décimèt. cubes pour le volume du cône.

Opération logarithm. en pren. le compl. arithm.

D'après le principe de l'arithmétique, on établit cette proportion : $339 : 355 :: 20 : x$.

Donc le log de 355 $=$ log. 2,55023
$+$ log. du carré du rayon $\times$ 5 $=$ 20 $=$ log. 1,30103
$+$ compl. arith. du log. de 339 $=$ log. 7,46980

Total apparent du log. 11,32106 $=$

10 unités. Il reste définitivement le log. 1.32106 qui correspond à 20 mèt. cubes et 944 décimèt. cubes, pour la solidité du cône. Même résultat que le précédent.

7

Remarque.—Ces genres d'opérations s'effectuent de plusieurs manières.

Exemple. — Opération logarithmique.

On prend le log. de la fraction constante $\frac{355}{113}$.
On a un log. correspondant $=$ log. 0,49715
$+$log. du carré du rayon 4 $=$ log. 0,60206
$+$log. de la hauteur du cône 5 $=$ log. 0,69897
$+$compl. arith. de 3 qui $=$ log. 9,52288 (le 1/3
du produit).   Total apparent du log $\overline{11,32106}$ —10un.
Il reste définitivement le log. 1,32106
correspondant conséquemment à 20 mèt. cubes
et 944 décimèt. cubes pour le volume du cône.
Même résultat que ci-dessus.

69e SOLUTION.—La surface convexe (c'est l'opposé de concave) d'un cône s'obtient en multipliant la circonférence de sa base par la moitié
(1/2) de la hauteur perpendiculaire du cône ; on
sait que la circonférence d'un cercle s'obtient en
multipliant son diamètre par la fraction constante $\frac{355}{113}$.

*Ceci posé, on demande la surface convexe d'un
cône dont la hauteur est de 15 mètres et le rayon
de sa base 4 mètres (diamètre, 8 mètres).*

Pour résoudre ce problème par l'arithmétique, on dispose ainsi le calcul :

Opération   par   l'arithmétique.

$$\frac{355}{113} \times 8 \times \frac{15}{2} = \frac{42600}{226} = 188,49 \text{ décimètres}$$

carrés, qu'on doit lire 188 mètres carrés et 49 décimètres carrés pour la surface convexe du susdit cône.

On dispose le calcul de la même manière pour effectuer cette opération au moyen des logarithmes.

Opération logarithm. en pren. le compl. arithm.

Ainsi, de cette préparation, $\dfrac{355 \times 8 \times 15,}{113 \times 2 = 226,}$

On prend le log. de 355 qui $=$ log. 2,55023
$+$ le log. du diamètre 8 qui $=$ log. 0,90309
$+$ le log. de la hauteur 15 qui $=$ log. 1,17609
$+$ compl. arith. de 113 $+$ 2 $=$ 226 $=$ log. 7,64589

Total apparent du log. 12,27530—10

unités.   Il reste définitivement le log. 2,27530

qui correspond à 188 mètres carrés, 49 décimètres carrés pour la surface convexe du cône.

Autre méthode. Opération logarith. en prenant le compl. arithm.

Le log. de la fraction constante $\dfrac{355}{113}$ $=$ log. 0,49715

$+$ le log. du diamètre du cône 8 $=$ log 0,90309

$+$ le log. de la hauteur du cône 15 $=$ log. 1,17609

$+$ le compl. arith. de 2 qui $=$ lóg. 9,69897

Total apparent du log. 12,27530—10

unités.　　Il reste définitivement le log. 2,27530

qui correspond, par conséquent, à 188,49 décimètres carrés pour la surface convexe du cône. exactement le même résultat que les précédents.

70e SOLUTION. — Quand on a coupé un cône parallèlement à sa base, il reste un tronc de cône que l'on pourrait calculer en prenant la différence entre le cône primitif et le cône plus petit qu'on a retranché. Mais on y arrive par une autre méthode. Pour cela, il faut faire le carré du rayon de la base inférieure et le carré de la base supérieure, et faire le produit des deux rayons du cône tronqué; il faut faire ensuite la somme des trois résultats, la multiplier par la fraction constante $\frac{355}{113}$ et par la hauteur du tronc du cône, puis diviser par 3.

D'après cela, quel est le volume d'un cône tronqué dont les rayons des bases sont 5 mètres et 3 mètres, et la hauteur du tronc 7 mètres?

Pour résoudre ce problème par l'arithmétique, suivant l'énoncé de la solution, on a le carré des rayons du cône et leur produit, savoir : 25, 9, 15 ; la somme est 49. De là, on dispose ainsi le calcul :

Opération par l'arithmétique.

$$49 \times \frac{355 \times 7}{113 \times 3} = \frac{121765}{339} = 359,188 \text{ déci-}$$

mètres cubes, qu'on doit lire 359 mèt. cubes et 188 décimèt. cubes, pour le volume du cône tronqué.

Pour effectuer cette opération au moyen des logarithmes, par une addition, il faut prendre le complém. arithmét. de deux log. soustractifs, qui sont le log. de 113 = log. 2,05308 ; son complém. arithmét. = log. 7,94692, + le log. de 3 qui = log. 0,47712 ; son complém. arithmét. = log. 9,52288.

Or, d'après le principe de l'arithmétique, on a cette préparation : $49 + \dfrac{355 + 7}{113 + 3}$

Opération logarithm. en pren. le compl. arithm.

On prend le log. de la somme 49 $=$ log. 1,69020

$+$ le log. de 355 qui $=$ log 2,55023

$+$ le log. du tronc du cône 7 qui $=$ log. 0,84510

$+$ compl. arith. du log. de 113 $=$ log. 7,94692

$+$ le compl. arith. du log. de 3 $=$ log. 9,52288

Total apparent du log. 22,55533 —

20 unités pour les deux compl. arith. log. 2,55533

il reste définitivement le log. 2,55533, correspondant au nombre 359,188 millièm., qu'il faut lire 359 mèt. cubes et 188 décimèt. cubes, pour la solidité du cône tronqué. Même résultat que précédemment. Il en serait de même en soustrayant les deux log. soustractifs des trois additifs.

Cette opération s'effectue encore d'une autre manière, en ne prenant qu'un complément arithmétique.

Opération logarith. en prenant le compl. arith.

On prend le log. de la fraction constante $\frac{355}{113}$,

qui $=$ log. 0,49715

$+$ le log de la somme 49 $=$ log. 1,69020

$+$ le log. de la hauteur 7 $+$ log. 0,84510

$+$ le compl. arith. du log. de 3 $+$ log. 9,52288

Total apparent du log. 12,55533 — 10

unités. Il reste définitivement le log. 2,55533

correspondant à 359 mèt. cubes et 188 décimèt. cubes. On obtient le même résultat qu'aux opérations précédentes.

71e SOLUTION. — La surface d'un boulet, d'une boule (corps sphérique), s'obtient en multipliant le carré de son diamètre par la fraction constante $\frac{355}{113}$.

Ceci connu, quelle est la surface d'une boule de 0,8 décimètres de diamètre ?

Opération figurée par l'arithmétique.

$$0,8 \times 0,8 \times \frac{355}{113} = \frac{227,20}{113} = 2,0,1 \text{ décimètre car-}$$

ré ou 2 mètres carrés et 1 décim. carré de surface.

Opération logarith. en prenant le compl. arith.

Dans cette opération. il suffit de prendre seulement le log. de **227,20** centièmes, qui $=$ log. **2,35641**
$+$ compl arith. du log. de 113 qui $=$ log. **7,94692**

Total apparent du log. 10,30333 — 10 un.

Il reste donc définitivement le log. 0,30333

qui correspond à 2 mètres carrés et 0,1 décim. carré, pour la surface de la boule ; même résultat que le précédent.

Remarque. — Ces opérations s'effectuent de la même manière pour les dimensions soit plus petites, soit plus grandes , des corps sphériques.

72e Solution. — *Veut-on trouver le rayon d'une sphère dont la surface est de 201,06 décimètres carrés?*

On sait qu'il faut diviser cette surface par la fraction constante $\frac{113}{355}$ renversée, pour avoir le carré du diamètre, savoir 64; puis, extrayant la racine carrée de ce nombre, on aura le diamètre 8; enfin, la moitié de cette racine carrée est 4 mètres pour le rayon de la sphère.

Opération figurée par l'arithmétique.

On a la surface de la sphère, $201,06 \times 113 =$

$$\frac{22722}{355} = \overset{\sqrt{2}}{64}|8 \text{ racine};$$ la moitié de cette racine est 4 mètres pour le rayon de la sphère.

Pour effectuer cette opération par l'application des logarithmes, on dispose le calcul par cette proportion : $355:113::201,06:x$ (par une addition).

Opération logarithm. en pren. le compl. arithm.

On prend le log. de 113 qui $=$ log. 2,05308
$+$ le log. de la surface 201,06 $=$ log. 2,30333
$+$ le compl. arith. du log. de 355 $=$ log. 7,44977

Total apparent du log. 11,80618 — 10

unités. Il reste le log. du carré du log. 1,80618 $=$ 64

mètres.   2

La moitié de ce log. 1,80618 $=$ log. 0,90309 $=$ 8

mètres.

pour la racine carrée du nombre 64, et la moitié de cette racine 8 mètres, qui est le diamèt. de la sphère, $=$ 4 mètres pour le rayon de la sphère. On obtient le même résultat que par l'arithmétique.

73e SOLUTION. — Le volume d'une sphére s'obtient en multipliant sa surface par le tiers de son rayon; comme on le sait, sa surface s'obtient en multipliant le carré de son diamètre par la fraction constante $\frac{355}{113}$.

Ceci admis, quel est le volume d'une sphère dont le rayon est de 9 mètres (diamètre, 18 mèt.)?

Opération par le principe de l'arithmétique.

Dans la pratique, on opère de cette manière :

7*

Le rayon, mètres $9 + 9 = 18 \times 18 = 324 \times 355 = \frac{115020}{113} = 1017,876$ pour la surface de la sphère, qu'on doit lire : 1017 mètres carrés 87 décimètres carrés et 60 centimètres carrés, laquelle, étant multipliée par le 6e du diamètre ou le tiers du rayon, donne le volume.

Ainsi : $1017,876 \times 3 = 3053,628$ millièm., qu'il faut lire : 3053 mèt. cub. et 628 décimèt. cubes, pour la solidité de la sphère.

Pour effectuer cette opération par les log., on dispose le calcul par cette proportion : $113 : 355 :: 9 + 9 = 18 \times 18 = 324 : x$; ce qui revient à prendre le log. de 355 $+$ deux fois le log. de 18 $+$ le compl. arithmétique du log. de 113, pour avoir la surface, et $+$ le log. de 3, pour avoir la solidité.

Opération logarithm. en prén. le compl. arith.

De cette proportion préparatoire : $113 : 355 :: 18 \times 18 : x,$

Il suffit de prendre le log de 355 qui $=$ log. 2,55023

$+$ deux fois le log. de 18 qui $=$ log. 2,51055

$+$ le compl. arith. du log. de 113 qui $=$ log 7,94692

Total apparent du log. 13,00770 $-$ 10

unités.   Il reste définitivement le log. 3,00770

qui correspond à 1017,8760 centimètres carrés, pour la surface de la sphère, et ajoutant le log. de 3 à ce log., on obtient un log. qui correspond au log. de la solidité.

Comme on le voit, log. 3,00770
$+$ le log. de la moitié du rayon 3 $=$ log. 0,47712

Total définitif du log. de la solidité, log. 3,48482

qui correspond au nombre 3053,628 millièmes, qu'on doit lire : 3053 mètres cubes et 628 décimètres cubes, pour le volume de la sphère.

Remarque. — D'après cette opération par l'addition des trois nombres, savoir :

Deux fois le log. du diamètre 18 $=$ log. 2,51055

$+$ log. de la fraction constante $\dfrac{355}{113}$ qui $=$ log. 0,49715

$+$ le log. de la moitié du rayon 3 qui $=$ log. 0,47712

Total définitif du log. 3,48482

on obtient le même log. qu'à la solution précédente et, par conséquent, le même résultat. (Voy. les opérations.)

74e SOLUTION. — Pour abréger les calculs, on obtient encore le volume d'une sphère par une autre méthode, qui consiste à multiplier le cube de son rayon par la fraction constante $\frac{355}{113}$ et par 4, puis à diviser le produit par 3.

On demande le volume d'une sphère de 9 mètres de rayon.

Opération par le principe de l'arithmétique.

$$\text{Le r}^{\text{n}}\,9\times9\times9\times\frac{355\times4}{113\times3}=\frac{1035180}{339}=3053,628.$$

Le volume de la sphère est de 3053 mètres cubes et 628 décimètres cubes. Même résultat que celui de la 73e solution, page 153.

Pour résoudre ce problème par l'addition de trois nombres selon l'application des logarith., on opère de la manière suivante :

Opération logarithmique.

On prend trois fois le log. de 9 qui $=$ log. 2,86273

$+$ le log. de la fraction constante $\dfrac{355}{113}$ $=$ log. 0,49715

$+$ le log. de la fraction $\dfrac{4}{3}$ qui $=$ log. 0,12494

Total définitif du log. 3,48482

correspondant au nombre 3053,628 millièmes, qu'on doit lire 3053 mètres cubes et 628 décimètres cubes. Même résultat que le précédent.

Remarque. — Quoique les logarithmes de ces trois opérations (Voy. pages 154 et 155) diffèrent les uns des autres, ils donnent cependant le même résultat lorsqu'ils sont additionnés; ainsi, on obtient le log. de la fraction constante $\frac{355}{113}$ par la soustraction de cette manière, savoir : le log. de 355 = log. 2,55023 — le log. de 113, qui = log. 2,05308; il reste log. 0,49715 pour le log. de la fraction constante $\frac{355}{113}$; et pour obtenir le log. de cette fraction par l'addition, on prend le complément arithmétique du log. de 113, qui = log. 2,05308; son complément arithmétique = log. 7,94692 + le log. de 355, qui = log. 2,55023; on obtient le log. 10,49715 — 10 unités ; il reste log. 0,49715 pour le log. de la fraction constante $\frac{355}{113}$. De là, on obtient le log. de la fraction $\frac{4}{3}$ en opérant de la même manière que ci-dessus; c'est-à-dire, le log. de 4 = log. 0,60206 — le log. de 3, qui = log. 0,47712 ; il reste le log. 0,12494 pour le log. de la fraction $\frac{4}{3}$; et par l'addition, on prend le complément arithmétique du log. de 3, qui = log. 9,52288 + le log. de 4, qui = log. 0,60206 (1).

(1) L'addition faite de ces deux log., on obtient un log. total de log. 10,12494;— 10 unités, il reste le log 0,12494 pour le log. de la fraction $\frac{4}{3}$. Quand on opère par le principe de l'arithmétique, il y a certaines opérations aussi longues que

75e Solution. — *Soit proposé de trouver le rayon d'une sphère qui a 3053 mètres cubes et 6283 décimètres cubes de solidité.*

D'après le principe de la solution précédente, il faudra multiplier le volume 3053, 6283 dix mil. par la fraction constante $\frac{113}{355}$ et par $\frac{3}{4}$, pour avoir le cube du rayon 729 mètres cubes ; enfin, extraire la racine cubique de ce nombre, et on aura le rayon de la sphère, qui est de 9 mètres (diamèt. 18).

Opération figurée par le principe de l'arithm.

$$\text{Le volume } 3053,6283 \times \frac{113 \times 3 = 1035180}{355 \times 4 = 1420}$$

$= 729\sqrt{}{}^{3} = 9$ mètres pour le rayon de la sphère, qui est la moitié du diamètre de la susdite sphère.

Opération logarithm. en pren. le compl. arithm.

D'après le principe de l'arithmétique, on a

difficiles; mais par le principe logarithmique, on les effectue avec une extrême célérité, comme on peut s'en convaincre par les opérations précédentes. et comme les suivantes le feront aisément reconnaître.

cette préparation : le volume $5053,6283 \times \dfrac{113 \times 3}{355 \times 4}$, on doit prendre deux complém. arithm.,

qui sont le complém. arithm. ou log. de 355, qui $= \log 7,44977 +$ celui de 4, qui $= \log. 9,39794$.

De là on a le log. de 3053,6283 $=$ log. 3,48482
$+$ le log. de 113 qui $=$ log. 2,05308
$+$ le log de 3 qui $=$ log. 0,47712
$+$ le compl. arith. du log. de 355 qui$=$ log. 7,44977
$+$ le compl. arith. du log de 4 qui$=$ log. 9,39794

Total apparent du log. 22,86273 — 20 unités pour les deux compl. arith. Il reste log. 2,86273 correspondant à 729 pour le cube du rayon ; le tiers de ce log. $=$ log. 0,95424, qui est la racine cubique du nombre, et correspond, par conséquent, à 9 mètres pour le rayon du volume proposé. Même résultat que par l'arithmétique. (Voyez la 4ᵐᵉ et 15ᵐᵉ sol., pages 21 et 37).

76ᵉ SOLUTION. — *Soit encore de trouver le volume d'un globe sphérique dont la surface est de 1017 mètres carrés, 87 décimètres carrés et 60 centimètres carrés.*

Il ne faut pas oublier qu'on obtient le carré du diamètre en multipliant la surface par la fraction constante $\frac{113}{355}$. Ayant donc le carré du diamètre, qui est 324 mètres , puis , extrayant la racine carrée de ce nombre, on obtient le diamètre, qui est 18 mètres; enfin, divisant ce diamètre par 6, on obtient 3 mètres pour le tiers du rayon ; de là, multipliant la surface sphérique proposée, 1017,8760 dix-millièmes, par 3 mètres, on obtient finalement le volume de la sphère, qui est de 3053,528 décimètres cubes. (Voyez le principe des opérations précédentes.)

Opération figurée par le principe de l'arith.

$355 : 113 :: 1017,876 : x$; ce qui revient à

$1017,876 \times 113 = 115020 = 324 | 18 \sqrt{}^2 | 6$

$\overline{355} \quad 22.4 | \overline{28} \quad | \overline{3 \text{ mètr.}}$

00

et $3 \times 1017,876 = 3053$ mèt. cubes et 628 décimèt. cubes pour le volume de la sphère.

**Opération logarith. en prenant le compl. arith.
par l'addition.**

D'après le principe de l'arithmétique,

On prend le log. de la surf. 1017,876 = log. 3,00770

+ le log. de 113 qui = log 2,05308

+ le compl arith. du log. 355 qui = log. 7,44977

Total apparent du log. 12,51055 — 10 unit.

Il reste définitivement le log. 2,51055 = 324

2

La moitié de ce log. = le (logarít.) log. 1,25527 = 18
    Le log. de 18 mètres qui = log. 1,25527
+ compl. arith. du log. de 6 qui = log. 9.22185
                                    ———————————————
            Total apparent du log. 10,47712—10 unités
        Il reste définitivement le log. 0,47712
qui correspond à 3 mètres pour le tiers du rayon;
et enfin, ajoutant ce log. 0,47712 au log. 3,00770
de la surface, on obtiendra le log. correspondant au volume de la sphère.

Opération par l'addition.

  Le log. de la surface 1017,876 = log. 3,00770
+ le log. du tiers du rayon 3 qui = log. 0,47712
                                    ————————————————
      Total définitif du volume, log. 3,48482

correspondant au nombre 3053,628 millièm.,
qu'on doit lire : 3053 mèt. cubes et 628 décimèt.
cubes, pour le volume de la sphère. Même résultat que ci-devant.

77e Solution.—*On propose de trouver la surface d'un globe sphérique dont le volume est
de 3053 mètres cubes 6283 décimètres cubes.*

Il faut multiplier son volume par la fraction
constante $\frac{113}{355}$ et par $\frac{3}{4}$, pour avoir le cube du

rayon ; puis on extraira la racine cubique du cube du rayon, pour avoir le rayon de la sphère ; enfin, on divisera le volume de la sphère par le tiers de son rayon, et on obtiendra sa surface.

Opération figurée par le princ. de l'arithmét.

On a cette proportion : $355 \times 4 = 1420$: $113 \times 3 = 339$ :: $3053,6283 : x$; ce qui revient à $3053,6283 \times 339 = \frac{1035182}{1420} = 729$ mètres pour le cube du rayon.

La racine cubique de ce nombre 729 est 9 mètres, pour le rayon de la sphère ; le tiers de ce rayon, 9 mètres, est 3 mètres ; en divisant le volume par le tiers, 3, du rayon, on aura la surface de la sphère.

Exemple. — Le volume $\frac{3053,6283}{3} = 1017,8761$ dix-millièmes, qu'il faut lire : 1017 mètres carrés 87 décimètres carrés et 61 centimètres carrés, pour la surface de la sphère.

Opération logarithm. en pren. le compl. arithm.

Combinaison préparatoire : $355 \times 4 : 113 \times 3$ :: $3053,6283 : x$.

On prend le log de 113 qui $=$ log. 2,05308
$+$ log. du tiers du rayon qui est 3 $=$ log. 0,47712
$+$ log. du volume qui est 3053,6283$=$ log. 3,48482
$+$ le compl. arith. du log. de 355 qui$=$log. 7,44977
$+$ le compl. arit. du log. de 4, qui $=$log. 9,39794

Total apparent du log. 22,86273$-$

20 unités pour les 2 compl. arith. Il reste le log. 2,86273

qui correspond au nombre 729, qui est le cube du rayon. On prend le tiers du log. $\frac{2,86273}{3}$, correspondant à ce nombre, on obtient le log. 0,95424, qui $=$ 9 mètres pour le rayon de la sphère, qui est la racine cubique de 729, d'après le principe énoncé.

On doit reprendre le log. du volume de la sphère, 3053,6283, qui $=$ log. 3,48482$+$compl.arith.du log. du tiers du rayon 9$=$3$=$log. 9,52288 rayon

Total apparent du log. 13,00770 $-$ 10 unités.
Il reste définit. le log. 3,00770

correspondant au nombre 1017,876 milllièmes, qu'il faut lire : 1017 mètres carrés 87 décimèt. carrés et 60 centimèt. carrés pour la surface de la sphère. On obtient le même résultat que par l'arithmétique.

Remarque. — Si un ballon aérostatique avait la même dimension que ce corps sphérique, il aurait 18 mètres de diamètre ; il faudrait environ 1017 mètres carrés de toile pour sa confection ; si le coût de la toile préparée était de 3 francs le mètre carré, le prix du ballon serait de 3051 francs, seulement pour l'achat de la toile.

78e Solution. — *La surface d'une sphère grandissant comme le carré de son diamètre ou de son rayon, on demande dans quel rapport sont les surfaces de deux sphères dont les diamètres sont de 25 mètres et de 50 mètres.*

Il faut se rappeler que les surfaces des sphères sont entre elles comme le carré de 25 est au carré de 50.

Opération par l'arithmétique.

Le carré du diamètre $25 \times 25 = 625$, et le carré du diamètre $50 \times 50 = \frac{2500}{625} = 4$ fois plus grande, pour un diamètre double.

Opér. logarith. en prenant le complément arith.

Le log. de 50 = log. 1,69897 ; deux fois ce log. = log. 3,39794
+ 2 fois le log. de 25 = log. 2,79588 ; son compl. = log. 7,20412
arith.   Total apparent du log. 10,60206
— 10 unités.   Il reste définitivement le log. 0,60206

qui correspond à 4 fois. Même résultat que le précédent.

79e Solution. — *Le volume d'une sphère aug-mentant comme le cube de son diamètre ou de son rayon, on désire connaître dans quel rapport sont les volumes de deux sphères dont les diamètres sont de 25 mètres et de 50 mèt.*

Les volumes des sphères sont entre eux comme le cube de 25 est au cube de 50.

Opération figurée par l'arithmétique.

Le cube de $25 \times 25 \times 25 = 15625$, et le cube de $50 \times 50 \times 50 = \frac{125000}{15625} = 8$ fois le volume pour un diamètre double.

On se sert du même principe pour les dimensions plus ou moins grandes.

Opér. logarith. en prenant le complém. arith.

On prend le log. de 50 $=$ log. 1,69897 $\times$ 3 $=$ log. 5,09691
$+$ log. de 25 $=$ 1.1,39794 $\times$ 3 $=$ 4,19382 compl. $=$ 1.5,80618

arith.   Total apparent du log. 10,90309
—10 unités.   Il reste définitivement le log. 0,90309

qui correspond au nombre 8, c'est-à-dire que

le double du diamètre donne 8 fois le volume pour les corps sphériques. Même résultat que ci-dessus.

80ᵉ SOLUTION. — *Nous avons vu, à la 50ᵉ solution, page 117, qu'il faudrait 67 millions et 490 mille lunes (nombre rond) pour équivaloir au volume du soleil en mètres cubes; d'après ceci, on demande quelle serait la différence par quot. entre les dimensions cubiq. du soleil et celles de la lune, si ces deux corps sphériques étaient des cubes parfaits.*

Pour satisfaire à cette demande, il faut extraire la racine cubique du nombre 67490000 unités (Voy. la 47ᵉ solut., page 110) par l'arithm.; et par l'application des logarithmes, il suffit de prendre le tiers du log. correspondant à ce nombre : on obtiendra alors un log. correspondant à la différence par quotient entre les dimensions cubiques du soleil et celles de la lune.

Opération logarithmique.

Nombre de lunes, 67490000. On prend le log. de ce nombre 67490000, qui $= \log. \dfrac{7{,}829\,24}{3}$;

le tiers de ce log. $=$ log. 2,60975, correspondant au nombre 407,143 millièmes (environ) pour la différence par quotient entre les dimensions cubiques du soleil et celles de la lune. Or, en supposant que la lune soit un mètre cube, les côtés de son cube auraient un mètre de longueur, un de largeur et un de hauteur, et les côtés du soleil auraient 407 mètres et 142 1/2 millimètres de longueur, de largeur et de hauteur ; donc, le cube de cette différence par quotient est d'environ 67 millions 490 mille fois le volume de la lune.

Preuve : 407,142 1/2 $\times$ 407,142 1/2 $\times$ 407,142 1/2 $=$ environ 67490000 (nombre rond).

81e SOLUTION. — *On désire savoir combien de fois la surface d'un corps sphérique est plus grande que celle d'un cercle de même rayon (supposé de 4 mètres).*

On sait que la surface de la sphère s'obtient en multipliant le carré de son diamètre (8 mèt.) par la fraction constante $\frac{355}{113}$, et la surface du cercle en multipliant le carré de son rayon (4 mètres) par la même fraction constante $\frac{355}{113}$.

Pour résoudre ce problème et les autres semblables, il faut faire le carré du diamètre et celui du rayon, puis effectuer la division de ces deux produits; on aura la différence par quotient entre les deux surfaces.

Opération par l'arithmétique.

Diamètre $8 \times 8 = 64$, le carré du rayon $4 \times 4 = 16$, et $\frac{64}{16} = 4$ fois; donc la surface de la sphère vaut 4 fois la surface du cercle.

Pour effectuer cette opération par les logarithmes, il suffit de prendre deux fois le log. du diamètre et le complém. arithmét. du log. de deux fois le rayon, et déduire 10 unités du total; le reste donnera la différence par quotient des deux surfaces.

Opér. logarithm. en prenant le compl. arithm.

Deux fois le log. du diamètre 8 $=$ log. 1,80618$+$le compl.
arith. de 2 fois le log. du rayon 4$=$ log. 8,79588

Total apparent du log. 10,60206—10 unités.
Il reste définitivement le log. 0,60206

correspondant au nombre 4 fois, pour la différence. Même résultat que le precédent.

82ᵉ Solution.— *On a un cylindre (ou corps cy-*

lindrique) de même longueur et de même épaisseur que le diamètre d'un corps sphérique de 3 mètres de diamètre ; trouver le rapport entre la surface du corps sphérique et la surface convexe du cylindre (non compris les deux bases qui sont des cercles), et le rapport de leur volume.

1º On obtient la surface de la sphère, en multipliant le carré de son diamètre par la fraction constante $\frac{355}{113}$; 2º on obtient la surface convexe du cylindre en multipliant son diamètre par la fraction constante $\frac{355}{113}$ et par sa hauteur ou longueur.

Opération par le principe de l'arithmétique.

Diamètre de la sphère : $3 \times 3 = 9 \times 355 = \frac{3195}{113} = 28,2743$ dix-millièm., ou 28 mèt. carrés, 27 décimèt. carrés et 43 centimèt. carrés, pour la surface de la sphère.

Diamètre et longueur du corps cylindrique : $3 \times 3 = 9 \times 355 = \frac{3195}{113} = 28,2743$ centimèt. carrés. Même surface que la précédente.

Rapport de leur volume.—Pour trouver le rapport de leur volume, il faut opérer d'une autre manière, c'est-à-dire qu'on obtient le volume de la sphère en multipliant le cube de son rayon (1,5) par la fraction contante $\frac{355}{113}$ et par $\frac{4}{3}$. On obtient le volume d'un corps cylindrique, en multipliant le carré de son rayon par la fraction constante $\frac{355}{113}$ et par sa hauteur ou longueur.

Opération figurée par le principe de l'arith.

Rayon de la sphère : 1,5 $\times$ 1,5 $\times$ 1,5 $=$
$$\frac{3,375 \times 355 \times 4}{113 \times 3} = \frac{47925}{339} = 14,137 \text{ millièm.}$$
ou 14 mèt. cubes 137 décimèt. cubes, pour le volume de la sphère ou corps sphérique.

Rayon du corps cylindrique, 1,5$\times$1,5$\times$3$=$
$$\frac{6,75 \times 355 = 2396,25}{113} = 21,206 \text{ millièmes,}$$
qu'on doit lire : 21 mètres cubes et 206 décim. cubes pour le volume du corps cylindrique ; donc, ôté le volume du corps sphérique 14,137 décim. cubes du corps cylindrique 21,206 décim. cubes, il reste 7 mètres cubes 069 décim. cubes pour la différence des deux volumes. Ainsi le volume du corps cylindrique est de 7 mètres cubes et 069 décim. cubes plus grand que le

corps sphérique, quoiqu'ayant la même surface, le même diamètre et la même longueur que le diamètre du corps sphérique.

Opération logarithmique sur les deux rapports.

Le diamètre du corps sphérique étant de 3 mètres, son log.

$=$log. 0,47712 ; deux fois ce log. $=$ log. 0,95424

$+$ le log. de la fraction constante $\dfrac{355}{113}$ $=$ log. 0,49715

Total des deux log. 1,45139

qui correspond à 28 mètres carrés et 2743 centim. carrés pour la surface du corps sphérique.

Le diamètre du corps cylindriq. 3 mèt. $=$ log 0,47712

$+$ sa longueur est de 3 mètres, son log. $=$ log. 0,47712

$+$ le log. de la fraction constante $\dfrac{355}{113}$ $=$ log. 0,49715

Total des trois log. 1,45139

L'addition faite de ces trois log. $=$ log 1,45139, même log. que le précédent, correspondant, par conséquent, à 28 mètres carrés et 2743 centimèt. carrés, même surface que celle du corps sphérique et même résultat que par l'arithmétique.

Rapport des deux volumes.

Opération logarithm. d'après le principe de l'arit.

On prend le log. du rayon du corps sphérique qui est 1,5

$$= \text{log. } 0{,}17609 \,;\; 3 \text{ fois ce log.} = \text{log.} 052827$$

$$+ \text{ le log. de la fraction constante } \frac{355}{113} = \text{log.} 0{,}49715$$

$$+ \text{ le log. de la fraction } \frac{4}{3} \text{ qui } = \text{log.} 0{,}12494$$

$$\text{L'addition faite de ces trois log. } = \text{log. } 1{,}15036$$

correspondant à 14 mètres cubes 137 décim. cubes pour le volume de la sphère.

Opération logarithmique du corps cylindrique.

On obtient le volume du corps cylindrique, en prenant 2 fois le log. de son rayon, +celui de sa longueur, + celui de la fraction constante $\frac{355}{113}$; ainsi,

$$\text{Log. du rayon } 1{,}5 = \text{log.} 0{,}17609 \times 2 = \text{log } 0{,}35218$$

$$+ \text{ log. de la long. qui est 3 mètres} = \text{log. } 0{,}47712$$

$$+ \text{le log. de la fraction const. } \frac{355}{113} = \text{log. } 0{,}49715$$

$$\text{Total des trois log. } 1{,}32645$$

correspondant au nombre 21,206 millièmes,

qu'on doit lire : 21 mètres cubes et 206 décimèt. cub., pour le volume du corps cylindrique.

Effectuant la soustraction de ces deux volumes,
il reste 7 mètres cubes et 0,69 décimètres cubes
pour la différence. Même résultat qu'à la solution
précédente.

Des raisonnements analogues à ceux-ci conduisent à la solution des problèmes de ce
genre.

SECTION 20e.

Usage des logarithmes pour les règles d'escompte,
en dehors et en dedans.

La règle d'escompte est une opération qui a
pour but de déterminer la remise que fait un
créancier, ou la perte à laquelle il se soumet,
en faveur du paiement qu'on lui a fait d'une
somme avant l'échéance du terme.

83e SOLUTION. — L'escompte étant à 5 p. 0/0,
est dit en dehors lorsqu'on ôte 5 sur 105 ou
qu'on réduit 105 à 100.

On désire trouver l'escompte de 4560 fr. d'abord
en dehors, puis en dedans.

Pour résoudre ce problème, on pose les deux proportions suivantes :

Opération par l'arithmétique.

$100 : 5 :: 4560 : x$, ce qui revient à $4560 \times 5 = \frac{22800}{100} = 228$ fr. pour l'escompte en dehors ; et $105 : 5 :: 4560 : x$, ce qui revient à $4560 \times 5 = \frac{22800}{105} = 217$ fr. 14 centimes pour l'escompte en dedans. Différence, 10 fr. 86 cent.

Première opération logarithm. en pren. le compl. arithm.

D'après le principe de l'arithmétique, on a cette proportion : $100 : 5 :: 4560 : x$; de là,

On cherche dans la table log. du taux $5 =$ log. 0,69897
$+$ le log. du capital 4560 fr. qui $=$ log. 3,65896
$+$ le compl. arith. du log. de 100 $=$ log. 8,00000

Total apparent du log. 12,35793 — 10 unités. Il reste définitivement le log. 2,35793

qui correspond à 228, pour l'escompte en dehors de 4560 fr.

Deuxième opération logarithm. en pren. le compl. arithm.

D'après le principe de l'escompte en dedans, on a cette proportion : 105 : 5 : : 4560 : x ; de là,

On prend le log. du taux 5 qui = log. 0,69897
+ le log. du capital 4560 fr. qui = log. 3,65896
+ le compl arith. du log. 105 qui = log. 7,97884
Total apparent du log. 12,33674—10 unit.

Il reste définitivement le log. 2,33674

qui correspond à **217 fr. 14** cent. pour l'escompte en dedans de 4560 fr. à 5 p. 0/0 par an. Même résultat que le précédent.

Remarque.—Si le taux de l'escompte était à 6, à 7, à 8, à 9, etc., p. 0/0, on prendrait le log. de 6, de 7, de 8, de 9, etc., on l'ajouterait au log. du capital ou au log. du montant des effets à escompter, pour avoir un log. total, auquel on ajouterait le complém. arithmét. du log. soustractif, déduction faite de 10 unités pour le complém. arithmét. de 100, afin d'obtenir l'escompte en dehors, et de celui de 105, afin d'avoir l'escompte en dedans.

84e SOLUTION.—*Quelle doit être la diminution sur 4560 francs payés un an avant le terme convenu, si l'on obtient 6 p. 0/0 d'escompte en dehors.*

Première opération par l'arithmétique.

On a cette proportion : 100 : 6 :: 4560 : x, ce qui revient à $4560 \times 6 = \frac{27360}{100} = 273$ fr. 60 cent., pour l'escompte en dehors de 4560 francs à 6 p. 0/0 par an.

Deuxième opération par l'arithmétique.

On aura cette proportion : 106 : 6 :: 4560 : x, ce qui revient à $4560 \times 6 = \frac{27360}{106} = 258$ fr. 11 cent.

Pour l'escompte en dedans de 4560 fr. à 6 p. 0/0 par an, on opère de la même manière qu'aux opérations précédentes, par le système logarithmique.

1re opér. logarith. en prenant le compl. arith.

On prend le log. du taux 6 qui = log. 0,77815
+ le log. du capital 4560 qui = log 3,65896
+ le compl. arit. du log. de 100 = log. 8,00000

Total apparent du log. 12,43711—10 unit.
Il reste définitivement le log. 2,43711

correspondant à 273 fr. 60 cent., pour l'escompte en dehors.

2ᵉ opération logarithmique en prenant le
complément arithm.

On prend le log. du taux de 6 qui $=$ log. 0,77815
$+$ le log. du capital 4560 fr. qui $=$ log. 3,65896
$+$ compl. arith. du log. de 106 $=$ log. 7,97469

Total apparent du log. 12,41180

10 unités. Il reste définitivement le log. 2,41180

correspondant à 258 fr. 11 cent. pour l'escompte en dedans d'un capital de 4560 fr. à 6 p. 0/0 par an.

Remarque.—La différence en moins pour l'escompte en dedans est d'environ 0,238 millièmes pour 100 fr. à 5 p. 0/0, de 0,34 cent. à 6 p. 0/0 par an, pour 100 fr., et ainsi des autres, en augmentant proportionnellement, suivant la valeur. Cela doit suffire pour en faire connaître le principe. Du reste, en France, on escompte généralement en dehors, à moins de conventions particulières.

85ᵉ Solution.—*Un marchand a vendu son fonds de boutique pour la somme de 4560 francs,*

8*

payable à une époque inconnue; on sait seulement que l'acquéreur lui a fait une retenue de 456 francs pour l'escompte de l'avance faite en le payant comptant. Cet escompte est à 5 p. 0/0 par an en dehors. On demande l'époque du paiement.

Dans la pratique, on pose cette proportion :

Opération figurée par le principe de l'arithm.

Le capital $4560 \times 5 = 22800 : 100 :: 456 : x$, ce qui revient à $100 \times 456 = \frac{45600}{22800} = 2$ ans, pour l'époque du paiement.

Pour effectuer ce genre d'opération par l'application des logarithmes, on dispose le calcul de cette manière : $4560 \times 5 : 100 :: 456 : x$.

Opér. logarithm. en prenant le compl. arithm.

D'après le principe qui précède,
　　On prend le log. de 100 qui $=$ log. 2,00000
　$+$ le log. de l'escompte 456 fr. qui $=$ log. 2,65896
　$+$ le compl. arith. du log. de 4560 qui $=$ log. 6,34104
　$+$ le compl. arith. du log. du taux 5 $=$ log. 9,30103
　　　　　　Total apparent du log. 20,30103—20
unités.　　Il reste définitivement le log. 0,30103

qui correspond à 2 ans. Même résultat que le précédent.

86ᵉ SOLUTION.—*Le même vendeur a vendu sa maison à l'acquéreur de son fonds de boutique, pour la somme de 4560 francs, à 2 ans de terme, et celui-ci le paie comptant moyennant une retenue de 638 francs 40 cent. pour l'escompte en dehors; dire le taux de cet escompte.*

Opération figurée par le princ. de l'arithmét.

Dans la pratique, on dispose le calcul par cette proportion : $4560 \times 2 = 9120 : 638,40 :: 100 : x$; cela revient à $638,40 \times 100 = \frac{63840}{9120} = 7$ p. 0/0 par an, pour l'escompte en dehors de 4560 fr. payables à 2 ans de terme.

Par le principe logarithmique, on prend deux compléments arithmétiques pour les deux log. soustractifs.

Opération logarith. en prenant les compl. arith.

De cette proportion : $4560 \times 2 : 638,40 :: 100 : x,$

On prend le log. de l'escompte 638,40 = log. 2,80509
. + le log. de 100 qui = log. 2,00000
+ le compl. arith. du log. de 4560 qui = log. 6,34104
+ compl. arith. du log du terme 2 qui = log. 9,69897

Total apparent du log. 20,84510—20
unités. Il reste définitivement le log. 0,84510

qui correspond à 7 p. 0/0 par an, pour le taux de l'escompte en dehors de la somme de 4560 fr. Même résultat que le précédent. (Voy. la 15e solution, page 37.)

87e SOLUTION. — *La même personne, voulant aller en Amérique, cède et abandonne pour 1800 fr. d'actions et ses dettes actives montant à ...., au même acquéreur, à 2 ans de terme; celui-ci le paie comptant, en lui faisant une retenue de 1003 fr. 20 cent. pour l'escompte en dehors à 11 p. 0/0 par an : on demande alors le montant des dettes actives du cédant.*

Pour résoudre ce problème, il faut chercher le total de la somme et soustraire les 1800 fr. d'actions; on aura le montant des dettes actives du cédant.

Opération figurée par le principe de l'arith.

Le taux $11 \times 2 = 22 : 100$ comme $1003,20$: x; cela revient à $1003,20 \times 100 = \frac{100320}{22}$ = 4560 fr. pour le total de la somme Soustraction faite des 1800 fr. d'actions, il reste 2760 fr. pour le montant des dettes actives du cédant, et il lui reste, en définitive, 3556 francs 80 centimes, soustraction faite de la valeur de l'escompte, montant à 1003 fr. 20 cent.

1re preuve : $2760 + 1800 = 4560$ francs; 2e : $3556,80 + 1003,20 = 4560$ fr.

Opération logarithm. en pren. les compl. arith.

D'après le principe de cette proportion, le taux de l'escompte $11 \times 2 : 100 :: 1003,20$: x; cela revient à prendre

$$\text{Le log de 100 qui} = \text{log. } 2,00000$$
$$+ \text{log de la valeur de l'esc. } 1003,20 = \text{log. } 3,00138$$
$$+ \text{le compl. arith. du taux 11 qui} = \text{log. } 8,95861$$
$$+ \text{le compl. arith. du temps, 2 ans} = \text{log. } 9,69897$$

$$\text{Total apparent du log. } \overline{23,65896 - 20}$$

unités. Il reste définitivement le log. $3,65896$ qui correspond à 4560 fr. pour le total de la somme. On obtient le même résultat que par l'arithmétique.

Remarque.—Si l'on demandait l'escompte en dehors et en dedans, pour un certain nombre de mois, de semaines et de jours, on suivrait la formule suivante : pour l'escompte en dedans, 100 $+$ l'escompte pour 100 multiplié par le nombre de mois, de semaines ou de jours, exprimés en fractions d'année : 100 :: la somme à escompter : la somme escomptée.

Exemple.—88ᵉ SOLUTION. — *Quel est l'escompte de la somme de 4560 francs payée 8 mois avant le terme convenu, si l'on obtient 6 p. 0/0 d'escompte en dedans par an?*

Pour résoudre ce problème et les autres semblables, on dispose le calcul par cette proportion : 8 mois $= \frac{8}{12^{mes}}$ d'année, multipliés par le taux $6 \times \frac{8}{12} = \frac{48}{12^{mes}}$ ou 4 entiers. Cela revient à la proportion suivante.

Opération figurée par le principe de l'arith.

$$104 : 4 :: 4560 : x ; \text{ d'où } 4 \times 4560 = \frac{18240}{104}$$
$$= 175 \text{ fr. } 38 \text{ cent. pour l'escompte en dedans}$$

de la somme de 4560 fr. à 6 p. 0/0 par an, pour 8 mois.

On dispose la même proportion pour opérer par les logarithmes.

Opération logarith. en prenant le compl. arith.

D'après le principe précédent, 104 : 4 :: 4560 : x,

On prend le log. de 4 qui $=$ log. 0,60206

$+$ le log. du capital 4560 fr. qui $+$ log. 3,65896

$+$ le compl. arith. du log. de 104 qui $+$ log. 7,98297

Total apparent du log. 12.24399—10

unités.   Il reste définitivement le log.   2,24399

qui correspond à 175 fr. 38 cent. pour l'escompte en dedans à 6 p. 0/0 par an, pour 8 mois. Même résultat.

89e SOLUTION.—*Veut-on, par exemple, connaître la valeur de l'escompte en dehors de la même somme (4560 francs), aux même taux et même échéance qu'à l'opération précédente?*

Opération figurée par le princ. de l'arithm.

On dispose le calcul par cette autre proportion : $100 : 6 \times \frac{8}{12} = 4 :: 4560 : x$, ce qui revient à $4 \times 4560 = \frac{18240}{100} = 182$ fr. 40 c., pour l'escompte en dehors de la somme de 4560 francs à 6 p. 0/0 par an, pour 8 mois avant l'échéance du terme.

Pour effectuer cette opération au moyen des log., il suffit de prendre le complém. arithmét. du log. de 100.

Opér. logarith. en prenant le complém. arith.

Du principe de cette proportion : $100 : 4 :: 4560 : x$,

On prend le log. de 4 qui $=$ log. 0,60206
$+$ le log. du capital 4560 fr. qui $=$ log. 3,65896
$+$ le compl. arith. du log de 100 qui $=$ log. 8,00000

Total apparent du log. 12,26102—10

unités.   Il reste définitivement le log. 2,26102

qui correspond à 182 fr. 40 cent. pour l'escompte en dehors d'une somme de 4560 fr. à 6 p. 0/0 par an pour 8 mois. Même résultat que par l'arithmétique. Différence en plus pour l'escompte en dehors, 7 fr. 02 cent.

90e SOLUTION — *On désire connaître l'escompte en dedans, à 6 p. 0/0 par an, d'une somme de 4560 francs payée 30 semaines avant l'époque du paiement.*

Pour résoudre ce genre de problèmes avec facilité, on les effectue par deux opérations, savoir : 1° on cherche l'escompte d'un an, puis on le multiplie par le nombre de semaines qui précèdent l'époque du paiement ; 2° on divise le résultat par le nombre de semaines contenues dans l'année (ici 52) : on obtient l'escompte cherché.

On dispose l'opération par cette proportion :

$$100 + 6 = 106 : 6 :: 4560 : x;$$

ce qui revient à

$$4560 \times 6 = \frac{27360}{106} = 258,11 \times 30 = \frac{7743,30}{52} = 148$$

francs 91 cent. pour l'escompte de la somme de 4560 fr., à 6 p. 0/0 par an, pour 30 semaines (escompte en dedans).

Opération logarithm. en pren. le compl. arithm.

D'après le principe de cette préparation, on a cette proportion : $106 : 6 :: 4560 : x$; on commence par prendre

Le log. de 6 qui $=$ log. 0,77815

$+$ le log. du capital 4560 fr. qui $=$ log. 3,65896

$+$ compl. arith. du log. de 106 qui $=$ log. 7,97469

Total apparent du log. 12,41180—10 unités. Il reste définitivement le log. 2,41180

qui correspond à **258 fr. 11** cent., pour l'escompte de l'année.

Le log. de 258 fr. 11 $=$ log. 2,41180

$+$ le log. de 30 semaines qui $=$ log. 1,47712

$+$ le compl. arith. du log de 52 $=$ log. 8,28400

Total apparent du log. 12,17292—10 unités. Il reste définitivement le log. 2,17292

qui correspond finalement à **148 fr. 91** cent., pour l'escompte en dedans, à 6 p. 0/0 par an, pour 30 semaines, de la somme de 4560 fr.

D'après l'énoncé du principe, on peut effectuer cette double opération par l'addition de cinq log., dont trois additifs et deux soustractifs.

Opération logarith. en prenant les compl. arith. savoir :

Il suffit de prendre le log. du taux 6 $=$ log. 0,77815

$+$ le log du capital qui est 4560 fr. $=$ log. 3,65896

$+$ log. de l'avance de p. en sem. 30 $=$ log. 1,47712

$+$ compl. arith. du log. de 106 qui $=$ log. 7,97469

$+$ compl. arith. du log. de 52 sem. $=$ log. 8,28400

Total apparent du log. 22,17292—20 unités. Il reste définitivement le log. 2.17292

qui correspond, par conséquent, à 148 fr. 91 c.,
pour l'escompte en dedans à 6 p. 0/0 par an,
pour l'espace de 30 semaines. Même résultat que
le précédent.

91e SOLUTION. — *On demande la valeur de l'escompte en dehors d'une somme de 4560 francs
payée 30 semaines avant l'époque du paiement, l'escompte étant à 6 p. 0/0 par an.*
Dans la pratique, on dispose le calcul par
cette proportion : $100 : 6 \times \frac{30}{52} = 3,461$ ::
4560 : x.

Opération figurée par le princ. de l'arith.

Cela revient à $3,461 \times 4560 = \frac{15782}{100} = 157$
francs 82 cent. pour l'escompte en dehors, à 6
p. 0/0 par an, pour 30 semaines.

Opération logar. en prenant le complém. arith.

De cette proportion : $100 : 3,461$ :: 4560
: x, il suffit de prendre

       Le log. de 3,461 qui $=$ log. 0,53920
$+$ le log. du capital 4560 fr. qui $=$ log. 3,65896
$+$ compl. arith. du log. de 100 qui$=$ log. 8,00000

       Total apparent du log. 12,19816—10
unités.   Il reste définitivement le log. 2,19816

qui correspond à 157 fr. 82 cent. pour l'escompte en dehors, à 6 p. 0/0 par an, pour 30 semaines. Même résultat.

92e SOLUTION. — *On a payé un effet de 4560 francs 130 jours avant son échéance; quelle est la valeur de l'escompte en dedans, à 8 p. 0/0 par an?*

Remarque. — Cette opération s'effectue par deux règles successives, savoir : 1º on cherche l'escompte de l'année, on multiplie cet escompte par le nombre de jours écoulés avant le terme du paiement ; 2º enfin, divisant le produit par 360 jours, on obtient l'escompte cherché.

Opération figurée par le princ. de l'arith.

$$100 + 8 = 108 : 8 :: 4560 : x;$$ ce qui revient à $8 \times 4560 = \frac{36480}{108} = 337$ fr. $78 \times 130 = \frac{43911,60}{360} = 121$ fr. 976 millièm., pour l'escompte en dedans, à 8 p. 0/0 par an, de la somme de 4560 fr pour 130 jours, d'après l'énoncé de la solution par l'arithmétique.

On peut effectuer cette opération par une

seule addition, au moyen des logarithmes, savoir :

Opération logar. en prenant les compl. arithm.

Il suffit de prendre le log. de 8 $=$ log. 0,90309

$+$ le log. du capital qui est 4560 $=$ log. 3,65896

$+$ le log de 130 jours qui $=$ log. 2,11394

$+$ le compl. arith. du log. de 108 $=$ log. 7,96658

$+$ le compl. arith. du log de 360 $=$ log. 7,44370

Total apparent du log. 22,08627—20 unités.   Il reste définitivement le log. 2,08627

qui correspond, par conséquent, à 121 fr. 976 millièm. pour l'escompte en dedans de 130 jours, à 8 p. 0ı0 par an, de la somme de 4560 fr. Même résultat.

93e SOLUTION. — *Quelle est la valeur de l'escompte en dehors de cette opération, et dire la diffé- des deux escomptes?*

Opération figurée par le princ. de l'arithm.

On a cette proportion : le taux de l'escompte étant $8 \times \frac{130}{360} = 2,89$, ce qui donne 100 : 2,89 :: 4560 : x. Cela revient à 2,89

$\times$ 4560 $= \frac{13178}{100} =$ 131 fr. 78 cent., pour l'escompte en dehors de la somme de 4560 fr., à 8 p. 0/0 par an, pour 130 jours devançant l'époque de paiement.

L'escompte en dedans est 121 fr. 98 cent.; ôté de 131 fr. 78 c., il reste 9 fr. 80 cent. pour la différence des deux escomptes.

Opération log. en prenant le compl. arith.

De cette proportion : 100 : 2,89 :: 4560 : x, il suffit de prendre

Le log. de 2,89 qui $=$ log. 0,46090
$+$ le log. du capital qui est 4560 $=$ log. 3,65896
$+$ compl arith. du log. de 100 qui $=$ log. 8,00000

Total apparent du log. 12,11986--10un.

Il reste donc définitivement le log. 2,11986 correspondant à 131 fr. 78 cent., pour l'escompte en dehors de la somme de 4560 fr., à 8 p. 0/0 par an, pour 130 jours avant l'échéance. Même résultat que le précédent.

94e SOLUTION.—*On a reçu 131 francs 784 millièmes d'escompte en dehors, à 8 p. 0/0 par an, pour un billet de 4560 francs; dire combien de jours il a été payé avant son échéance.*

Opération figurée par le princ. de l'arithm.

Pour effectuer cette opération, on dispose la proportion de cette manière : 4560 : 100 :: 131,784 : x; cela revient à 100 × 131,784 = $\frac{13178,4}{4560}$ = 2,89 × 360 = $\frac{1040}{8}$ = 130 jours pour taux, l'espace de temps cherché.

Pour résoudre ce problème par l'application des log., par une seule addition, il faut prendre deux complém. arithmét., savoir : le complém. arithmét. du log. de 4560 fr., et celui du taux 8.

Opération log. en prenant les compl. arithm.

D'après le principe de cette proportion : 4560 : 100 :: 131,78 : x, + 360 — 8, on obtient le nombre de jours cherché. Cela revient à prendre

Le log de 100 qui = log. 2.00000
+ log. de la val. de l'escompte 131,78 = log. 2,11985
+ le log. de l'année en jours 360 qui = log. 2,55630
+ compl. arith. du log. du billet 4560 qui = log. 6,34104
+ le compl. arit. du log. du taux 8 qui = log 9,09691
____
Total apparent du log. 22,11410 —

20 unités.   Il reste finalement le log. 2,11410

qui correspond à 130 jours, qui est le nombre de jours cherché. On obtient le même résultat que par l'arithmétique.

95e SOLUTION.—*Auguste a retenu à Jean-Jacques 131 francs 78 centimes d'escompte en dehors de la somme de 4560 francs, payée 260 jours avant l'époque du paiement; trouver le taux de l'escompte.*

Pour résoudre ce problème, il faut opérer de la même manière qu'à l'opération précédente.

Opération figurée par le princ. de l'arithm.

On pose cette proportion : $4560 : 100 :: 131,78 : x$, ce qui revient à $100 \times 131,78 = \frac{13178}{4560} = 2,89 \times 360 = \frac{1040}{260} = 4$, qui est le taux de l'escompte, ou 4 p. 0/0 par an.

Opération log. en prenant les compl. arithm.

De ce qui précède, on a cette proportion : $4560 : 100 :: 131,78 : x$;

On prend le log. de 100 $=$ log. 2,00000
$+$ le log. de la valeur de l'esc. 131,78 $=$ log. 2,11986
$+$ le log. de l'année en jours 360, qui $=$ log. 2,55630
$+$ le compl. arith. du log. de 4560 fr. $=$ log. 6,34104
$+$ le compl. arith. du log de 260 j. $=$ log. 7,58503
____

Total apparent du log. 20,60223 — 20
unités.   Il reste définitivement le log. 0,60223

qui correspond au chiffre 4, qui est le taux de l'escompte. Même résultat que par l'arithmétique.

96e SOLUTION. — *Jean-Jacques a payé à Auguste 95 fr. 76 cent. d'escompte en dehors, à 6 p. 0/0 par an, pour un retard de paiement de 126 jours ; on demande alors le montant de la dette.*

Opération figurée par le principe de l'arith.

Dans la pratique, on pose cette proportion : le taux 6 $\times \frac{126}{360} = 2,10 : 100 :: 95,75 : x$; cela revient à $100 \times 95,76 = \frac{9716}{2,10} = 4560$ fr. pour le montant de la dette.

Oper. logarithm. en prenant le compl. arithm.

D'après le principe de cette proportion : 2,10 : 100 :: 95,75 : x,

Il suffit de prendre le log. de 100 qui $=$ log. 2,00000
$+$ log de la val. de l'escompte 95,75 $=$ log. 1,98118
$+$ le compl. arith. du log. de 2,10 qui $=$ log 9,67778

                 Total apparent du log. $\overline{13,65896 - 10}$
unités.   Il reste définitivement le log. 3,65896

qui correspond, par conséquent, à 4560 fr. pour la dette.

Remarque. — On opère à peu près de la même manière pour escompter par la méthode dite en dedans, mais on n'obtient pas le même résultat.

97e SOLUTION. — *Un débiteur a payé à son créancier 95 fr. 76 cent. d'escompte en dedans, à 6 p. 0/0 par an, pour un retard de 126 jours : quel est le montant de sa dette?*

Opération figurée par le principe de l'arithm.

Pour résoudre ce problème, on dispose le calcul par cette proportion : le taux $6 \times \frac{126}{36}$ $= 2,10$; donc 2,10 : 102,10 :: 95,76 : x ; cela revient à $95,76 \times 102,10 = \frac{9777,096}{2,10}$ $= 4655$ fr. 76 cent. pour le capital demandé.
Différence en plus, 95 fr. 76 cent.

Opération logar. en prenant le complém. arith.

De cette proportion : 2,10 : 102,10 :: 95,76 : x,

On prend le log. de 102,10 qui $=$ log. 2,00903
$+$ log. de la val. de l'escompte 95,76 $=$ log. 1,98118
$+$ le compl. arith. du log. de 2,10 $=$ log. 9,67778

Total apparent du log. 13,66799 — 10

unités. Il reste définitivement le log. 3,66799 qui correspond à 4655 fr. 76 cent. Même résultat que par l'arithmétique et même différence : 95 fr. 76 cent.

98e SOLUTION. — *Un capitaliste a placé une certaine somme dans le commerce, à raison de 8 p. 0/0 par an (année commerciale de 360 jours); elle lui donne une rente de 1 franc 25 cent. par 12 minutes 96 centièmes de minute ; on demande : 1° la valeur de la somme placée, et 2° le revenu annuel de la rente.*

Opération préparatoire.

Pour résoudre ce problème, il faut convertir l'année commerciale (360 jours) en minutes, ce qui donne 518400 minutes, puis multiplier le revenu 1 fr. 25 cent. (pour le temps voulu, qui est 12 minutes 96 centièm. de minute) par 100, et diviser le taux 8 p. 0/0, après l'avoir multiplié par 12 minutes 96 centièm. de minute, par le nombre de minutes de l'année commerciale de 360 jours, qui $= 518400$ minutes; on aura la somme cherchée.

D'après cela, pour trouver le revenu annuel, il faut multiplier le rapport 1 fr. 25 cent. par cette fraction $\frac{12,96}{518400}$ (nombre de minutes que contient l'année commerciale de 360 jours).

1re opération figurée par le princ. de l'arith.

Le taux $8 \times \frac{12,96}{518400} = 0,0002 : 100 :: 1,25 : x$; cela revient à $100 \times 1,25 = \frac{125}{0,0002} = 625000$ fr., pour la somme placée.

2e opération.

$12,96 : 1,25 :: 518400 : x$; ce qui revient à $1,25 \times 518400 = \frac{648000}{12,96} = 50000$ fr., pour le revenu annuel d'un capital de 625000 fr. placé à 8 p. 0/0 par an.

Pour résoudre ce problème par l'application des logarithmes, en prenant le complém. arithmétique, il faut ajouter 4 unités à la caractéristique du log. additif, ce qui le rend dix mille fóis plus grand; et diviser le rapport par 10000, pour en obtenir la valeur réelle.

1re opération logarith. en prenant le compl. arith.

D'après le principe de la proportion précécente, le taux $8 \times \frac{12.96}{518400} : 100 :: 1,25 : x$, il faut prendre :

Le log. de 8 qui est le taux $=$ log. 0,90309
$+$ le log. de 12,96 minutes qui $=$ log. 1,11260
$+$ compl. arith. du log de 518400 $=$ log. 4,28534
$+$ 4 unités supplémentaires au log. 4,00000

Total apparent du log. 10,30103—

10 unités.   Il reste provisoirement le log. 0,30103

qui correspond au nombre $\frac{2}{10000} = 0.0002$ dix-millièm. pour le premier terme de la proportion de la seconde opération logarithmique, qu'il faudra multiplier par dix mille, pour lui rendre sa valeur primitive; d'après cela, ajouter 4 unités au complém. arithmét. de son log., et l'on obtiendra un résultat satisfaisant.

2e opération logarith. en prenant le compl. arith.

D'après l'énoncé qui précède, on a cette proportion : 0,0002 $\times$ 10000 $=$ 2 : 100 :: 1,25 : x; il suffit de prendre

$$\begin{aligned}
&\text{Le log. de 100 qui} = \text{log. } 2,00000 \\
+\; &\text{le log. de 1,25 qui} = \text{log. } 0,09691 \\
+\; &\text{compl. arith. du log. de 2 qui} = \text{log. } 9,69897 \\
+\; &\text{4 unités supplémentaires} = \text{log. } 4,00000
\end{aligned}$$

Total apparent du log. 15,79588—10 unités.   Il reste définitivement le log. 5,79588 qui correspond au nombre 625,000 fr., qui est le capital placé à 8 p. 0/0 par an. Même résultat que par l'arithmétique. (Voy. la 8e solution, page 25.)

Pour trouver le rapport annuel, d'après le revenu 1,25 par 12,96 minutes, on a cette proportion : 12,96 : 1,25 :: 518400 : x.

$$\begin{aligned}
&\text{On prend le log. de 1,25 qui} = \text{log. } 0,09691 \\
+\; &\text{le log. des minutes 518400 qui} = \text{log. } 5,71466 \\
+\; &\text{compl. arith. du log. de 12,96} = \text{log. } 8,88740
\end{aligned}$$

Total apparent du log. 14,69897—10 unités
Il reste définitivement le log. 4,69897 qui correspond à 50000 fr. pour le revenu annuel du capital placé à 8 0/0 par an. Même résultat que par l'arithmétique. (Voyez la 14e sol., page 35.)

Remarque.—On opère de la même manière, pour les retards ou les avances de paiement par semaines ou par mois. Voir les solutions précédentes.

La 98e solution, page 195, ne figure pas dans cet ouvrage comme exemple pratique, mais bien comme solution théorique et appréciative.

Des raisonnements analogues à ceux-ci conduiront à la solution des problèmes de ce genre.

SECTION 21e.

Usage des logarithmes pour les règles de change et d'arbitrage.

99e SOLUTION.—*Soit proposé de convertir* 364 *francs en ducats de Naples, et,* vice versa *, convertir* 265 *ducats de Naples en francs, le change étant à* 452 *francs pour* 100 *ducats.*

On prépare les proportions suivantes, savoir :

1re opération par l'arithmétique.

452 : 100 :: 364 : x; ce qui revient à 100 $\times$ 364 $= \frac{36400}{452} =$ 80,531 millièm., qu'on doit lire 80 ducats et 531 millièm. de ducats pour 364 francs.

2ᵉ opération.

On a cette proportion : $100 : 452 :: 265 : x$; cela revient à $452 \times 265 = \frac{1197,80}{100} = 1197,80$, qu'il faut lire 1197 fr. 80 cent., pour 265 ducats.

1ʳᵉ opération log. en prenant le compl. arith.

De cette proportion : $452 : 100 :: 364 : x$, il suffit de prendre

$$
\begin{array}{l}
\text{Le log. de 100 qui} = \text{log. } 2,00000\\
+\ \text{le log. de 364 fr. qui} = \text{log. } 2,56110\\
+\ \text{compl. arith. du log. de 452 qui} = \text{log. } 7,34486\\
\hline
\text{Total apparent du log. } 11,90596 - 10\text{un.}\\
\text{Il reste définitivement le log. } 1,90596
\end{array}
$$

qui correspond à 80 ducats et 53 centiém. de ducat, pour 364 fr. Même résultat que par l'arithmétique.

2ᵉ opération log. en prenant le compl. arithm.

On a cette proportion : $100 : 452 :: 265 : x$.

On prend le log. de 452 qui $=$ log 2,65514

$+$ le log. de 265 qui qui $+$ log. 2,42325

$+$ le compl. arith. du log. de 100 $=$ log. 8,00000

Total apparent du log. 13,07839—10

unités. .   Il reste finalement le log. 3,07839

qui correspond à 1197 fr. 80 cent , pour 265 ducats.

100ᵉ SOLUTION.—*Veut-on convertir 561 francs 50 centimes en florins d'Amsterdam, et, vice versa, convertir 156 florins d'Amsterdam en francs, le change étant à 212 francs 75 centimes pour 100 florins ?*

1ʳ opération par le princ. de l'arithm.

Pour effectuer cette opération, on dispose le calcul par ces proportions : 212,75 : 100 :: 561,50 : x, ou 100 $\times$ 561,50 $= \frac{56150}{212,75} =$ 263,925 millièm. de florin, pour 561 fr. 50 c.

2ᵉ opération figurée par l'arithmétique.

On dispose le calcul par cette autre proportion : 100 : 212,75 :: 156 fl. : x; cela revient

9*

à $212,75 \times 156 = \frac{331,89}{100} = 331$ fr. 89 cent.,
pour 156 florins d'Amsterdam.

Première opération logarithm. en pren. le compl.
arithm.

D'après l'énoncé de la 1re opération par l'arithmétique, on a cette proportion : $212,75 : 100 :: 561,50 : x$.

On a le log. de 100 $=$ log. 2,00000
$+$ le log. de 561 fr. 50 cent. qui $=$ log. 2,74935
$+$ le compl. arith. du log. de 212,75 $=$ log. 7,67213

Total apparent du log. 12,42148—10

unités.   Il reste définitivement le log. 2,42148
qui correspond à 263 florins et 925 millièmes
de florin pour 561 fr. 50 cent. Même résultat
que le précédent.

2e opération logarith. en prenant le compl. arith.

On a cette autre proportion : $100 : 212,75 :: 156 : x$.

Il suffit de prendre le log. de 212,75 $=$ log. 2,32787
$+$ le log. de 156 florins qui $=$ log. 2,19312
$+$ le compl. arith. du log. de 100 qui $=$ log. 8,00000

Total apparent du log. 12,52099

—10 unités.   Il reste finalement le log. 2,52099

qui correspond, par conséquent, à 331 francs 89 cent. pour 156 florins d'Amsterdam ; même résultat.

101e SOLUTION. — *On propose de convertir 2293 fr. 20 centimes en livres sterling de Londres, et, réciproquement, convertir 345 liv. sterling de Londres en francs, le change étant de 2520 fr. pour 100 livres sterling.*

Pour résoudre ce problème, on prépare les proportions suivantes : 2520 : 100 : : 2293 francs 20 cent. : x.

1re opération figurée par l'arithmét.

Ce qui revient à 2293,20 $\times$ 100 $= \frac{229320}{2520}$ $= 91$ livres sterling pour 2293 fr. 20 cent.

2e opération figurée par le princ. de l'arithm.

On pose cette autre proportion : 100 : 345 : : 2520 : x ; ce qui revient à 345 $\times$ 2520 $= \frac{869400}{100} = 8694$ fr. pour 345 livres sterling de Londres.

1ʳᵉ opération logarithm. en pren. le compl. arith.

D'après le principe qui précéde, on a cette proportion : 2520 : 100 :: 2293 francs 20 eentimes : x.

Il suffit de prendre le log. de 100 qui = log. 2,00000

\+ le log. de 2293,20 qui = log. 3,36044

\+ le compl. arith. du log. de 2520 = log. 6,59860

Total apparent du log. 11,95904—10 unités. Il reste définitivement le log. 1,95904

qui correspond à 91 livres sterling de Londres, pour 2293 fr. 20 cent. Même résultat que le précédent.

2ᵉ opération logarith. en prenant le compl. arit.

De cette autre proportion : 100 : 345 :: 2520 : x,

On prend le log. de 345 livres sterl. = log. 2,53782

\+ le log. du rapport 2520 qui = log. 3,40140

\+ le compl. arith du log. de 100 qui = log. 8,00000

Total apparent du log 13,93922—10 unités. Il reste définitivement le log. 3,93922

qui correspond, par conséquent, à 8694 fr. pour 345 livres sterling de Londres. Même résultat que le précédent.

102e Solution. — *Un Français désire convertir 340 fr. 98 cent. en florins de Vienne, le change étant à 214 francs 45 cent. pour 100 florins, et, réciproquement, convertir 120 florins de Vienne en francs.*

Pour effectuer cette double opération, on dispose le calcul par les proportions suivantes, savoir :

1re opération figurée par le principe de l'arith.

$$214,45 : 100 :: 340 \text{ fr. } 98 \text{ est à } x; \text{ d'où}$$
$$100 \times 340,98 = \frac{340,98}{214,45} = 159 \text{ florins de}$$
Vienne, pour 340 fr. 98 cent.

2e opération figurée par le princ. de l'arithm.

On prépare ainsi cette autre proportion :
$$100 : 214,45 :: 120 : x; \text{ cela revient à}$$
$$214,45 \times 120 = \frac{25734}{100} = 257 \text{ fr. } 34 \text{ cent. pour}$$
120 florins de Vienne.

1re opération logarithmique en prenant le
complément arithm.

De cette première proportion : 214,45 : 100
:: 340,98 : x,

Il suffit de prendre le log. de 100 qui $=$ log. 2,00000

     $+$ le log. de 340 fr. 98 c. qui $=$ log. 2,53273

    $+$ le compl. ar. du log de 214,45 $=$ log. 7,66867

                Total apparent du log. 12,20140—10

unités.   Il reste définitivement le log. 2,20140

qui correspond à 159 florins de Vienne pour 340 fr. 98 cent.

2ᵉ opér. logarith. en prenant le complém. arith.

D'après le principe de la 2ᵉ opération par l'arithmétique, on a cette proportion : 100 : 214,45 :: 120 : x.

On prend le log. du rapport 214,45 $=$ log. 2,33132

   $+$ le log. de 120 florins qui $=$ log. 2,07918

   $+$ le compl arith. du log. 100 qui $=$ log. 8,00000

               Total apparent du log. 12,41050—10 unit.

        Il reste définitivement le log. 2,41050

qui correspond, par conséquent, à 257 francs 34 cent. pour 120 florins de Vienne. Même résultat que le précédent.

103ᵉ Solution. — *Soit encore proposé de convertir 246 roubles de Saint-Pétersbourg en francs, et, vice versa, convertir 476 fr. 63 cent. en roubles de Saint-Pétersbourg, le change étant* à 387 *fr*. 50 *cent. pour* 100 *roubles de Saint-Pétersbourg*.

Pour résoudre ce problème, on dispose les proportions suivantes, savoir :

1re opération figurée par le princ. de l'arith.

100 : 387,50 :: 246 roubles : x; ce qui revient à 387,50 $\times$ 246 $=$ $\frac{95325}{100}$ $=$ 953 francs 25 c. pour 246 roubles de Saint-Pétersbourg.

2e opération figurée par l'arith.

Il faut préparer cette autre proportion : 387,50 : 100 :: 476,63 : x; d'où 100 $\times$ 476,63 $=$ $\frac{476,63}{387,50}$ $=$ 123 roubles de Saint-Pétersbourg pour 476 fr. 63 cent.

1re opération logarithm. en pren. le compl. arith.

Dans la pratique, on dispose le calcul par cette proportion : 100 : 387,50 :: 246 : x.

On prend le log. du rapport 387,50 $=$ log. 2,58827

$+$ le log. de 246 roubles, qui $=$ log. 2,39094

$+$ compl. arith. du log. de 100 qui $=$ log. 8,00000

Total apparent du log. 12,97921—10

unités.   Il reste finalement le log. 2,97921

qui correspond à 953 fr. 25 cent. pour 246 roubles de Saint-Pétersbourg.

2ᵉ opération log. en prenant le compl. arithm.

De cette autre proportion : 387,50 : 100 :: 476,63 : x,

Il suffit de prendre le log. de 100 $=$ log. 2,00000

$+$ le log. de 476 fr. 63 c , qui $=$ log. 2,67818

$+$ compl. arith. du log. de 387,50 qui $=$ log. 7,41173

Total apparent du $\overline{\text{log. } 12,08991 - 10}$

unités. . . . Il reste définitivement le log. 2,08991

qui correspond, par conséquent, à 123 roubles de Saint-Pétersbourg, pour 476 fr. 63 cent.

104ᵉ SOLUTION. — *Le change étant à 25 francs 20 cent. pour la livre sterling de Londres, et de 10 florins 8 kreutzers de Vienne (1 florin vaut 60 kreutzers) pour la livre sterling, on désire convertir 360 fr. en florins de Vienne, et, réciproquement, convertir 156 flor. de Vienne en francs, puisque la livre sterling vaut également 25 fr. 20 cent. (10 florins 8 kreutzers).*

Pour résoudre ce problème, on prépare le calcul par cette proportion, $10 \times \frac{8}{60} = \frac{52}{11}$.

1re opér. figurée par le principe de l'arithm.

On doit avoir les proportions suivantes :
$25,20 : \frac{152}{15} :: 360 : x$; d'où $\frac{152}{15} \times 360$
$= \frac{3648}{25,20} = 144$ florins, et $762 \times 60 = \frac{45720}{1000} =$
46 kreutzers, qu'on doit lire 144 florins 46 kreut-
zers pour 360 fr.

Deuxième opération par l'arithmétique.

On a cette proportion : $\frac{152}{15} : 25,20 :: 156 : x$;
ce qui revient à $25,20 \times 156 = 3931,20 \times 15$
$= \frac{58968}{152} = 387$ fr. 95 cent. pour 156 florins.

1re opération logar. en prenant le compl. arithm.

D'après le principe de la 1re opération par
l'arithmétique, on a cette proportion : 25,20
$: \frac{152}{15} :: 360$ fr. : x.

Il suffit de prendre le log. de la fract $\dfrac{152}{15}$ $=$ log. 1,00575
$+$ le log. de 360 fr., qui $=$ log. 2,55630
$+$ le compl. arith. du log. de 25,20 qui $=$ log. 8,59860

Total apparent du log. 12,16065—

10 unités.   Il reste définitivement le log 2,16065

qui correspond à 144 florins et 762 millièmes de florin.

$$\text{Donc le log. de } 762 = \log. 2,88195$$
$$+ \log. \text{ de 60 kreutzers p. 1 florin } = \log. 1,77815$$
$$+ \text{ compl.arith. du log. de 1000 qui} = \log. 7,00000$$

Total apparent du log. 11.66010—10 unités.   Il reste définitivement le log. 1,66010

qui correspond, par conséquent, à environ 46 kreutzers, ce qui donne définitivement 144 florins 46 kreutzers pour 360 fr. de notre monnaie. On obtient le même résultat que par l'arithmétique. (Voy. la 7ᵉ solut., page 24, et la 15ᵉ solut., page 37.)

2ᵉ Opération logarith. en prenant le compl. arit.

De cette autre proportion : $\frac{152}{15}$: 25,20 :: 156 florins : x,

Il suffit de prendre le log. de 25,20 $= \log. 1,40140$
$+$ le logarith. de 156 florins qui $= \log. 2,19312$
$+$ compl. arith. du log. de $\frac{152}{15} = \log. 8,99425$

Total apparent du log. 12,58877—10un.
Il reste donc définitivement le log. 2,58877

qui correspond, par conséquent, à 387 francs 95 cent. pour 156 florins de Vienne. Même résultat que ci-dessus.

105ᵉ Solution. — *Le change étant à 185 fr.
pour 100 marcs de Hambourg, on propose
alors de convertir 151 marcs de Hambourg
en francs, et, vice versa, convertir 917 francs
60 cent. en marcs de Hambourg.*

Même manière d'opérer qu'aux opérations
précédentes.

1ʳᵉ opération figurée par le princ. de l'arithm.

Ainsi, on prépare le calcul par ces deux proportions : 100 : 185 :: 151 : x ; d'où 185
$\times$ 151 $= \frac{27935}{100} =$ 279 fr. 35 cent. pour
151 marcs de Hambourg.

Pour résoudre ce genre de problèmes par l'application des logarithmes, on a cette proportion :
185 : 100 :: 917 fr. 60 cent. : x.

2ᵉ opération figurée par l'arithm.

Ce qui revient à 100 $\times$ 917,60 $= \frac{91760}{185} =$.
496 marcs de Hambourg pour 917 fr. 60 cent.

1ʳᵉ opérat. logar. en prenant le compl. arit.

D'après le principe par l'arithmétique de la

1re opération, on pose ainsi cette proportion :
100 : 185 :: 151 : x.

On prend le log. de 185 fr. qui $=$ log, 2,26717

$+$ le logarith. de 151 marcs qui $=$ log. 2,17897

$+$ le compl. arith. du log. de 100 $=$ log. 8,00000

Total apparent du log. 12,44614—10
unités.   Il reste définitivement le log. 2.44614

qui correspond à 279 fr. 35 cent. pour 151
marcs de Hambourg.

2e opér. logar. en prenant le compl. arith.

D'après le principe par l'arithmétique de la
2e opération, on a cette autre proportion : 185
: 100 :: 917 fr. 60 : x,

Il suffit de prendre le log. de 100 qui$=$ log. 2,00000

$+$ le logarith. de 917 fr. 60 qui$=$ log. 2,96265

$+$ le compl. arith. du log. de 185 $=$ log. 7,73283

Total apparent du log. 12.69548— 10
unités.   Il reste définitivement le log. 2,69548

qui correspond à 496 marcs de Hambourg, pour
917 fr. 60 cent. Même résultat que ci-dessus.

Des raisonnements analogues à ceux-ci conduiront à la solution des problèmes de ce genre.

SECTION 22e.

Usage des logarithmes pour les règles sur les fonds publics étrangers.

106e SOLUTION. — *On désire connaître le capital représenté par 120 fr. de rentes belges, dites à 2,50 p.0/0 , au cours de 55 fr.*

Opération par l'arithmétique.

Le capital est ainsi donné par la proportion suivante : 2,50 : 55 :: 120 : x; d'où 55×120 $= \frac{6600}{2,50} = 2640$ fr. pour le capital cherché.

Opération logarith. en prenant le compl. arith.

De cette proportion : 2,50 : 55 :: 120 : x,
Il suffit de prendre le log. de 55 qui $=$ log. 1,74036
$+$ le logarith. de 120 francs qui $=$ log. 2,07918
$+$ compl. arith. du log de 2,50 qui $=$ log. 9,60206
$\overline{\text{Total apparent du log. 13,42160}-10}$
unités. Il reste définitivement le log. 3,42160
qui correspond à 2640 francs pour le capital demandé. Même résultat que par l'arithmét.

107e Solution. — *Les rentes de Naples se comptent par ducats, dont la valeur au pair est de 4 fr. 40 cent.; ainsi, quand on dit qu'elles sont à 91, cela signifie que pour 91 ducats, on obtient une rente de 5 ducats. D'après cela, on désire connaître la valeur d'une rente de 75 ducats, au cours de 90,85, le ducat étant coté au prix de 4 fr. 20 cent.; et, réciproquement, quelle rente aura-t-on pour 5,000 fr.?*

Pour résoudre ce problème, on détermine d'abord le capital qui correspond à 75 ducats de rente par la proportion qui suit.

Opération figurée par le principe de l'arith.

$5 : 90,85 :: 75 : x$; d'où $90,85 \times 75$ $= \frac{6813,75}{5} = 1362$ ducats et 75 centièmes de ducat; puis on multiplie ces 1362,75 ducats par 4 fr. 20 cent., pour les convertir en francs, ce qui donne $1362,75 \times 4,20 = 5723$ fr. 55 cent. pour le capital de 75 ducats de rente, au cours de 90,85 centièmes. D'après cela, on convertit les 5,000 fr. en ducats, en divisant 5,000 par 4,20, d'où $\frac{5000}{4,20} = 1190,476$ millièm. de ducat, et on cherche la rente qui correspond à ce

nombre de ducats par cette autre proportion :
90,85 : 5 :: 1190,476 : x; d'où 5 $\times$ 1190,476
$= \frac{1952.38}{90.85} = 65,52$ centièm. de ducat, qu'il faut
lire : 65 ducats 52 centièmes de ducat pour la
rente de 5,000 fr., au cours de 90,85.

Pour résoudre ces genres de problèmes par
l'application des logarithmes, il faut suivre
exactement le principe démontré sur les opérations faites par l'arithmétique, savoir :

1" opér. logar. en prenant le compl. arith.

On a d'abord cette proportion : 5 : 90,85
:: 75 : x.

Il faut prendre le log de 90,85 qui $=$ log. 1,95832
+ le logarithme de 75 ducats qui $=$ log. 1,87506
+ compl. arith. du logarithme de 5 qui $=$ log. 9,30103

Total apparent du log. 13,13441 —

10 unités.   Il reste finalement le log. 3,13441

qui correspond à 1362 ducats 75 centièmes de
ducat. A ce log. 3,13441. on ajoute le log. de
4 f. 20 c., qui $=$ log. 0,62325, ce qui donne un log.
3,75766, correspondant à 5723 f. 55 c. pour le capital de 75 ducats de rente, au cours de 90,85
centièmes.

Pour résoudre la seconde opération logarithmique, on convertit d'abord les 5,000 fr. en ducats,

En prenant le log. de 5000 fr. $=$ log. 3,69897
$+$ le compl. arit. du log. de 4,20$=$log. 9,37675

         Total apparent du log. 13,07572$-$10 unit.
     Il reste définitivement le log. 3,07572

qui correspond à 1190 ducats 476 millièmes de ducat. Puis on cherche la rente qui correspond à ce nombre de ducats par cette proportion : 90,85 : 5 :: 1190,476 : x.

2e opérat. logarith. en prenant le compl. arith.

Il suffit de prendre le log. de 5 qui $=$ log. 0,69897
  $+$ le log. des ducats 1190,476 qui $=$ log. 3,07572
$+$ compl. arith. du log. de 90,85 qui $=$ log. 8,04168

         Total apparent du log. 11,81637$-$10
unités.   Il reste définitivement le log. 1,81637

qui correspond à 65 ducats 52 centièmes de ducat, pour la rente de 5,000 fr., au cours de 90,85 centièmes. On obtient le même résultat que par l'arithmétique.

108e SOLUTION. — L'emprunt royal d'Espagne est par obligations de 200 piastres, qui rapportent 5 p. 0/0 d'intérêt. Ainsi, quand on dit qu'il est à 86, cela signifie que, pour 86 piastres, on obtient une rente de 5 piastres.

Ceci connu, on demande la valeur d'une rente de 60 piastres, au cours de 88,50, la piastre étant à 5 fr. 40 cent., qui est sa valeur au pair; et, réciproquement, quelle rente aura-t-on pour 5281 fr. 20 cent.?

Pour résoudre ces sortes de problèmes, on cherche d'abord le capital qui correspond à la rente de 60 piastres par cette proportion : 5 : 88,50 :: 60 : x.

1ʳᵉ opération figurée par le princ. de l'arith

Cela revient à $88,50 \times 60 = \frac{5310}{5} = 1062$ piastres pour le capital de 60 piastres de rente, au cours de 88,50.

Pour obtenir la valeur en francs de ces 1062 piastres, on les multiplie par 5 fr. 40 c., ce qui donne $1062 \times 5,40 = 5734$ f. 80 c. pour le cap. en fr. de 60 piastres de rente, au cours de 88,50 centièmes ; et pour obtenir la rente en piastres de 5281 fr. 20 cent., il faut diviser ce capital par 5 fr. 40 cent., pour le convertir en piastres qui correspondent à une rente x, donnée par la proportion : 88 50 : 5 :: le capital : la rente en piastres.

2ᵉ opération figurée par le princ. de l'arithm.

Le capital $\frac{5281\ 20}{5\ 40}$ = 978 piastres; puis on établit cette proportion : 88,50 : 5 :: 978 : x; ce qui revient à 5 × 978 = $\frac{4890}{88\ 50}$ = 55 piastres 255 millièmes de piastre pour la rente de 5281 fr. 20 cent.

1ʳᵉ opération logarithm. en pren. le compl. arith.

D'après le principe de la 1ʳᵉ opération par l'arithmétique, on a cette proportion : 5 : 88,50 :: 60 : x.

Il suffit de prendre le log de 88,50 qui == log 1,94694
+ le logarithme de 60 piastres qui == log. 1,77815
+ compl. arith. du log. de 5, qui == log. 9,30103

Total apparent du log. 13,02612—

10 unités.   Il reste définitivement le log. 3,02612

qui correspond à 1062 piastres pour le capital de 60 piastres de rente, au cours de 88,50; même résultat que le précédent.

Pour avoir le capital en francs de ces 60 piast. de rente,

On reprend le log. de 1062 = log. 3,02612
puis on prend le log. de 5,40 qui = log. 0,73239

Total définitif du log. 3,75851

qui correspond , par conséquent , à 5734 fr.
80 centimes pour le capital en francs de 60
piastres, ou pour 60 piastres de rente, au cours
de 88,50 centièm.

2ᵉ opération logarith. en prenant le compl. arith.

On réduit d'abord le capital en piastres par
l'opération logarithmique suivante ; pour cela,
On prend le log. du capital 5281,20 = log. 3,72274

+ compl. arith. du log de 5 fr. 40 qui = log. 9,26761

Total apparent du log. 12,99035—10
unités.   Il reste définitivement le log. 2,99035

qui correspond à 978 piastres, pour le capital
qui correspond à une rente x, donnée par cette
proportion : 88,50 : 5 :: 978 : x. D'après
cette préparation,

On prend le log. de 5 qui = log. 0,69897
+ le logarit. des piastres 978 qui = log. 2,99034
+ le compl. arith. du log de 88,50 = log. 8,05306

Total apparent du log. 11,74237—10
unités.   Il reste définitivement le log. 1,74237

qui correspond à 55 piastres et 255 millièmes

de piastre pour la rente de 5281 fr. 20 cent,
Même résultat que ci-dessus.

109e Solution. — *Les rentes perpétuelles rapportent 5 0/0 d'intérêt. On demande la valeur
de 120 piastres de rente, au cours de 70 7/8,
la piastre étant toujours prise au pair, c'est-
à-dire à 5 fr. 40 cent., et, réciproquement,
quelle rente aura-t-on pour 1506 fr. 60 cent.?*

Pour effectuer ces opérations, on calculera
ou on cherchera d'abord le capital qui correspond à la rente de 120 piastres par la proportion : 5 : 70 7/8 :: 125 : x.

1re opération figurée par le princ. de l'arithm.

Ce qui rev. à $\dfrac{567 \times 120 = 68040}{8 \times 5 = 40}$ = 1701 piastres

pour le capital en piastres d'une rente de
120 piastres, au cours de 70 7/8, et 1701 × 5,40
= 9185 fr. 40 cent. pour le capital en francs
d'une rente de 120 piastres.

Pour effectuer la 2e opération, il faut d'abord
convertir le capital 1506.60 cent. en piastres,
en le divisant par 5,40 cent.

2me opération figurée par le princ. de l'arithm.

$$\frac{1506 \text{ fr. } 60 \text{ cent.}}{5, \quad 40} = 279 \text{ piastres pour le capital}$$

donné; puis on établit cette proportion : 70 7/8 $= \frac{567}{8} : 5 : 279 :: x$, qui revient à celle-ci : $\frac{8}{567} : 5 :: 279 : x$; d'où $8 \times 5 \times 279 = \frac{11160}{567} = 19$ piastres 682 millièmes de piastre de rente pour un capital de 1506 fr. 60 cent., au cours de 70 7/8.

Première opération logarithm. en pren. le compl. arithm.

D'après le principe par l'arithmétique de la 1re opération, on a cette proportion : $5 : 70\ 7/8 = \frac{567}{8} :: 120 : x.$

Il suffit de prendre le log. de $\frac{567}{8} =$ log. 1,85049

$+$ le logarithme de 120 piastres qui $=$ log. 2,07918

$+$ le compl. arith. du log de 5 $=$ log. 9,30103

Total apparent du log. 13,23070—10 unités. Il reste définitivement le log. 3,23070

qui correspond à 1701 piast., qui est le capital de 120 piastres de rente au cours de 70 7/8.

Pour convertir le capital des piastres en francs, il suffit d'ajouter le log. de 5 francs 40 cent. au log. des piastres.

Ainsi le log. de 1701 $=$ log. 3,23070
$+$ le logarithme de 5 fr. 40 cent $=$ log. 0,73239

Total apparent du log. 3,96309

qui correspond, par conséquent, à 9185 francs 40 centimes pour le capital de 120 piastres de rente.

2ᵉ Opération logarith. en prenant le compl. arit.

D'après le principe de la 2ᵉ opération par l'arithmétique, on convertit d'abord le capital donné en piastres, en prenant le log. de ce capital, $+$ le complément arithmétique du log. de 5 fr. 40 cent.; déduction faite de 10 unités, il reste un log. correspondant au capital de piastres cherché.

Ainsi le log. du capital 1506 fr. 60 $=$ log. 3,17799
$+$ le compl. arith. du log. de 5,40 $=$ log. 9,26761

Total apparent du log. 12,44560—10

unités. Il reste définitivement le log. 2,44560

qui correspond à 279 piastres pour le capital cherché en piastres.

D'après cela, on pose cette proportion : 78 7/8 $= \frac{167}{8}$ ou 70,875 : 5 :: 279 : x; ce qui revient à prendre

Le log. de 5 $=$ log. 0,69897
$+$ le logarithme de 279, qui $=$ log. 2,44560
$+$ le compl. arith. du log. de 70,875 $=$ log. 8,14951

Total apparent du log. 11,29408—10
unités.   Il reste définitivement le log 1,29408

qui correspond à 19 piastres et 682 millièm. de piastre, pour la rente de 1506 fr. 60 cent. Même résultat que ci-dessus.

110e SOLUTION.—Les métalliques d'Autriche sont des obligations de 1,000 florins de capital ou de 50 florins de rente à 5 p. 0/0. Le florin vaut toujours 2 fr. 60 cent.

Ceci établi, on désire convertir en francs une de ces obligations, d'abord prise au pair, puis au cours de 1200, et réciproquement; combien aura-t-on de ces obligations pour 10000 francs?

1º Au pair, les 1000 florins valent 2600 fr., et $\frac{10000}{2600}$ fr., divisés par 2600 fr., donnent 3,846 millièm. d'obligation prise au pair;

2º Au cours de 1200, l'obligation vaut 3120 francs; alors, divisant par ce nombre la somme de $\frac{10000}{3120}$ fr. $=$ 3,205 millièm., on a pour quotient 3,205 millièm. d'obligation.

1re opération figurée par l'arithmét.

Le capital fr. $\frac{10000}{2600} = 3{,}846$ millièm. d'obligation, et au cours de 1200, cela revient à
$1200 \times 2600 = \frac{3120000}{1000} = 3120$ fr. par obligation, et pour un capital de fr. $\frac{1000}{3120} = 3{,}205$
millièm. d'obligation de 3120 fr. pour 10000
francs.

1re opération logarithm. en pren. le compl. arith.

D'après ce qui précède, on dispose le calcul
ainsi :
Le capital de $\underline{10000}$ fr., le log. de 10000 $=$ log. 4,00000
$\qquad\quad$ 2600
$+$ le compl. arith. du log. de 2600 qui $=$ log. 6,58503

$\qquad\qquad\qquad\qquad$ Total apparent du log. $\overline{10{,}58503}-$
10 unités. $\qquad$ Il reste définitivement le log. $\overline{0{,}58503}$
qui correspond à 3,846 millièm. d'obligation
prise au pair.

2e opérat. logarith. en prenant le compl. arith.

On dispose le calcul de cette manière :
1200×2600, et l'on obtient 3120 pour le divi-
$\qquad \overline{1000}$
seur de $\overline{10000}$ capital ; ce qui revient d'abord à
$\qquad\quad \overline{3120}$ diviseur
prendre

Le log. de 1200 qui =log. 3,07918
+ le logarithme de 2,600 qui =log. 3,41497
+ le compl arith. du log. 1000 qui =log. 7,00000

Total apparent du log. 13,49415—10 unit.

Il reste définitivement le log. 3,49415

qui correspond à 3120 fr., par obligation, au cours de 1200.

Ensuite le log. de 10000 qui = log. 4,00000
+ le compl. ar. du log. de 3120 = log. 6,50585

Total apparent du log. 10,50585—10 unités.   Il reste définitivement le log. 0,50585

qui correspond au nombre 3,205 millièmes, qu'on doit lire 3 obligations et 205 millièmes d'obligation, pour un capital de 10000 fr., au cours de 1200. Même résultat.

111e Solution.—Les consolidés anglais rapportent 3 p. 0/0 par an ; si le cours en est à 87, cela veut dire que, pour 87 livres sterling, on obtient une rente de 3 livres sterling.

Quelle est donc, en francs, la valeur de 50 livres sterling de rente, au cours de 90 3/8, la livre sterling étant au pair à 25 francs 20 cent., et, réciproquement, quelle rente aura-t-on pour 19152 francs?

Pour résoudre ce problème, on cherche d'a-

10*

bord le capital qui correspond à 50 livres sterling de rente, donné par cette proportion.

1re opération figurée par le princ. de l'arith.

$3 : 90\ 3/8 = \frac{723}{8} :: 50$ liv. st. $: x$; ce qui revient à $\frac{723}{8} \times \frac{50}{3} = \frac{36150}{24} = 1506$ liv. st. 25 centièm. de liv. sterling pour le capital en livres sterling, lequel, étant multiplié par 25 fr. 20 c., donne $1506,25 \times 25,20 = 37957$ fr. 50 c., pour le capital en francs d'une rente de 50 liv. st., au cours de 90 3/8.

2e opération figurée par le princ. de l'arithm.

Le capital $\frac{19152\ \text{fr.}}{25,20\ \text{cent.}} = 760$ liv. st., correspondant à une rente donnée par cette proportion : $\frac{8}{723} : 3 :: 760 : x$. Cela revient à $8 \times 3 \times 760 = \frac{18240}{723} = 25$ liv. st. 227 millièm. de liv. sterling pour la rente de 19152 fr. au cours de de 90 3/8.

1re opér. logar. en prenant le compl. arith.

D'après le principe de la 1re opération par

l'arithmétique, on a cette proportion : $3 : \frac{723}{8}$
: : 50 liv. st. : x; de là

Il suffit de prendre le log. de $\frac{723}{8}$ = log. 1,95605

$+$ le log. de 50 livres sterl. qui = log. 1,69897
$+$ le compl. arith du log. de 3 qui = log. 9,52288

Total apparent du log. 13,17790—10un.
Il reste donc définitivement le log. 3,17790

qui correspond à 1506 liv. st. et 25 centièm. de
liv. st., pour le capital de 50 liv. st. de rente,
au cours de 90,3/8.

Pour avoir le capital en francs, il faut reprendre

Le log. du capital 1506,25 = log. 3,17790
$+$ le log. de 25 fr. 20 cent. qui = log. 1,40140

Total définitif du log. 4,57930

correspondant à 37957 fr. 50 cent., pour le capital en francs d'une rente de 50 liv. sterling,
au cours de 90,3/8.

2ᵉ opération log. en prenant le compl. arithm.

Pour effectuer cette seconde et double opération, il faut d'abord convertir le capital 19152
francs en liv. sterling.

Ainsi le log de 19152 qui $=$ log. 4,28221
$+$ compl. arith. du log. de 25,20 qui$=$log. 8,59860

Total apparent du log. 12,88081 —

10 unités.   Il reste finalement le log. 2,88081
qui correspond à 760 liv. sterling ; capital qui correspond à une rente donnée par cette proportion : $90,3/8 = \frac{723}{8} : 3 :: 760 : x$; de cette préparation, il suffit de prendre

Le log. de 3 qui $=$ log. 0,47712
$+$ log. de 760 livres sterling qui $=$ log. 2,88081
$+$ le compl. arith. du log. de $\frac{723}{8}$ qui $=$ log 8,04395

Total apparent du log. 11,40188 — 10
unités.   Il reste définitivement le log. 1,40188
qui correspond à 25 liv. st. et 227 millièm. de liv. sterling, pour la rente de 19152 fr., au cours de 90 3/8.

Des raisonnements analogues à ceux-ci conduiront à la solution des problèmes de ce genre.

SECTION 23e.

Usage des logarithmes pour la règle d'intérêt simple.

La règle d'intérêt est une opération par laquelle on trouve le profit ou la perte d'une somme d'argent placée ou empruntée à 4, à 5 ou à 6 p. 0/0 par an. Placer un capital quelconque à 4, à 5 ou à 6, etc. p. 0/0 par an, c'est exiger 4 fr., 5 fr., etc., pour chaque cent francs que l'on place.

112e SOLUTION.—*Si 5 francs est l'intérêt de 100 francs par an (auquel cas on dit que 5 est le taux de la rente à recevoir ou à payer), quel sera l'intérêt de 1230 francs (somme qui s'appelle le capital) durant une année?*

Pour avoir l'intérêt simple d'une somme de 1230 fr. à 5 p. 0/0 par an (qui est le taux légal), on pose cette proportion : 100 : 5 :: 1230 francs : x.

1re opér. figurée par l'arithm.

Cela revient à $5 \times 1230 = \frac{6150}{100} = 61$ fr. 50 c. pour l'intérêt de la somme.

Si l'on prenait 6 p. 0/0 par an (6 est le taux commercial) pour la même somme, combien aurait-on pour la rente?

2e opération figurée par l'arith.

On pose la même proportion : 100 : 6 ::

1230 fr. : x; ce qui revient à $6 \times 1230 = \frac{7380}{100}$ $= 73$ fr. 80 c., pour la rente à 6 p. 0/0 par an.

De la même somme; si l'on payait 4 1/2 p. 0/0 par an (taux conventionnel), combien paye-rait-on d'intérêt?

3e opération figurée par le principe de l'arith.

D'après ce qui précède, on pose cette pro-proportion : $100 : 4\ 1/2 = \frac{9}{2} :: 1230$ fr. : x. Cela revient à $\frac{9}{2} \times 1230 = \frac{11070}{200} = 55$ fr. 35 c. pour l'intérêt de 1230 fr. à 4 1/2 p. 0/0 par an.

De la même sommé de 1230 francs, si l'on payait 5 3/4 (taux conventionnel) p. 0/0 par an, combien paierait-on d'intérêt pour une année?

Pour effectuer cette opération, on pose cette proportion : $100 : 5\ 3/4 = \frac{23}{4} :: 1230$ fr. : x.

4e opération figurée par le principe de l'arithm.

Ce qui revient à $23 \times 1230 = \frac{28290}{400} = 70$ francs 725 millièm. de franc pour l'intérêt de 1230 fr. à 5 3/4 p. 0/0.

1ʳᵉ opération logarithmique en prenant le complément arithm.

D'après le principe de la 1ʳᵉ opération par l'arithmétique, on a cette proportion : 100 : 5 :: 1230 fr. : x. Il faut prendre

Le log de 5 (taux) $=$ log. 0,69897

$+$ le log. du capital 1230 fr. qui $=$ log. 3,08991

$+$ compl. arith. du log. de 100 qui $=$ log. 8,00000

Total apparent du log. 11,78888—10 unités. Il reste finalement le log. 1,78888

qui correspond à 61 fr. 50 c. Même résultat que l'autre.

2ᵉ opération logarith. en prenant le compl. arit.

Pour la 2ᵉ opération, on a cette proportion : 100 : 6 :: 1230 fr. : x.

On prend le log. du taux 6 qui $=$ log. 0,77815

$+$ le log du capital 1230 fr. qui $=$ log. 3,08991

$+$ compl. arith. du log. de 100 $=$ log. 8,00000

Total apparent du log. 11,86806—10 unités

Il reste définitivement le log. 1,86806

qui correspond à 73 fr. 80 c., pour la rente de 1230 fr., à 6 p. 0/0 par an Même résultat que le précédent.

3ᵉ opér. logarithm. en prenant le compl. arithm.

Pour la 3ᵉ opération, on a cette proportion : $100 : \frac{9}{2} :: 1230$ fr. $: x$.

On prend le log. de la fraction $\frac{9}{2}$ == log. 0,65321

+ le log du capital 1,230 fr. qui == log. 3,08991

+ compl. arith. du log. de 100 qui == log. 8,00000

Total apparent du log. 11,74312 — 10 unités.   Il reste définitivement le log. 1,74312 qui correspond à 55 fr. 35 c. d'intérêt, à 4 1/2 p. 0/0 par an.

4ᵉ opér. logar. en prenant le compl. arith.

Pour la dernière et 4ᵉ opération, on a cette proportion : $100 : 5\ 3/4 = \frac{23}{4} :: 1230$ fr. $: x$; ce qui revient à prendre

Le log. de la fraction $\frac{23}{4}$ qui == log. 0,75967

+ le logarit. du capital 1230 fr. == log. 3.08991

+ le compl. arith. du log. de 100 == log. 8,00000

Total apparent du log. 11,84958—10 unités.   Il reste définitivement le log. 1,84958 qui correspond à 70 fr. 725 millièm. de franc pour l'intérêt de 1320 fr., à 5 3/4 p. 0/0 par an. Même résultat que l'autre.

Remarque.—Pour connaître la valeur de l'intérêt d'un capital quelconque placé à un taux quelconque, pour un certain nombre de mois, de semaines ou de jours, on considère les mois comme des douzièmes de l'année, les semaines comme des cinquante-deuxièmes de l'année, et les jours comme des trois-cent-soixantièmes de l'année.

113e SOLUTION. — *Soit à trouver l'intérêt de* 1230 *francs à* 5 *p.* 0/0 *par an, pour* 8 *mois.*

Opération figurée par le principe de l'arith.

Pour effectuer cette opération, on dispose le calcul par cette proportion :

$$100 : 5 \times \tfrac{8}{12} = \tfrac{40}{12} \text{ ou } \tfrac{10}{3} :: 1230 \text{ fr.} : x ;$$ ce qui revient à $10 \times 1230 = \tfrac{12300}{300} = 41$ fr. pour la rente de 1230 fr., à 5 p. 0/0 par an, pendant 8 mois.

Opération logarith. en prenant le compl. arith.

D'après le principe de l'arithmétique, on a cette proportion : $100 : \tfrac{10}{3} :: 1230$ fr. : x; cela revient à prendre

$$\text{Le log. de } \tfrac{10}{3} = \text{log. } 0{,}52288$$
$$+ \text{log. du capital } 1230 \text{ f. qui} = \text{log. } 3{,}08991$$
$$+ \text{ le compl. arith. du log. de } 100 \text{ qui} = \text{log. } 8{,}00000$$

$$\text{Total apparent du log. } 11{,}61279$$

—10 unités.   Il reste finalement le log. $1{,}61279$

qui correspond à 41 fr. pour la rente de **1230** francs, à 5 p. 0/0 par an, pendant 8 mois. Même résultat que le précédent.

114e Solution.—*Veut-on trouver l'intérêt de 1230 francs à 5 p. 0/0 par an, au bout de 38 semaines ?*

Opération figurée par le principe de l'arithm.

Dans la pratique, on dispose ainsi cette proportion :

$$100 : 5 \times \tfrac{38}{52} = \tfrac{95}{26} :: 1230 \text{ fr.} : x;$$ cela revient à $95 \times 1230 = \tfrac{116850}{2600} = 44$ fr. 942 millièmes de franc pour l'intérêt de 1230 fr., à 5 p. 0/0 par an, pour 38 semaines.

Opération logar. en prenant le complém. arith.

D'après la proportion qui précède, il suffit de

Prendre le log. de la fract. $\frac{25}{26}$ qui $=$ log. 0,56275
$+$ le logarithme du capital 1230 f. qui $=$ log. 3,08991
$+$ compl arith. du log. de 100 qui $=$ log. 8,00000

Total apparent du log. 11,65266 — 10

unités.   Il reste définitivement le log. 1,65266

qui correspond à 44 fr. 942 millièm. pour l'intérêt de 1230 fr., à 5 p. 0/0 par an, pour 8 mois. Même résultat.

115e SOLUTION.—*On demande la valeur de la rente de 1230 francs, à 5 p. 0/0 par an, pendant 190 jours.*

Opération figurée par le principe de l'arith.

Dans la pratique, on dispose ainsi le calcul par cette proportion : $100 : \frac{190}{360} \times 5 = \frac{95}{36} :: 1230$ fr. $: x$; ce qui revient à $95 \times 1230 = \frac{116850}{3600} = 32$ fr. 458 millièm. pour l'intérêt de 1230 fr., à 5 p. 0/0 par an, pour 190 jours.

Opération logarith. en prenant le compl. arith.

De ce qui précède, on a cette proportion : $100 : \frac{24}{36} :: 1230 : x$; cela revient à prendre

Le log. de la fract. $\dfrac{95}{36}$ = log. 0,42142

+ le log. du capital 1230 fr., qui = log. 3,08991

+ le compl. arith. du log. de 100 qui = log. 8,00000

Total apparent du $\overline{\text{log. 11,51133}}$—

10 unités. Il reste définitivement $\overline{\text{le log 1,51133}}$

qui correspond à 32 fr. 458 millièm. pour la rente de 1230 fr., à 5 p. 0/0, pour l'espace de 190 jours.

116e SOLUTION.—*Un débiteur a payé 38 francs 95 centimes d'intérêt d'une somme de 1230 francs pour 190 jours ; on demande le taux de la rente.*

Opération figurée par le principe de l'arithm.

Pour effectuer ces sortes d'opérations, on dispose le calcul par cette proportion : $1230 \times \frac{190}{360}$ = 649,16 : 100 :: 38 fr. 95 : x ; d'où $100 \times 38,95 = \frac{3891}{649,16} = 6$ p. 0/0 par an, pour le taux de l'intérêt de 1230 fr., pour 190 jours.

Opération logar. en prenant le compl. arithm.

D'après le principe de l'opération par l'arith-

métique, on a cette proportion : 649,16 : 100
:: 38 fr. 95 : x.

Il suffit de prendre le log. de 100 qui $=$ log. **2,00000**

$+$ le log. du rapport 38 fr. 95 c. qui $=$ log. **1,59051**

$+$ le compl. arith. du log. de 649,16 $=$ log. **7,18765**

Total apparent du log. **10,77816—10**

unités.   Il reste définitivement le log. **0,77816**

qui correspond à 6 p. 0/0 par an, pour le taux
de l'intérêt de 1230 fr. pour 190 jours. Même
résultat que le précédent.

117ᵉ SOLUTION.—*Le même débiteur a payé 34
francs 16 centimes d'intérêt, pour un emprunt
de 1230 francs à 8 p. 0/0 (taux conventionnel)
par an ; on demande combien de jours il a eu
cette somme à sa disposition.*

Pour résoudre ce problème, on dispose le
calcul par cette proportion : 1230 $\times$ 8 $=$ 9840
: 100 $\times$ 34 fr. 16 $=$ 3416 :: 360 jours : x.

Opération figurée par le princ. de l'arithm.

Cela revient à 3416 $\times$ 360 $= \frac{1230000}{9840} =$ 125
jours, pour la durée du temps cherché.

Opération logar. en prenant le compl. arit.

Cette opération logarithmique se compose de cinq logarithmes, dont trois additifs et deux soustractifs, savoir :

On prend le log. de 100 === log. 2,00000

+ le log. de la rente 34 fr. 16 cent. === log. 1,53361

+ le logarithme de 360 jours, qui === log. 2,55630

+ le compl. arith. du log. de 1230 fr. === log. 6,91009

+ le compl. arith. du log. du taux 8 === log. 9,09691

Total apparent du log. 22,09691 — 20 unités.   Il reste définitivement le log. 2,09691

qui correspond à 125 jours, pour la durée du placement d'un capital de 1230 fr., à 8 p. 0/0 par an.

118e SOLUTION.—*Un créancier a reçu 46 francs 98 centimes de rente, d'une certaine somme placée à 5 1|2 p. 0/0 par an, l'espace de 250 jours; quelle est cette somme?*

Pour effectuer cette opération, on prépare le calcul par la proportion suivante. Le taux 5 1/2 $= \frac{11}{2}$.

Opération figurée par le principe de l'arithm.

Donc, $\frac{11}{2} \times \frac{250}{360} = \frac{275}{72} : 100 :: 46,98 : x$; ce qui revient à $72 \times 100 \times 46,98 = \frac{338256}{275} =$ 1230 fr. 02 c. pour le capital cherché.

Opération logarith. en prenant le compl. arith.

D'après le principe qui précède, on dispose le calcul par cette proportion : $\frac{271}{72}$: 100 :: 46,98 : x.

> Il suffit de prendre le log. de 72 $=$ log. 1,85733
> $+$ le logarithme de 100 qui $=$ log. 2,00000
> $+$ log de la rente 46 f. 98 c. $=$ log. 1,67191
> $+$ compl. arith. du log. de 275 $=$ log. 7,56067
>
> Total apparent du log. 13,08991 $-$

10 unités.   Il reste définitivement le log. 3,08991 qui correspond à 1230 fr. pour le capital demandé.

Remarque.— Ces divers changements d'opérations s'effectuent également en opérant par les semaines et les mois.

Exemple.—119e SOLUTION.— *Un créancier a reçu 49 francs 67 1/3 centimes de rente, pour un capital de 1230 francs pour l'espace de 42 semaines; quel est le taux de la rente?*

Opération figurée par le principe de l'arithm.

Dans la pratique, on dispose le calcul par

cette proportion : $1230 \times \frac{42}{12} : 100 :: 49$ fr. 673 c. : x ; cela revient à $42 \times 1230 = 51660$ pour le terme diviseur, et $52 \times 100 \times 49,673 = \frac{258300}{51660} = 5$ p. 0/0 par an, pour le taux de l'intérêt d'un capital de 1230 fr. pour 42 semaines.

Opération log. en prenant les compl. arithm.

Cette opération logarithmique se compose de cinq logarithmes, dont trois additifs et deux soustractifs; ainsi, d'après le principe de l'opération effectuée par l'arithmétique, on a cette proportion : 1230 fr. $\times \frac{42}{52} : 100 :: 49,673 : x.$

On prend le log. de 52 qui $=$ log. 1,71600

$+$ le logarithme de 100 qui $=$ log. 2,00000

$+$ log. de la rente 49 f. 673 qui $=$ log. 1,69612

$+$ compl. arith. du log. de 1230 f. qui $=$ log. 6.91009

$+$ compl. arith. du log. de 42 qui $=$ log. 8,37675

Total apparent du log. 20,69896—10 unités. Il reste définitivement le log. 0,69896

qui correspond à 5 0/0 par an, qui est le taux demandé.

120e SOLUTION.— *Un débiteur a payé 42 francs 577 millièmes de franc de rente d'une somme de 1230 francs, placée à 6 p. 0/0 par an;*

dire combien de semaines le débiteur a eu cette somme entre ses mains.

Dans la pratique, on dispose le calcul par cette proportion : 1230 fr. × 6 = 7380 : 100 × 42,577 :: 52 : x.

Opération figurée par le princ. de l'arithm.

Cela revient à $100 \times 42{,}577 \times 52 = \frac{221400}{7380}$ = 30 semaines pour la durée du placement de la susdite somme.

Opération log. en prenant les compl. arithm.

D'après ce qui précède, on prépare le calcul par cette proportion : 1230 × 6 : 100 × 42,577 :: 52 semaines : x.

Delà on prend le log. de 100 qui ⸺ log. 2,00000
+ le log. de la rente 42 fr. 577 qui ⸺ log. 1,62918
+ le log. de 52 semaines qui ⸺ log 1,71600
+ le compl arith du log. de 1230 ⸺ log. 6,91009
+ le compl arith. du log. du taux 6 ⸺ log 9,22185

Total apparent du log. 21,47712 — 20 unités.   Il reste définitivement le log. 1,47712 qui correspond à 30 semaines, pour le nombre cherché.

121e Solution. — *Un débiteur a payé 47 francs 90 centimes de rente pour l'intérêt d'une certaine somme d'argent qu'on lui a prêtée à 4 1/2 p. 0/0 par an, pour 45 semaines ; dire la valeur de cette somme.*

Pour résoudre ce problème, on dispose le calcul par l'établissement de la proportion suivante. Le taux 4 1/2 $= \frac{9}{2}$; donc, le taux $\frac{9}{2} \times \frac{45}{12}$ revient à cette fraction $\frac{405}{104}$. On dispose donc cette proportion : 405 : 104 :: 100 $\times$ 47,90 : x ; d'où 104 $\times$ 100 $\times$ 47,90 $= \frac{498160}{405} =$ 1230 fr. ; on a donc 1230 fr. pour le capital cherché.

Opération logarith. en prenant le compl. arith.

De ce qui précède, on a cette proportion : 405 : 104 :: 100 $\times$ 47,90 : x.

On prend le log. de 104 $=$ log. 2,01703
$+$ le logarit. de 100 qui$=$log. 2,00000
$+$ le logarith. de la rente 47 f. 90 qui$=$log. 1,68034
$+$ le compl. arith. du log. de 405 $=$ log. 7,39254

Total apparent du log. 13,08991 — 10 unités. — Il reste définitivement le log. 3,08991

qui correspond à 1230 fr. pour le capital cherché.

Remarque.—Ces divers changements d'opérations s'effectuent de la même manière, en comptant l'intérêt par les mois.

Exemple.—122ᵉ SOLUTION. — *Nicolas a prêté 1230 francs à Joseph pour 5 mois; celui-ci a payé 23 francs 062 millièmes de francs d'intérêt à celui-là; on demande le taux de la rente.*

Opération figurée par le principe de l'arithm.

Pour effectuer cette opération, on prépare le calcul par cette proportion : 1230 fr. $\times$ 5 $=$ 6150 : 12 :: 100 $\times$ 23,062 : x; ce qui revient à 12 $\times$ 100 $\times$ 23 fr. 062 $= \frac{27675}{6150} =$ 4,5 p. 0/0 par an; 4 1/2 est donc le taux de la rente de ce capital.

Opération logar. en prenant les compl. arithm.

Étant posée cette proportion : 1230 francs $\times$ 5 mois : 12 mois :: 100 $\times$ 23 fr. 0,62 milliém. : x, on voit que l'opération logarithmique se compose de cinq log., dont trois additifs et deux soustractifs, savoir :

Le log. de 12 qui $=$ log. 1,07919

$+$ le logarithme de 100 qui $=$ log. 2,00000

$+$ log. de la val. de la rente 23,062 $=$ log. 1,36290

$+$ compl. arith. du log. de 1230 fr. $=$ log. 6,91009

$+$ compl. arith. du log. de 5 mois $=$ log. 9,30103

Total apparent du log. 20,65321 — 20

unités.   Il reste définitivement le log. 0,65321

qui correspond à 4,5 ou 4 1/2 p. 0/0 pour le taux.

123e SOLUTION. — *Auguste a payé 58 fr. 94 cent. de rente à Jean-Jacques, pour une somme de 1230 fr. que celui-ci a prêtée à celui-là, à raison de 5 3/4 p. 0/0 par an; on demande alors combien de mois Auguste a eu cette somme à sa disposition.*

Opération figurée par le principe de l'arithm.

Pour résoudre ce problème, on prépare le calcul par cette proportion : le taux 5 ¾ $= \frac{23}{4} \times 1230 = 7072,50 : 12 :: 100 \times 58,94 : x$; cela revient à $12 \times 100 \times 58,94 = \frac{70788}{7072,50} = 10$ mois, nombre de mois cherché pour la durée du placement.

Opération logar. en prenant les complém. arith.

D'après ce qui précède, on pose cette proportion : $\frac{23}{4} \times 1230 : 12 :: 100 \times 58,94 : x$. On voit que cette opération logarithmique se compose de cinq log., dont trois additifs et deux soustractifs, savoir :

Il suffit de prend le log. de 12 qui $=$ log. 1,07918

$+$ le logarithme de 100 qui $=$ log. 2,00000

$+$ le log. de la rente 58,94 qui $=$ log. 1,77040

$+$ compl. arith. du log. du taux $\frac{23}{4}$ $=$ log. 9,24033

$+$ compl. arith. du log. de 1230 f. $=$ log. 6,91009

Total apparent du log. 21,00000—20 unités. Il reste définitivement le log. 1,00000 qui correspond, par conséquent, à 10 mois pour la durée du placement du capital à 5 3/4 p. 0/0 par an. On obtient le même résultat que par l'arithmétique.

124e SOLUTION. — *Un débiteur a payé 35 francs 875 millièm. de rente pour l'intérêt d'une certaine somme prêtée à raison de 5 p. 0/0 par an, pour 7 mois de placement ; on demande alors le montant de cette somme.*

Opération figurée par le principe de l'arithm.

Pour effectuer cette opération, on établit cette proportion : le taux 5 $\times$ 7 mois $= \frac{35}{12}$: 12 :: 100 $\times$ 35,875 milliém. : x; d'où 12 $\times$ 100 $\times$ 35,875 $= \frac{43010}{35} = $ 1230 fr. pour le capital demandé, placé à 5 p . 0/0 par an, pendant 7 mois.

Opération logarith. en prenant le compl. arith.

Dans cette opération logarithmique, il n'y a qu'un log. soustractif; ainsi, de cette proportion : $\frac{35}{12}$: 100 :: 35 fr. 875 milliém. : x,

On prend le log. de 12 qui $=$ log. 1,07918

$+$ le logarithme de 100. qui $=$ log. 2,00000

$+$ le log. de la rente 35 f. 875 qui $=$ log. 1,55480

$+$ le compl. arith. du log. de 35 qui $=$ log. 8,45593

Total apparent du log. 13,08991—10 unités.   Il reste définitivement le log, 3,08991

qui correspond, conséquemment, à 1230 francs pour le capital cherché. Même résultat que le précédent. (Voy. la 4e solution, page 21, et la 15e solution, page 37.)

Remarque. — Ces divers changements d'opérations s'effectuent de la même manière, en comptant par l'année.

Exemple. — 125e SOLUTION. — *On demande la valeur de la rente d'une somme de 1230 fr., placée à 5 1/4 p. 0/0 par an, pour une année.*

Opération figurée par le principe de l'arith.

Dans la pratique, on pose cette proportion : $100 : 5\ 1/4 = \frac{21}{4} :: 1230$ fr. $: x$; cela revient à $21 \times 1230 = \frac{25830}{400} = 64$ fr. 575 millièm. de franc pour la rente de 1230 fr., placée à 5 1/4 p. 0/0 par an.

Opération logarith. en prenant le compl. arith.

De ce qui précède, on a cette proportion : $100 : \frac{21}{4} :: 1230 : x$.

On prend le log. de la fract. $\frac{21}{4}$ = log. 0,72016

+ le log. du capital 1230 fr., qui = log. 3,08991

+ le compl. arith. du log. de 100 qui = log. 8,00000

Total apparent du log. 11,81007—

10 unités.   Il reste définitivement le log. 1,81007

qui correspond à 64 fr. 575 millièm. de franc pour la rente cherchée.

126e Solution. — *Un débiteur a payé 184 fr. 50 c. de rente pour l'intérêt d'une somme de 1230 fr., qu'il a empruntée à 6 p. 0|0 par an, à intérêt simple; dire pendant combien de temps il a eu cette somme à sa disposition.*

Opération figurée par le principe de l'arith.

Dans la pratique, on dispose le calcul par cette proportion : le capital 1230 fr. $\times$ 6 (qui est le taux) $= 7380 : 100 :: 184$ fr. $50 : x$; d'où $100 \times 184,50 = \frac{18450}{738} = 2\,50$, ou 2 ans et demi pour la durée du placement de cette somme.

Opération logar. en prenant les compl. arit.

D'après le principe de l'arithmétique, on a cette proportion : 1230 fr. $\times$ 6 : 100 :: 184 fr. 50 : x.

Il suffit de prendre le log de 100 qui $=$ log. 2,00000

  + le log. de la rente 184 f. 50 c. qui $=$ log. 2,26600

  + compl. arith. du log de 1230 f. $=$ log. 6,91009

+ le compl. arith. du log. du taux 6 $=$ log. 9,22185

Total apparent du log. 20,39794—20

unités.   Il reste définitivement le log. 0,39794

qui correspond, par conséquent, à 2,50, qui est 2 ans et demi pour le nombre d'années. Même résultat.

Remarque. — Le même capital figure toujours dans ces diverses opérations, afin de mieux faire comprendre le principe du calcul logarithmique.

127e SOLUTION. — *Un rentier a prêté 1230 fr. à Bourgkoski, pour 2 ans 1/2; au bout de ce temps, celui-ci paie 161 fr. 44 cent. de rente à celui-là : trouver le taux de la rente.*

Pour résoudre ce problème, on prépare le calcul par cette proportion : la durée du placement étant de $2,50 \times 1230 = 3075 : 100 :: 161$ fr. 44 cent. : x.

Opération figurée par le principe de l'arithm.

Cela revient à $100 \times 161,44 = \frac{16144}{3075} = 5,25$ ou 5 1/4 p. 0/0 par an, pour le taux de la rente cherché.

Opération logarith. en prenant les compl. arit.

D'après le principe de l'opération effectuée par

11*

l'arithmétique, on a cette proportion : $2,50 \times$
1230 fr. : 100 :: 161 fr. 44 cent. : x.

On prend le log. de 100 qui $=$ log. 2,00000

$+$ log. de la rente 161 fr. 44 qui $=$ log. 2,20801

$+$ le compl. ar. du log. de 2,50 $=$ log. 9,60206

$+$ le compl. arith. du log. de 1230 qui $=$ log 6,91009

Total apparent du log. 20,72016 $-$ 20
unités.   Il reste définitivement le log. 0,72016
qui correspond, par conséquent, à 5,25 ou 5 1/4
p. 0/0 par an, qui est le taux de la rente.
Même résultat que le précédent.

128e SOLUTION. — *Un rentier a reçu 153 francs
75 cent. de rente d'une certaine somme placée
à intérêt simple, pour 2 ans 1/2, à 5 p. 0/0
par an; on demande alors le montant de cette
somme (ou capital).*

Opération figurée par le princ. de l'arithm.

Dans la pratique, on dispose le calcul par cette
proportion : $2\ 1/2 = \frac{5}{2} \times 5 = \frac{25}{2} : 2 :: 100$
$\times$ 153 fr. 75 : x; cela revient à 2×100
$\times 153,75 = \frac{30750}{25} = 1230$ fr. pour la somme
demandée.

Opération logarith. en prenant le compl. arit.

De ce qui précède, on a cette proportion : $\frac{25}{2}$: 100 :: 153,75 : x.

Il suffit de prendre le log. de 100 $=$ log. 2,00000
$+$ le log. de la rente 153 f.75 qui $=$ log. 2,18682
$+$ le compl. arith. du log. $\frac{25}{2}$ $=$ log. 8,90309

Total apparent du log. 13,08991 — 10 unit.

Il reste définitivement le log. 3,08991
qui correspond, conséquemment, à 1230 fr. pour le capital cherché. Même résultat que le précédent.

Des raisonnements analogues à ceux-ci conduiront à la solution des problèmes de ce genre.

SECTION 24ᵉ.

Usage des logarithmes pour les règles de l'intérêt des intérêts, ou intérêts composés.

La règle de l'intérêt des intérêts est une opération qui a pour but de trouver l'intérêt d'une somme quelconque prêtée pour un certain nombre d'années, avec celui des intérêts de cette même somme.

Si l'on voulait avoir le capital et l'intérêt

réunis pour chaque année, on suivrait l'une de ces formules : $d : d + t :: c : c + r$, c'est-à-dire le denier : denier + le temps (1 an) :: le capital : capital + la rente, si c'est l'intérêt par denier.

Si c'était l'intérêt par 0/0, on suivrait celle-ci : cent : cent + le tant p. 0/0 (1 an) :: le capital : au capital + l'intérêt.

Exemple par le denier (20). — 129e SOLU-TION. — *Une personne place 600 fr. au dénier 20 ($= 5$ p. 0/0 par an), à condition qu'on lui payera les intérêts: combien recevra-t elle au bout de 2 ans?*

1re opér. figurée par l'arithm.

Dans la pratique, on pose cette proportion : $20 : 20 + 1 = 21 :: 600 : x$; d'où $21 \times 600 = \frac{12600}{20} = 630$ fr. C'est donc 630 fr. pour le capital et l'intérêt de la 1re année.

2e opération figurée par l'arith.

Pour effectuer la seconde opération, on pose cette proportion : $20 : 20 + 1 = 21 :: 630$

francs : x ; ce qui revient à $21 \times 630 = \frac{13230}{20}$ $= 661$ fr. 50 cent. pour le capital et l'intérêt au bout de 2 ans.

Cela doit suffire pour faire connaître le principe de cette formule.

1re opération logarithm. en pren. le compl. arith.

D'après la formule de la 1re opération effectuée par l'arithmétique, on a cette proportion : $20 : 21 :: 600 : x$.

Il suffit de prendre le log. de 21 qui $=$ log, 1,32222

$+$ le logarith. du capital 600 fr. qui $=$ log. 2,77815

$+$ le compl. arith. du log. de 20 qui $=$ log. 8,69897

        Total apparent du log. 12,79934—10 unités.   Il reste définitivement le log. 2,79934

qui correspond à 630 fr. pour le capital et l'intérêt de la 1re année.

2e opération logarith. en prenant le compl. arith.

De cette proportion : $20 : 21 :: 630$ fr. $: x$,

On doit prendre le log de 21 $=$ log. 1,32222

$+$ log. du capital 630 fr. qui $=$ log. 2,79934

$+$ compl. arith. du log. de 20 qui $=$ log. 8,69897

        Total apparent du log 12,82053—10 un.

Il reste définitivement le log. 2,82053

correspondant, par conséquent, à 661 fr. 50 c.
pour le capital et les intérêts composés, pour
2 ans, au denier 20.

130ᵉ SOLUTION. — Autre formule en prenant
l'intérêt par cent. — *La même personne
place 600 fr. à 5 1/2 p. 0/0 par an, à
intérêts composés ; combien recevra-t-elle de
rente la 1ʳᵉ année et la 2ᵉ année, etc.?*

1ʳᵉ opération figurée par le princ. de l'arith.

La 1ʳᵉ opération n'offre aucune difficulté ; on
la prépare par cette proportion : 100 : 5,50 ::
600 : x ; ce qui revient à $5,50 \times 600 = \dfrac{3300}{100}$
= 33 fr. pour la rente de la 1ʳᵉ année.

Pour avoir les intérêts composés pour la
seconde année, etc., on ajoute la rente trouvée
au capital, ce qui donne 633 fr., et ainsi
de suite.

2ᵉ opération figurée par le princ. de l'arithm.

Dans la pratique, on pose cette propor-
tion : 100 : 5,50 :: 633 : x ; d'où $5,50 \times 633$

$= \frac{3481,50}{100} =$ 34 fr. 815 milliém. de franc pour l'intérêt composé de la seconde année.

Cela doit suffire pour faire connaître le principe de cette formule.

1ʳᵉ opér. logar. en prenant le compl. arith.

De cette proportion, 100 : 5,50 :: 600 fr. : x,

On prend le log. du taux 5,50 qui $=$ log. 0,74036

$+$ le log. du capital 600 francs qui $=$ log. 2,77815

$+$ le compl. arith. du log. de 100 qui $=$ log. 8,00000

Total apparent du log. 11,51851—

10 unités.   Il reste définitivement le log. 1,51851

qui correspond à 33 fr. pour la rente de la 1ʳᵉ année.

2ᵉ opération log. en prenant le compl. arithm.

Pour effectuer cette seconde opération, on prépare le calcul par cette proportion : 100 : 5,50 :: 633 : x.

On prend le log. du taux 5,50 qui $=$ log. 0,74036

$+$ le logarithme du capital 633 fr. qui $=$ log. 2,80140

$+$ compl arith. du log. de 100 qui $=$ log. 8,00000

Total apparent du log. 11,54176—10

unités.   Il reste définitivement le log. 1,54176

qui correspond, conséquemment, à 34 fr. 815 millièm. de franc pour la rente composée de la 2e année; même résultat.

Remarque. — On trouve l'intérêt des intérêts par le denier ou pour cent par les formules suivantes. Le denier (20 ou 25) multiplié autant de fois par lui-même qu'il y a d'années — 1 : denier + 1 multiplié autant de fois par lui-même qu'il y a d'années — 1 :: le capital : capital + la rente. Pour cent, on dirait : 100 multiplié autant de fois par lui-même qu'il y a d'années — 1 : 100 + le tant 0/0 multiplié autant de fois par lui-même qu'il y a d'années — 1 :: le capital : au capital + la rente composée.

13ie Solution. — *Un conscrit a placé un petit capital de 1000 fr. pour 7 ans (qui est le temps de son absence), au denier 20 par an (= 5 p. 0/0), à la condition qu'on lui paierait les intérêts des intérêts: combien recevra-t-il au bout de ce temps?*

1re opération figurée par le princ. de l'arithm.

Pour résoudre ce problème, on prépare le

calcul par cette grande proportion : ainsi, on a par le denier $20 \times 20 \times 20 \times 20 \times 20 \times 20 \times 20 = 1280000000$ pour le 1er membre de la proportion, et 21 revient à $21 \times 21 \times 21 \times 21 \times 21 \times 21 \times 21 = 1801088541$ pour le 2e membre de la proportion, et le capital 1000 fr. pour le 3e membre ; ainsi on a $1280000000 : 1801088541 :: 1000$ fr. $: x$. Cela revient à

$$1801088541 \times 1000 \text{ fr.} = \frac{1801088541000}{1280000000}$$

$= 1407$ fr. 10 cent., tant pour le capital que pour les intérêts composés, pendant 7 ans, d'un capital de 1000 fr., au denier 20.

2me opération figurée par le princ. de l'arithm.

De la formule par cent pour le même capital, pour le même taux et pour le même temps, on a $100 \times 100 \times 100 \times 100 \times 100 \times 100 \times 100 = 100000000000000$ et $100 + 5 = 105 \times 105 \times 105 \times 105 \times 105 \times 105 \times 105 = 140710042265625$ pour le second membre de la proportion, e le capital 1000 fr. pour le 3e membre ; cela revient à $1000 \times$

$$140710042265625 = \frac{140710042265625000}{100000000000000}$$

$= 1407$ fr. 10 cent., tant pour le capital que

pour les intérêts composés à 5 p. 0/0 par an, pendant 7 ans. Même résultat qu'à la formule par le denier 20 = 5 p. 0/0.

Première opération logarithm. en pren. le compl. arithm.

D'après le principe de la 1re opération effectuée par l'arithmétique, par le denier 20, on a cette formule $\dfrac{(21)^7}{(20)^7} \times 1000$ fr., ce qui revient donc

A prendre 7 fois le log. de 21 qui = log. 9,25554
+ le log. du capital 1000 fr. qui = log. 3,00000
+ compl.arith. de 7 fois le log.de 20 = log. 0,83278

Total apparent du log. 13,14832—10 unités.   Il reste définitivement le log. 3,14832 qui correspond à 1407 fr. 10 cent. Même résultat que le précédent.

2ᵉ opérat. logarith. en prenant le compl. arith.

D'après le principe de la seconde opération effectuée par l'arithmétique par cent, pour 5 p. 0/0 par an, on a $\dfrac{(105)^7}{(100)^7} \times 1{,}000$ fr.

Cela revient à prendre 7 fois log de 105=log.14,14832

   +le log. du capital 1000 fr. qui = log. 3,00000

+compl.arith.de 7 fois le log. de 100=log.86,00000

             Total apparent du log. 103,14832—100

 unités.   Il reste finalement le log. 3,14832

qui correspond, par conséquent, à 1407 fr.
10 cent. pour le capital et les intérêts composés,
placé à 5 p. 0/0 par an pendant 7 ans; même
résultat que par l'arithmétique.

Remarque. — Dans cette opération logarithmique, on a pris le complément arithmétique
d'un log. de deux chiffres significatifs à sa caractéristique : c'est ce qui l'a rendu 10 fois trop
grand. Voilà pourquoi on a retranché 100 unités
du total pour avoir la valeur du logarithme
correspondant au capital cherché. (Voyez la 50ᵉ
solution, page 117.)

Autre remarque. — Dans la pratique, on
cherche ordinairement le capital et l'intérêt
composé de 1 franc, et on le multiplie par le
capital donné. Pour avoir le capital et l'intérêt
composé de 1 franc pour un certain nombre
d'années, il faut élever 1 plus l'intérêt d'un franc
après un an à une puissance marquée par le
nombre d'années ; cette puissance égalera le

capital et l'intérêt composé d'un franc pendant ce temps.

L'analyse de l'exemple suivant va nous démontrer l'exactitude de cette méthode.

132e SOLUTION. — *On demande ce que doit produire, tant en capital qu'en intérêts composés, une somme de 1000 fr., placée à 5 0/0 par an pendant 7 ans.*

D'après le principe de la solution précédente, on a 1,05 $\times^7$ = 1,4071 dix-millièmes.

On voit que le capital et l'intérêt composé de 1 fr., après 7 ans, égalent l'unité plus l'intérêt d'un an élevé à la 7e puissance; le capital et l'intérêt composé de 1,000 fr. pendant le même temps, égaleront donc 1,05 $\times^7 \times$ 1000 fr. = 1407 fr. 10 cent.

On peut justifier d'une autre manière l'exactitude de cette méthode au moyen des log.

Opération logarithmique.

Il suffit de prendre le logarithme de
105 — 2 unités = log. 0.02119 $\times$ 7 = log 0,14832
+ le log. du capital 1000 fr. = log. 3,00000
Total réel du log. 3,14832

qui correspond, par conséquent, à 1407 francs 10 cent. On obtient le même résultat que par l'arithmétique par l'addition de deux log.

133e SOLUTION. — *Si le même capital de 1000 francs était placé au même taux (5 p. 0/0 par an) pendant 25 ans, quel en serait le montant, tant en capital qu'en intérêts composés?*

Opération logarithmique.

D'après le principe de l'opération précédente,

Il faut prendre 25 fois le logarithme de 105
— 2 = logarithme 0,02119 × 25 = log. 0,52975
+ le log. du capital 1000 fr. = log. 3,00000
Total réel du log. 3,52975

qui correspond à 3386 fr. 46 cent. pour le capital cherché.

Si le taux de la rente était à 5 1/2 p. 0/0, son log. correspondant serait le log. de 105,5 = log. 2,02325 — 2 unités, il reste log. 0,02325 ; à 4 p. 0/0 par an, = le log. de 104 = log. 2,01703 — 2 = log. 0,01703 ; à 4 1/2 p. 0/0 par an, on prend le log. de 104,5 = log. 2,01912 — 2 = log. 0,01912 ; à 6 p. 0/0 par

an, on a le log. de 106 = log. 2,02531 — 2
= log. 0,02531 ; et à 6 3/4 p. 0/0 par an, on
prend le log. de 106,75 = log. 2,02836 — 2 =
log. 0,02836.

134e Solution. — *Si le même capital de 1000 fr.
était placé à 6 3/4 p. 0/0 par an, pendant
25 ans, quelle serait sa valeur totale, au
bout de ce temps?*

Opération logarithmique.

Pour résoudre ce problème,

Il suffit de prendre le log. de 106,75 = log. 2,02836
— 2 = logarit. 0,02836 × 25 ans = log. 0,70900
+ le log. du capital 1000 fr. qui = log. 3,00000

Total définitif du log. 3,70900

qui correspond, par conséquent, à 5116 fr. 82
cent. pour le capital et les intérêts composés,
à 6 3/4 p. 0/0 par an, pendant 25 ans. Il en
est de même pour les autres taux. Ainsi, le
capital de 1,000 fr. est devenu 5116 fr. 82 c.
au bout de 25 ans, ce qui donne 4116 fr. 82 c.
pour les rentes.

135e Solution. — *Un rentier a placé 1000 fr.*

chez un banquier, à raison de 4 1/2 p. 0/0 par an, à intérêts composés, à condition qu'on ne ferait le compte qu'au bout de 100 ans; on demande la valeur de ce capital avec les intérêts composés au bout de ce temps.

Opération logarithmique.

Pour le taux 4 1/2, on prend le log. de 104,5 qui = log. 2,01912 — 2 unités.

Il reste le log. 0,01912 $\times$ 100 = log. 1,91200
+ le log. du capital 1000 fr. = log. 3,00000

Total définitif du log. 4,91200

correspondant à 81657 fr. 30 c., tant pour le capital de 1,000 fr. que pour les intérêts composés, à 4 1/2 p. 0/0 par an, pendant cent ans; c'est donc 81657 fr. 30 c. que les successeurs du banquier ont payés aux héritiers du rentier.

136e SOLUTION.—*On désire savoir ce que doit produire, tant en capital qu'en intérêts composés, une somme de 1000 fr., placée à 4 3/4 p. 0/0 par an, pendant 8 ans 8 mois 8 jours.*

Analyse de cette opération logarithmique.

Pour effectuer cette opération logarithmique, il faut convertir les mois en jours, pour avoir une fraction de l'année, et multiplier cette fraction par le nombre d'années, pour avoir une fraction définitive, qui est $\frac{391}{45}$; enfin, multip'ier cette fraction par le log. correspondant au taux de la rente 43/4 p. 0/0, qui $= 104,75$.

Le logarithme de ce nombre $=$ logarithme 2,02016 $- 2$
$=$ logarithme 0,02016 $\times \frac{391}{45} =$ log. 0,17517
$+$ log. du capital qui est 1000 fr.$=$ log. 3,00000

         Total définitif du log. 3,17517

qui correspond à 1496 fr. 827 millièm. de franc, pour le capital cherché.

137e Solution. — *Un capital de* 1000 *fr., placé à* 5 *p. 0/0 par an, a produit, tant en capital qu'en intérêts composés, une somme de* 1701 *fr.* 15 *cent : on désire savoir pendant combien d'années de mois et de jours ce capital a été placé.*

Opération logarith. en pren. le compl. arithm.

D'après le principe de l'opération précédente,

Il suffit de prendre le logarithme du capital définitif qui est 1701 francs 15 centimes $=$ log. 3,23074

$+$compl.arit. du log.du cap.1000$=$log. 7,00000 primitif

Total apparent du log. 10,23074 —10 unit.
Il reste définitivement le log. 0.23074

Lequel étant divisé par le log. de 105 — 2 unités $=$ log. 0,02119, on obtient 10 ans et 89 centièmes d'année, qui valent 10 mois et 20 jours pour l'espace de temps cherché.

Comme on le voit par l'opération, log. 0,23074 log. 0,02119 $=$ 10,89, et $12 \times 89 = \frac{1068}{100} = 10,68$; enfin, $68 \times 30 = \frac{2040}{100} = 20$ jours environ, ce qui $=$ définitivement 10 ans 10 mois et 20 jours pour la durée du placement de ce capital.

138e SOLUTION. --Lorsqu'on connaît le capital primitif, le capital définitif et le nombre d'années du placement, pour trouver le taux des intérêts composés, il faut prendre la différence des log. des deux capitaux, puis diviser cette différence par le nombre d'années ; enfin, ajouter au quotient le log de 100, qui est 2 unités ; on a le log. de 100 $+$ le taux.

D'après cela, on demande à quel taux ont été placés 1,000 fr. qui, en 30 ans de placement,

*à intérêts composés, sont devenus 4322 francs
18 cent.*

Remarque. — Pour résoudre ce problème
par une seule addition, il faut prendre le complément arithmétique du log. du capital primitif,
qui est le log. soustractif (Voy. l'opération précédente.)

Opération logarith. en prenant le compl. arit,

D'après l'énoncé du problème,
On prend le log. du capit. déf. 4322 fr. 18 == log. 3,63570
+compl.ar. du log. du capit. prim. 1000 f. == log. 7,00000

            Total apparent du log. 10,63570—

10 unités.   Il reste définitivement le log. 0,63570==

                    ans 30

log 0,02119 + le log. de 100 qui == log. 2;
ce qui donne, par conséquent, le log. 2,02119
pour le log. du taux de la rente, qui est 5 p.
0/0 par an.

Remarque.—S'il y avait des mois et des jours
avec les années, on effectuerait l'opération de
cette manière : on convertirait les mois en
jours, pour avoir une fraction d'année, puis on
multiplie cette fraction d'année par le nombre

d'années : on obtient une fraction définitive. D'après cela, on multiplie le log. différentiel par le dénominateur de la fraction définitive, et on divise le produit par le numérateur de cette fraction : on obtient un log., lequel, étant augmenté de 2 unités, = le log. correspondant au taux cherché.

Exemple.—139e SOLUTION.— *On désire savoir à quel taux ont été placés* 1000 *fr. qui, en* 30 *ans* 7 *mois et* 18 *jours de placement à intérêts composés, sont devenus* 3852 *fr.* 18 *cent.*

Opération logarithmique par la soustraction.

(Voy. l'expl. de la page 266.) 7 mois $\times$ 30 = 210 + 18 jours = 228, qui revient à $\dfrac{19}{30^{mes}}$ d'an·

$\dfrac{228}{360^{mes}}$

née, à multiplier par 30 ans, ce qui donne 30 $\times$ 30 = 900 + 19 = $\dfrac{919}{30^{mes}}$ pour la fraction définitive.

De là, on prend le log. du capital définitif, qui est 3852 fr. 18 c. ;

$$\text{ll} = \text{log. } 3{,}58571$$
$$- \text{ le log. du capital primitif 1000 fr.} = \text{log. } 3{,}00000$$
$$\overline{\text{Différence des deux log. } 0{,}58571}$$

$\times$ 30 = le log. $\frac{1715713\,0}{9\,1\,9}$ = log. 0,01912 $+$ 2 unités = log. 2,01912, correspondant à 4 1/2 p. 0/0, pour le taux demandé.

140ᶜ Solution.— *On demande combien d'années il faut pour qu'un capital quelconque soit doublé, étant placé à 5 p. 0/0 par an à intérêts composés ?*

Pour résoudre ce problème, il faut prendre le log. de 2, qui correspond au double du capital, et le diviser par le log. de 105 diminué de 2 unités, qui est le log. du taux de la rente.

Opération logarithmique.

On prend le log. de 2 qui = log. 0,30103 = puis log. de 105 — 2 unités = log. $\overline{0{,}02119}$ le nombre 14 ans et 206 $\times$ 12 = $\frac{2472}{1000}$ = 2 mois, et 472 $\times$ 30 = $\frac{1416}{100}$ = 14 jours, et 16 $\times$ 24 = $\frac{354}{100}$ = 3 heures, et 84 $\times$ 60 = $\frac{1040}{100}$ = 50 minutes, et 40 $\times$ 60 = $\frac{2400}{100}$ = 24 secondes.

D'après l'énoncé de l'opération, on voit qu'il faudrait 14 ans 2 mois 14 jours 3 heures 50 minutes et 24 secondes, pour que le capital fût doublé, c'est-à-dire que les intérêts composés à 5 p. 0/0 par an égalassent le capital.

141ᵉ Solution.— *Le revenu ou produit annuel d'une ferme, consistant en terres, prés, vignes et bois, étant de 2 1/4 p. 0/0 par an (terme moyen), on demande combien d'années il faut pour que le revenu annuel égale la ferme.*

Même manière d'opérer qu'à la solution précédente.

D'après l'énoncé de la solution qui précède, il suffit de prendre le log. de 2, et le diviser par le log. de 102,25, diminué de 2 unités; il correspond au taux 2 1/4 p. 0/0 de la rente proposée.

Opération logarithmique.

Ainsi, on prend le log. de 2 qui = log. 0,30103, puis le log. du taux 102,25 — 2 = log. 0,00966, à diviser par $\frac{1}{966}$ = 31 ans 0,1625 dix-millièm. d'année; de là 0,1625 × 12 = 1 mois 0,95 × 30 = 28 jours; 0,50 × 24 = 12 heures; d'où l'on voit qu'il faut 31 ans 1 mois 28 jours et 12 heures, pour que les intérêts composés ou revenus de la ferme égalent la valeur intrinsèque de la ferme.

142ᵉ Solution.—*Le frère du propriétaire de cette*

*ferme a eu en héritage la même valeur en es-
pèces que son frère; il a acheté avec son héritage une librairie, qui lui a rapporté 8 3/4
p. 0/0 par an, à intérêts composés; on demande alors dans combien d'années, de mois,
de jours et d'heures, la librairie sera doublée, ou, en d'autres termes, quand les intérêts composés, étant capitalisés, égaleront-ils le
capital?*

Opération logarithmique.

D'après le principe de l'opération précédente,
il suffit de prendre le log. de $2 = \log. 0,30103$,
le log. du taux $108,75 - 2$ unités $= \log.
0,03643$, à diviser par $\frac{30103}{3643} = 8$ ans plus 263
millièm. d'année, à multiplier par 12 mois,
$0,263 \times 12 = 3$ mois $+ 0,156 \times 30 = 4$
jours, $+ 0,68 \times 24 = 16$ heures, $+ 0,32 \times
60 = 19$ minutes, $+ 0,20 \times 60 = 12$ secon-
des; d'où l'on voit par l'opération que l'espace
ou laps du temps cherché est de 8 ans 3 mois
4 jours 16 heures 19 minutes et 12 secondes.

Remarque. — Ces sortes de règles péuvent
s'effectuer par l'addition, en prenant le com-

plément arithmétique du log. soustractif. Ainsi, le log. de 2 correspondant au double du capital, et le log. du taux des intérêts composés étant considérés par la pensée comme des nombres, en cela, on prend le log. des log. On considère donc les fractions comme des nombres entiers.

Opération logarith. en prenant les compl. arit.

Le log. de 2 = log. 0,30103 devient 30103 pour le nombre ; le log. du taux 8 3/4 p. 0/0 = log. 0,03643 = 3643 dito.

Il suffit de prendre le log. de 30103 qui = log. 4,47861

$+$ compl. arith. du log. de 3643 = log. 6,43854

Total apparent du log. 10,91715—

10 unités.   Il reste définitivement le log. 0,91715 qui correspond à 8 ans plus 0,263 millièmes d'année. Abstraction faite de la virgule, on a 263 pour le nombre.

Or le log. de 263 = log. 2,41996

$+$ le logarit. de 12 mois qui = log. 1,07918

Total définitif du log. 3,49914

correspondant au nombre $\frac{156}{1000}$ = 3 mois $+$ 0,156 millièm. de mois.

De même le log de 156 = log. 2,19312 $^I|_2$

$+$ le logarithme de 30 jours qui = log. 1,47712 $^I|_2$

Total définitif du log. 3,67025

correspondant au nombre $\frac{4680}{1000} = 4$ jours $+$ 0,680 millièm. de jour.

$$\text{Puis le log. de 68} = \text{log. } 1,83251$$
$$+ \text{ le logarithme de 24 heures qui} = \text{log. } 1,38021$$
$$\text{Total définitif du log. } 3,21272$$

correspondant au nombre $\frac{1632}{100} = 16$ heures $+$ 0,32 centièm. d'heure.

$$\text{D'autre part le log. de 32 qui} = \text{log. } 1,50515$$
$$+ \text{ le logarithme de 60 minutes qui} = \text{log. } 1,77815$$
$$\text{Total définitif du log. } 3,28330$$

correspondant au nombre $\frac{1920}{100} = 19$ minutes 0,20 centièm. de minute.

$$\text{Enfin le log. de 20 qui} = \text{log } 1,30103$$
$$+ \text{log. de 60 secondes qui} = \text{log. } 1,77815$$
$$\text{Total apparent du log. } 3,07918$$

correspondant au nombre $\frac{1200}{100} = 12$ secondes.

Le résultat de cette série d'additions est donc de 8 ans 3 mois 4 jours 16 heures 19 minutes et 12 secondes pour le laps de temps cherché, qui est le même résultat que le précédent.

Ainsi, par le système logarithmique, on effectue par l'addition certaines opérations qui n'en finiraient point en se servant des procédés ordinaires de l'arithmétique.

143e Solution. — Sur la statistique. — On suppose que la mortalité ordinaire dans les villages et petites villes est de 1 habitant sur 30.

Un voyageur apprend que, dans un gros village, il est mort 95 personnes dans l'année; il veut savoir le nombre des habitants de ce village.

Pour répondre à cette question, il faut prendre le log. de 95 + celui de 30; l'addition faite de ces deux log. donnera un log. correspondant au nombre des habitants.

Opération logarithmique.

On prend le log. de 95 $=$ log. 1,97772
+ le logarithme de 30 qui $=$ log. 1,47712
Total définitif du log. 3,45484

qui correspond au nombre 2850 habitants du village.

144e SOLUTION.—Dans les grandes villes, c'est le log. de 26 qu'il faut prendre.

Le même voyageur apprend que, dans une grande ville, il est mort 81000 habitants dans l'année; il désire savoir le nombre des habitants de cette ville.

12*

On opère comme à la solution précédente.

Opération logarithmique.

On prend le log de 81000 =log. 4,90849
+ le logarithme de 26 qui =log. 1,41497

Total définitif du log 6,32346

qui correspond au nombre 2106000 habitants, qu'il faut lire 2 millions et 106 mille habitants pour la population de cette grande ville.

145e Solution.—On propose encore la question suivante :

Sachant que la population d'un pays s'accroît, chaque année, de 1/50me de ce qu'elle était au commencement de cette année, on demande au bout de combien d'années cette population sera doublée.

On peut résoudre ce problème de deux manières différentes, savoir :

Première manière, par la soustraction et la division : cela revient à prendre le log. de 2, qui correspond au double de la population, ensuite soustraire le log. de 50 de celui de 51, enfin diviser le log. de 2 par le log. différentiel, on obtiendra le nombre d'années cherché.

La seconde manière est d'effectuer deux additions successives ; cela revient à prendre le log. de 51 et le complém. arithmét. du log. de 50 ; l'addition faite de ces deux log., et déduction faite de 10 unités du total, il reste le log. différentiel ; ensuite on prend le log. comme ci-dessus. D'après cela, on considère par la pensée le log. comme nombre, et on en prend le log. ; enfin, on considère également le log. différentiel comme nombre, et on en prend le complém. arithmét. ; l'addition faite de ces deux log., déduction faite de 10 unités du total, donne le laps de temps demandé, qui est le terme cherché.

PREMIÈRE MÉTHODE.

Opération logarithmique par la soustraction.

Le log. de 51 $=$ log. 1,70757
— le log. de 50 $=$ log. 1,69897

Différence log. 0,00860 log. différentiel.

Ensuite le log. de 2, qui $=$ log. 0,30103, à diviser par le log. 0,00860 ; cela revient à $\frac{30103}{860} =$ 35 ans et $\frac{3}{860}$mes d'année, ce qui fait à peu près

35 ans.

SECONDE MÉTHODE,

Opération logarith. en pren. le compl. arithm.

On prend le log. de 51 qui $=$ log. 1,70757
$+$ le compl. arith. du log de 50 qui $=$ log. 8,30103

Total apparent du log. 10,00860 — 10
unités.   Il reste définitivement le log. 0,00860

qui est le log. différentiel, lequel, étant pris pour nombre, abstraction faite de la virgule, revient à 860; puis le log de 2, qui $=$ log. 0,30103, lequel, étant pris pour nombre, abstraction faite de la virgule, revient à 30103.

Son log. $=$ log 4,47861
$+$ compl arit du log. de 860 qui $=$ log. 7,06530

Total apparent du log. 11,54411 — 10
unités.   Il reste définitivement le log 1,54411

qui correspond au nombre 35 ans. Même résultat que le précédent.

146e SOLUTION.—Sur les rentes.—*On désire savoir combien d'années il faut prêter 500 fr., à 5 1/2 p. 0/0 par an, à intérêts composés, pour rembourser une dette de 10000 fr.*

Opération log. en prenant le compl. arithm.

D'après le principe de la 142e sol., page 269,
On prend le log. de la dette 10000 fr. = log. 4,00000
+ le compl. arith. du log. de 500 fr. = log. 7,30103

Total apparent du log. 11,30103 — 10
unités.   Il reste définitivement le log. 1,30103

pour le log. différentiel, qu'il faut diviser par le
log. du taux de la rente c'est-à-dire par le log.
de 105,5 diminué de 2 unités, ce qui donne, pour
le taux de 5 1/2 p. 0/0, le log. de 105,5 — 2 =
log. 0,02325. Ainsi, le log. différentiel, qui est
log. 1,30103, étant pris pour nombre, on a
130103 (abstraction faite de la virgule) à diviser
par 2325 ; ce qui revient à prendre

Le log de 130103 qui = log. 5,11429
+ compl. arith. du log. de 2325 = log. 6,63358

Total apparent du log. 11,74787 — 10
unités.   Il reste définitivement le log. 1,74787

correspondant à 55 ans et 96 centièm. d'année,
équivalant à 11 mois 15 jours 14 heures et 24
minutes, pour le laps de temps cherché. (Voy.
la 142e sol., page 269.)

147e SOLUTION. — *Quelle somme faut-il prêter
pendant 10 ans, à 4 1/2 p. 0/0 par an, pour*

rembourser une dette de 10000 *fr. (à intérêts composés)?*

Pour résoudre ce problème par une addition, il faut prendre le log. de la dette 10000; ensuite le complém. arithmét. de 10 fois le log. du taux de la rente 4 1/2 p. 0/0 par an, à intérêts composés : on obtiendra un log. correspondant à la somme qu'il faut prêter pour acquitter cette dette.

Opération logarith. en prenant le compl. arith.

Ainsi le log. de la dette 10000 fr. $=$ log. 4,00000

$+$ compl. ar. de 10 fois le log. 104,5 — 2 $=$ log. 9,80880

Total apparent du log. 13,80880—

10 unités.   Il reste définitivement le log. 3,80880

qui correspond, conséquemment, à 6438 francs 70 centimes.

148e SOLUTION.—*Soit proposée encore cette question : On suppose que les* 30 *pièces de monnaie que le pauvre Judas a eu le malheur de recevoir des Juifs, pour la prise de corps de N. S. J.-C. valaient* 10 *fr. de notre monnaie; lorsque ce misérable Judas les rapporta au prétoire, en disant qu'il était changé d'avis,*

*si on eût placé ces 10 fr. à 3 1/2 p. 0/0 par an
à intérêts composés (depuis cette époque, ce qui
fait 1830 ans), pour le rachat des âmes du
genre humain (de celles dont le corps n'est pas
mort en odeur de sainteté), on demande alors
le montant approximatif du capital avec les
intérêts composés pendant 1830 ans; d'après
cela, combien d'âmes à racheter, au jugement
dernier, avec ce capital, s'il fallait un milliard
de francs pour le rachat de chaque âme?*

Pour résoudre ce problème, il faut (d'après
l'énoncé du principe de la 131e sol., pages 256
et 257), prendre le log. du taux de la rente et
le multiplier par 1830 ans, + le log. du capital, et additionner ces deux log On aura un
log. correspondant au capital total.

Opération logarithmique.

A 3 1/2 p. 0/0, cela revient à 103,5 ; donc le logarithme
de 103,5 diminué de 2 unités == log. 0,01494

$$\times \ 1830 \ \text{ans} == \text{log. } 27,34020$$
$$+ \ \text{le log. du capital 10 fr.} == \text{log. } 1,00000$$

Total définitif du log. 28,34020

qui correspond à un certain nombre qu'il faut déterminer d'après l'énoncé du principe de la 14e sol., page 85. (Voyez aussi l'introduction, page 11.) On doit considérer le cas où la caractéristique est 3 unités, ou la plus forte de celles qui se trouvent dans les petites tables. A cet effet, on doit retrancher 25 unités du log. proposé, et on aura ce log 3,34020 ; soit à trouver le nombre correspondant à ce nouveau log. 3,34020.

On commence par chercher ce log. parmi ceux des nombres de quatre chiffres, et l'on trouve qu'il est compris entre le log. 3,34005 et le log 3,34025, qui sont les log. de 2188 et 2189 ; donc le nombre cherché est égal à 2188 plus une certaine fraction.

Ainsi, pour obtenir cette fraction, on prend la différence tabulaire, qui est 20, et la différence 15 entre le log. donné et celui de 2188 ; puis on établit cette proportion : si, pour 20 cent-millièmes de différence entre le log. de 2189 et celui de 2188, on a une unité de différence entre ces nombres, combien, pour 15 cent-millièmes de différence entre le log. donné et celui de 2188, doit on avoir de différence entre les nombres correspondants?

Cela revient à 20 : 1 :: 15 : x ; d'où $x = \frac{15}{20}$
$= 0,75$; ajoutant ce 4e terme au nombre 2188,
on obtient 2188,75 centièmes pour le nombre
demandé.

Pour plus d'éclaircissement, voici le tableau
de ce calcul :

Appelant N le nombre cherché, on a

$$\text{Le log. de N} = \text{log. } 3,34020$$
On trouve dans la table, le log 2188 $= \text{log. } 3,34005$

Différence des nombres, 0,00015
Différence tabulaire, 0,00020

On a, comme ci-dessus, 20 : 1 :: 15 : x; ce
qui revient à $1 \times 15 = \frac{15}{20} = 0,75$ centièmes ;
ou simplement $\frac{15}{20} = 0,75$; donc N $=$
2188,75, pour le nombre correspondant au log.
3,34020.

Comme on a retranché 25 unités de la caractéristique du log. 28,34020 donné, on a diminué le nombre correspondant à ce log. de 25
chiffres significatifs, ou, en d'autres termes,
on l'a rendu 10 septillions de fois trop petit
(voy. l'introduction, page 11), et, pour donner
à ce nombre 2188,75 cent. sa valeur réelle, il
faut le multiplier par 10 septillions ; cela revient
à mettre 25 zéros à sa droite ; mais comme il y

a déjà deux décimales à ce nombre, on ne doit y
en mettre que 23, ce qui donne enfin pour ce
nombre 21887500000000000000000000000 fr.,
qu'on doit lire 21 octillions 887 septillions et
500 sextillions de francs, pour le capital cherché, correspondant au log. 28,34020 donné.

Dans la pratique, on opère de cette manière :

Opération logarithm. sur la question proposée.

Le taux de l'intérêt composé étant à 3 1/2
p. 0/0, on a le log. de 103,5 diminué de 2 =
log. 0,01494.

    Lequel étant multiplié par 1830 = log. 27,34020
   + le log du capital 10 fr. qui = log. 1,00000

             Total définitif du log. 28,34020
       Retranchant 25 unités de ce log. 25,00000

        On obtient ce nouveau log. 3,34020
qui correspond, comme à la solution précédente,
à $2188 + \frac{15}{20}$mes ou 2188,75, qui est le log. cherché, plus 25 zéros qu'il faut mettre à la droite
des entiers du nombre obtenu, pour lui rendre
sa valeur primitive ; ce qui donne pour le log.
28,34020 obtenu, le nombre 2188,75 +
23 zéros ; or, d'après l'énoncé de ce principe,

on a 2188750000000000000000000000 fr.,
pour le capital obtenu (nombre rond). Ainsi,
d'après l'énoncé du problème, il faut un milliard de francs pour la rançon de chaque âme
dont le corps n'est pas mort en état de sainteté.

On demande combien d'âmes auront besoin de
participer à cet immense trésor? Pour répondre
à cette question, il suffit de retrancher 9 zéros
du total (c'est diviser ce nombre par un milliard) : on aura le nombre d'âmes cherché, qui
est de 2188750000000000000 âmes, qu'il faut
lire 21 quintillions 887 quatrillions et 500 trillions. Ce nombre d'âmes nous paraît exagéré au
premier abord ; mais qu'on ne s'y trompe pas,
car c'est un fait d'expérience qu'aujourd'hui,
demain, après-demain, et ainsi de suite jusqu'à
la fin des temps, quatre-vingt mille personnes
tombent et tomberont moissonnées par les coups
de la mort!..., comparaissent et comparaî-
tront au redoutable tribunal de Dieu!... De ces
80 mille personnes qui trépassent chaque jour
de l'année, 79 mille ont besoin de participer à
cet immense trésor qui est la miséricorde infinie
de Dieu!...

Remarque.—L'usage des logarithmes conduit

donc à un genre particulier d'opérations indispensables pour la résolution de certaines questions qu'on ne pourrait définir par la méthode ordinaire de l'arithmétique.

FIN DE LA PREMIÈRE PARTIE DES SOLUTIONS LOGARITHMIQUES.

APPENDICE

Sur les logarithmes correspondant aux
fractions décimales, et règle sur les annuités et
les amortissements ou tontines.

SECTION 25ᵉ.

Usage des logarithmes pour les fractions
décimales.

149ᵉ SOLUTION. — *Soit proposé de multiplier*
1000 unités par 0,025 millièmes.

Opération par l'arithmétique.

$1000 \times 0{,}025 = 25$ unités.

Pour effectuer cette opération et les autres
semblables par l'application des logarithmes,
il suffit de prendre le log. de 1,000 qui $= 3$
unités $+$ le log. de 0,025 millièmes qui $=$
1,39794 — 3 unités ; l'addition faite de ces deux

log., on a pour log. total apparent 4,39794 — 3
= 1,39794, qui correspond au nombre 25 unités.
Comme le log. du multiplicateur 0,25 est mille
fois trop fort, il faut retrancher 3 unités du
total, ce qui donne la valeur réelle du log.
obtenu.

Opération logarithmique.

$$\begin{array}{l}
\text{Le log. de 1000} = \text{log. } 3,00000 \\
+ \text{ le logarithme de 0,025 qui} = \text{log. } 1,39794\text{--}3 \\
\hline
\text{Total apparent du log. } 4,39794\text{—}3 = \\
\hline
\text{définitivement le log. } 1,39794
\end{array}$$

qui correspond à 25 unités. Même résultat que
par l'arithmétique.

150e SOLUTION. — *On demande le produit de
7/8 multiplié par 3/8.*

Ces fractions ordinaires reviennent à 0,875
et 0,375 millièmes, lesquels, étant multipliés,
donnent 0,328 millièmes pour le produit.

Opération par l'arithmétique.

$$0,875 \times 0,375 = 0,328125 \text{ millionnièmes.}$$

Opération logarithmique.

7/8 = 0,875 et 3/8 = 0,375.

Pour effectuer cette opération au moyen des logarithmes,

On prend le log. de 0,875 qui = log. 0,94201—1
+ le logarithme de 0,375 qui = log. 0,57403—1
____
Total apparent du log. 1,51604—2 un.

correspondant à 32,81 centièmes ; divisés par 100, on obtient $\frac{32,81}{100}$ = 0,328 millièmes pour le résultat.

Remarque. — Comme le log. total des deux facteurs décimaux de cette multiplication est de log. 1,51604, le résultat correspondant est 100 fois trop grand ; pour donner à ce produit sa valeur réelle, il faut le diviser par 100, ou faire remonter la virgule de deux chiffres vers la gauche, ce qui donne 0,328 millièmes, au lieu de 32,81 centièm. Si le premier chiffre à la droite de la virgule des deux facteurs décimaux était des centièm., le nombre correspondant au log. donné serait encore 100 fois trop grand ; il faudrait encore faire remonter la virgule de deux chiffres vers la gauche, ce qui donnerait 0,00328 cent-millièmes pour le nombre correspondant au

log. donné, au lieu de 0,328 millièmes. Et ainsi
de suite pour les autres nombres décimaux correspondant aux log. proposés.

Ainsi, par le système logarithmique, additionner, c'est multiplier, quelles que soient la
grandeur du multiplicande et celle du multiplicateur.

Des raisonnements analogues à ceux-ci conduiront à la solution des problèmes de ce genre.

SECTION 26e.

*Usage des logarithmes pour la division
des fractions décimales.*

151e SOLUTION. — *On propose de diviser
10 unités par 0,025 centièmes.*

Opération par l'arithmétique.

$\frac{10}{025}$ = 40 unités pour le résultat cherché.

Pour résoudre ce problème et les autres semblables par l'application des logarithmes, on
ajoute 1, 2 ou 3 unités, etc., au log. additif. On
effectue l'opération comme à l'ordinaire.

Opération logarithmique par la soustraction.

De cette préparation : $\frac{10}{0,25}$,

On prend le log. de 10 qui $=$ log. 1 $+$ 2 $=$ log. 3,00000

—log. de 0,25 centièmes ou 25 unités qui $=$ log. 1,39794

Il reste définitivement le log. 1,60206

qui correspond à 40 unités. Même résultat que le précédent.

152e SOLUTION. — *Un cordier a vendu pour 17 fr. 15 cent de ficelle à 0,035 millièmes le mètre : combien de mètres en a-t-il vendu ?*

On prépare cette opération en mettant un zéro à la suite du dividende 17,15, pour lui donner autant de chiffres décimaux qu'en a le diviseur 0,035 ; ensuite on fait abstraction de la virgule, et on divise comme à l'ordinaire.

Opération figurée par le princ. de l'arithm.

$\frac{17150}{35} =$ 490 mètres, pour le résultat de l'opération, qui est le quotient de la division.

Opération logarithmique par la soustraction.

De ce qui précède, on a cette préparation :
$\frac{17150}{35}$.

On prend le log. de 17150 qui $=$ log. 4,23426

— le log. de 35 qui $=$ log. 1,54407; soustraction faite, il reste pour logarithme 2,69019

qui correspond à 490 mèt., à un cent-millième près.

Opération logarith. en prenant le compl. arith.

Il suffit de prendre le log de 17150 qui $=$ log. 4,23426

+ le compl. arith. du log. de 35 qui $=$ log. 8,45593

Total apparent du log. 12,69019—10

unités.   Il reste définitivement le log. 2,69019

qui correspond au nombre 490 mètres. Même résultat que les précédents. (Voy. la 15e solution, page 37.)

Remarque. — Par le système logarithmique, soustraire ou additionner en prenant le complément arithmétique du ou des logarithmes soustractifs (ce qui revient au même), c'est diviser ; ainsi, par l'arithmétique, lorsqu'on divise un nombre quelconque par un nombre quelconque, le nombre à diviser se nomme *dividende*, le nombre par lequel on divise le dividende se nomme *diviseur*, et le résultat de l'opération se nomme *quotient*. De là, on voit que plus le

dividende est grand , le diviseur restant le
même, plus le quotient est grand; par la même
raison, on voit que plus le diviseur est petit, le
dividende restant le même, plus le quotient est
grand, et plus le dividende est petit, le diviseur
restant le même, plus le quotient est petit. A
cet effet, quand le logarithme soustractif est
plus grand que le logarithme additif, on ajoute
une, deux ou trois unités, etc., au log. additif,
puis on divise le résultat de l'opération par 10,
par 100 ou par 1000, etc.; ou, ce qui revient
au même, on fait remonter la virgule du susdit
quotient de 1, 2 ou 3 chiffres, etc., vers la
gauche. Par ce moyen, on obtient un résultat
réel et aussi exact que par le principe ordinaire
de la division par l'arithmétique. Ainsi, d'après
le principe de l'arithmétique, qui précéde les
opérations logarithmiques, les calculateurs et les
calculatrices comprendront facilement le principe
du mécanisme du système logarithmique.

153e SOLUTION. — *Soit proposé de trouver le
quotient de 0,045 millièmes divisés par 50
unités.*

Pour résoudre ce problème par l'arithmétique,
il faut mettre trois zéros à la droite du divi-

seur 50, faire abstraction de la virgule du dividende 0,045, effectuer la division en posant
quatre zéros au quotient, et séparer le premier
à gauche par une virgule, avant de diviser le
dividende par le diviseur.

Opération figurée par l'arithmétique.

$\dfrac{0,045}{50}$ revient à $\dfrac{+5}{50000} = 0,0009$ dix-millièmes
pour résultat de la division, qui est le quotient
cherché.

Opération logarithmique par la soustraction.

L'abstraction de la virgule du dividende étant
faite, on a 45 ; ainsi

On prend le log. de 45 qui $=$ log. 1,65321 $+$ 1 $=$ 2,65321

$-$ le log. de 50 qui $=$ log. 1,69897

La soustraction étant faite, il reste le log. 0,95424
qui correspond à $\dfrac{?}{10000}$, ou 0,0009. Même résultat que par l'arithmétique.

Opération logarithmique par l'addition.

Le log. de 0,045 revient à 450 $=$ log, 2,65321

$+$ le compl. arith. du log. de 50 qui $=$ log. 8,30103

Total apparent du log. 10,95424 $-$ 10

unités,   Il reste définitivement le log. 0,95424

qui correspond à $\frac{9}{10000}$ ou 0,0009 pour résultat logarithmique. Même résultat que les précédents.

Par le système logarithmique, le logarithme qui correspond au dividende se nomme logarithme additif, celui qui correspond au diviseur se nomme logarithme soustractif, et celui qui correspond au quotient se nomme logarithme différentiel ou résultat logarithmique.

Des raisonnements analogues à ceux-ci conduiront à la solution des problèmes de ce genre.

SECTION 27e.

Usage des logarithmes pour la règle sur les annuités, les amortissements et les tontines.

154e SOLUTION. — *Une rentière place, tous les ans, une somme de 1000 fr., dont elle laisse les intérêts s'accumuler. Le taux de la rente étant à 5 p. 0/0 par an, on demande ce que deviendra la somme totale des placements, au bout de 14 ans ou annuités.*

Pour résoudre ces sortes de règles par l'arithmétique, le calcul revient à élever 1,05 en autant de puissances qu'il y a d'annuités (ici

14 annuités), c'est-à-dire de 100 plus le taux de la rente, divisé par 100, à retrancher une unité de la puissance donnée, puis multiplier successivement le reste par 100 plus le taux de la rente (ici 5 p. 0/0) et par la somme annuelle; enfin, à diviser ce produit par le taux : on aura la somme des annuités avec les intérêts composés de toutes les annuités.

Opération figurée par le princ. de l'arithm.

$1,05 \times^{14} = 1,98 - 1 = 0,98$, lequel, étant multiplié par $105 \times 1,000 \times \frac{0,98}{5} =$ 20580 fr. pour la somme totale de 14 placements.

Pour effectuer cette opération par l'application des log., on prend 14 fois le log. de 1,05, puis on cherche le nombre correspondant à ce log., on le diminue d'une unité, puis on prend le log. de ce nombre étant diminué d'une unité, ensuite le log. de 105, plus celui de 1,000; l'addition faite de ces trois log., on en soustrait celui du taux : on obtient un log. différentiel qui correspond au nombre demandé, qui est la somme cherchée.

Opération logarithmique par la soustraction.

D'après l'énoncé de la formule donnée en tête du problème, on prend 14 fois le log. de 1,05, qui $=$ log. 0,29666, qui correspond au nombre 1,98, lequel, diminué de 1,

Il reste 0,98; le log. de 0,98 $=$ log. 0,99123—1

$$— 1$$

$+$ le log. de 105 $+$ celui de 1000 $=$ log. 5,02119

L'addition faite, on a pour numérateur log. 5,01242 — le log. du taux 5 p. 0/0 ou dénominat $=$ log. 0,69897 soustraction faite, il reste finalement le log. 4,31345

qui correspond à 20580 fr. pour la somme totale des 14 annuités, de 1,000 fr. chacune.

Pour effectuer cette opération et les autres semblables par une addition, il faut prendre le complément arithmétique du log. du taux et retrancher 10 unités du total. On obtient un log. différentiel qui correspond au nombre cherché.

Remarque. — Quand l'on prend le log. d'une fraction décimale dont le premier chiffre à gauche est de l'ordre des dixièmes, on retranche une unité du log. total, et 2 pour les centièmes, et ainsi des autres.

Opération logarith. en pren. le compl. arithm.

14 fois le logarithme de 1,05 $=$ logarithme 0,29666 correspondant au nomb. 1,98 — 1 $=$ 0,98 $=$ log. 0,99123 —1

$+$ le log. de 105 $+$ celui de 1000 $=$ log. 5,02119 —1

$+$ le compl. arith du log. du taux 5 $=$ log. 9,30103

Total apparent du log. 14,31345 —

10 unités.   Il reste définitivement le log. 4,31345
correspondant à 20580 fr. Même résultat que les précédents.

155e Solution. — *Un père prévoyant, désirant faire une belle dot à sa fille, place, chaque année, une somme de 1000 fr. pendant 25 ans, au taux de 5 p. 0/0 par an. On demande la valeur de toutes ces sommes au bout de ce laps de temps, capitaux et intérêts composés compris.*

Pour effectuer cette opération par l'arithmétique et au moyen des logarithmes, on opère comme à la solut. précédente. (Voy. la 154e sol., page 293).

Opération figurée par le princ. de l'arithm.

$$1,05 \times ^{25} = 3,3865 — 1 = 2,3865, \text{ lequel,}$$

étant multiplié par 105 et par 1000, et divisé par le taux, on a $2,3865 \times 105 \times 1000 = \frac{210582,50}{5}$ $= 50116,50$ qu'on doit lire : 50,116 fr. 50 cent. pour la somme totale des 25 annuités, y compris les intérêts composés.

Opération log. en prenant le compl. arithm.

Le log. de $1,05 = $ log. $0,02119 \times 25 = $ log. $0,52975$, qui correspond au nomb. 3,3865,

Lequel, diminué de 1 $= 2,3865$, a pour log. $0,37776$

$+$ le log. de 105 $+$ celui de 10000 $=$ log. $5,02119$

$+$ le compl arith. du log. du taux 5 $=$ log $9,30103$

Total apparent du log. $14,69998 - 10$ unités.   Il reste définitivement le log. $4,69998$

qui correspond à 50,116 fr. 50 cent. Même résultat que par l'arithmétique et que par la soustraction.

156e SOLUTION. — Par le principe des deux solutions précédentes, on a obtenu le total des annuités, en multipliant la somme annuelle par un certain nombre, et réciproquement, pour trouver la valeur des annuités, il faudra diviser le résultat de toutes les annuités par le même nombre.

13*

D'après cet énoncé, on désire trouver ce qu'il faudra placer annuellement, pendant 10 ans, à 5 p. 0/0 par an, pour produire un capital de 10000 fr., y compris les intérêts accumulés.

Pour résoudre ce problème et les autres semblables par l'arithmétique, il faut élever 1,05 à sa dixième puissance, diminuer le produit d'une unité et multiplier le reste par 105, ensuite diviser le capital 10,000 fr. étant multiplié par le taux de l'intérêt 5 p. 0/0. Par cette méthode, on obtiendra la valeur de chaque annuité.

Opération figurée par le princ. de l'arithm.

$$1,05 \times {}^{10} = 1,62889 - 1 = 0,62889 \times 105 = 66,03345 \text{; ensuite } 10000 \times 5 = \frac{50000}{66,03345} = 757 \text{ fr. } 20 \text{ cent.}$$

D'après l'opération, on voit que chaque annuité est de 757 fr. 20 cent. pour produire un capital de 10000 fr. au bout de 10 ans, capitaux et intérêts compris.

On peut effectuer cette longue opération, par l'application des logarithmes, par deux additions, savoir :

On prend 10 fois le log. de 1,05 qui correspond. au nombre
1,62889, lequel diminué de 1 = 0,62889, a pour log. 8,79857
— 1 unité ╅ le logarithme de 105 qui = log. 2,02119

L'addition faite de ces deux log. 1,81976
on obtient le log. 1,81976 pour le log. soustractif; ensuite on prend le log. du capital
10000 ╅ celui du taux de l'intérêt 5 p. 0/0,
qui = log. 4,69897; enfin, prenant le complément arithmétique du log. 1,81976 soustractif
et l'additionnant avec le log. 4,69897 additif,
retranchant 10 unités du log. total, on obtient
un log. différentiel qui correspond à l'annuité
cherchée.

Opération logarith. en prenant le compl. arit.

10 fois le log. de 1,05 = log. 0,21190 correspondant au nombre 1,62889 — 1 = 0,62889,
Ensuite on prend le log. de ce nomb. 0,62889 = log. 0,79857

╅ le log. de 1,05 qui = log. 2,02119

Total du log. soustractif ou dénominateur, log. 1,81976
Passons au log. additif ou numérateur logarithmique.

Le log. de 1000 fr. ╅ celui de 5 = log. 4,69897
╅ compl. arith. du log. de 1,81976 = log. 8,18024

Total apparent du log. 12,87921 —
10 unités. Il reste définitivement le log. 2,87921

qui correspond à 757 fr. 20 cent. pour l'annuité demandée. Même résultat que par l'arithm.

Pour faire la preuve de cette opération par l'arithmétique et par l'application des log., il faut opérer comme à la solution 154, page 293, c'est-à-dire qu'il faut élever 1,05 à sa 10e puissance et retrancher une unité du produit, puis multiplier le reste par 105 et par l'annuité 757,20, enfin diviser le produit par le taux de l'intérêt 5 p. 0/0; on obtiendra le capital cherché.

Opération figurée par le principe de l'arithm.

$1,05 \times {}^{10}$ puissance $= 1,62889 - 1 = 0.62889 \times 105 = 66,03345 \times 757,20 = \frac{50000}{5} = 10000$ fr. pour le capital demandé.

Au moyen des logarithmes, on peut effectuer cette opération par une seule addition, en prenant le compl. arithmét. du taux de l'intérêt, qui est le log. soustractif.

Opération logarith. en prenant le compl. arith.

10 fois le log. de 1,05 $=$ log. 0,21190; ce log. correspond au nombre 1,62889; ce nombre,

étant diminué d'une unité, $=$ 0,62889 cent-millièmes.

Donc le log. du nombre 0,62889 $=$ log. 0,79857 — 1

$+$ le log de 10_5 $+$ celui de 757,20 $=$ log. 4,90040

$+$ le compl. arithmétique du log. de 5 $=$ log. 9,30103

Total apparent du log. 14,00000 —

10 unités.   Il reste définitivement le log. 4,00000

qui correspond à un capital de 10,000 fr., qui est le capital cherché. Même résultat que par l'arithmétique.

157e Solution. — *Un négociant a fait un emprunt de 100000 fr. à un de ses commettants, pour compléter sa cargaison, destinée au Brésil; au bout d'un mois, le pauvre négociant apprend que son vaisseau et sa cargaison ont été incendiés par la foudre durant une tempête orageuse. Ainsi ce négociant, de l'opulence tombe tout d'un coup dans le domaine de l'indigence; il ne lui reste plus, pour toute fortune, que la probité et ses talents. Il se rend chez son commettant pour lui apprendre cette triste nouvelle, et le rassure en lui disant qu'il a trouvé un moyen de lui rendre les 100000 fr. qu'il lui a prêtés. — « Quel est ce moyen? » lui de-*

mande le commettant. — « Le voici : Je m'engage à gérer votre commerce moyennant les appointements dont nous conviendrons amicalement ; je vous laisserai tous les ans 1000 fr. de mes appointements pour éteindre la dette que je vous dois. A cet effet, vous fonderez une espèce de caisse d'amortissement d'un pour 100, c'est-à-dire que, chaque année, je placerai 1000 fr. à intérêts composés, à 5 p. 0/0 par an, et cette annuité de 1,000 fr. s'appellera la dotation de la caisse d'amortissement.. » D'après cela, on désire savoir en combien d'années le fonds de l'amortissement sera égal au capital de la dette.

Pour répondre à cette question au moyen des logarithmes, il faut d'abord diviser la dette par la dotation, ensuite multiplier le quotient par le taux de l'intérêt (ici 5 p. 0/0), puis diviser par 100 + le taux = 105, et ajouter une unité à ce résultat, en prendre le log., que l'on divisera par le log. de 1 + le centième du taux, c'est-à-dire par le log. de 1,05. En d'autres termes, pour effectuer cette opération par une addition, il faut considérer, pour un instant, ces deux log. comme nombres, en prendre le log., puis prendre le compl. arithmét. du log. soustractif, enfin retrancher 10 unités du log. total ; on obtiendra un log. différentiel qui correspond au laps de temps cherché.

Opération préparatoire et logarith. en prenant le compl. arith.

La dette 100000 fr. $= 100 \times 5 = 500$; donc L'annuité 1000 fr.

$\frac{500}{105} = 4,7619 + 1 = 5,7619$; ce nombre correspond au log. 0,76056, et le log. 1,05 $=$ $= 0,02119$, qui est le log. soustractif. Considérons, pour un instant, ces deux log. comme nombres,

Nous aurons le log. de 76056 $=$ log 4,88113
$+$ compl. arith. du log. de 2119 qui $=$ log. 6,67387

Total apparent du log. 11,55500 —
10 unités. Il reste définitivement le log. 1,55500

qui correspond à 35 ans 9 dixièmes, ou 35 ans 10 mois et 24 jours environ ; c'est donc au bout de 35 ans 10 mois et 24 jours que le négociant pourra acquitter sa dette de 100000 fr., en donnant 1000 fr. par an à son commettant ou créancier.

Opération figurée par le principe de l'arithm.

D'après la méthode précédente, on a $\frac{100000}{1000} = 100$; donc $100 \times 5 = \frac{500}{105} = 4,7619 + 1 = \frac{5,7619}{0,16005} = 35,9$. Ce nombre est l'équivalent de 35 ans 10 mois et 24 jours. Même résultat que le précédent.

On peut vérifier l'exactitude de cette méthode par une preuve donnée sur le principe de la 154e solut., page 293, pour trouver le montant de la dette par le nombre des annuités trouvées dans cette opération.

158e Solution. — *Supposons que ce négociant place tous les ans, chez son commettant, une somme de 1000 fr., dont il laisse les intérêts s'accumuler; le taux de l'intérêt étant à 5 p. 0/0 par an, on désire savoir ce que deviendra la somme totale des placements, au bout de 35 ans et 9 dixièmes d'année.*

Ce calcul revient à élever 1,05 à sa 35e.9 puissance, c'est-à-dire de 100 + le taux, divisé par 100, à retrancher une unité de cette puissance, puis à multiplier successivement le reste par 100 + le taux, et par la somme annuelle, enfin à diviser le produit par le taux (5).

Opération figurée par le principe de l'arithm.

$$1,05 \times 35,9^e \text{ puissance} = 5,7619 - 1 = 4,7619$$
$$\times 105 = 499,9995 \times 1000 = \frac{500000}{5} = 100000$$

francs pour le capital cherché, y compris les intérêts accumulés.

Opération logarith. par la soustraction.

Le véritable log. de 1,05 $=$ log. $0,02118\,\frac{5}{7}$ et 35,9 fois le log. $0,02118\,\frac{5}{7}$ $=$ log. 0,76061, qui $=$ le nombre 5,762 $-$ 1 $=$ 4,762.

          Ce nombre a pour log. 0,67779
$+$ le log. de 105 $+$ celui de 1000 fr. $=$ log. 5.02119

          Total du log additif, log. 5,69898 ou numérateur — le log. du taux 5 p. 0/0 $=$ log. 0,69897 ou dénominateur; soustraction faite, il reste log. 5,00001

correspondant, par conséquent, au capital 100000 fr.

On voit, par cette opération logarithmique, qu'on obtient le même résultat que par l'arithmétique.

Pour effectuer ces opérations par une seule addition, il suffit de prendre le complément arithmétique du log. soustractif ou dénomina-

teur, faire l'addition de tous les log. obtenus,
sauf à retrancher 10 unités de la caractéristique
du log. total (Voy. la 15e solution, page 37),
20 unités quand il y a deux log. soustractifs, et
30 quand il y en a 3, etc., et 100 unités,
lorsqu'il y a deux chiffres significatifs à la caractéristique du log. soustractif. (Voyez la 50e
solution, page 117, et la seconde opération logarithmique de la 131e solut., page 258.)

Preuve de l'opération précédente par une
seule addition.

Opér. logar. en prenant le compl. arith.

Le log. de $1,05 = $ log. $0,02118 \frac{5}{7} \times 35,9$
$= $ log. $0,76061$, qui correspond au nombre
$5,762 - 1 = 4,762$.

Ensuite on prend le l. de ce nomb. 4,762 qui $=$ log. 0,67779

$+$ le log. de 105 $+$ celui de 1000 fr. qui $=$ log. 5,02119

$+$ compl. arith. du log. du taux 5 qui $=$ log 9,30103

Total apparent du log. 15,00001

$-$ 10 unités.   Il reste définitivement le log. 5,00001
qui correspond au nombre 100000 fr., qui est
le capital cherché. Même résultat que les précédents.

Ainsi, d'après le résultat logarithmique de

cette opération effectuée sur le principe de la 154e solution, page 293, on voit que l'opération logarithmique de la 157e solution, page 301, est exacte.

Des raisonnements analogues à ceux ci conduiront à la solution des problèmes de ce genre.

159e SOLUTION. — Sur les rentes viagères.

On évalue la somme ou le prix des rentes viagères suivant l'âge des rentiers. D'après la table de mortalité, une personne de 36 ans a l'espérance de vivre encore 25 ans, d'où il suit qu'une rente annuelle placée sur sa tête vaut autant qu'un capital qui lui rapporterait cette même rente.

D'après cette donnée, on demande le montant de la somme qu'il faut verser de suite pour recevoir 25000 fr. de rente pendant 25 ans, le taux des intérêts étant à 5 p. 0/0 par an.

Pour résoudre ce problème par l'arithmétique, il faut multiplier la rente annuelle par cent et diviser le produit par le taux de la rente (ici 5); ensuite il faut élever 1,05 à sa 25e puissance, diviser le quotient par cette puissance, et

en soustraire le quotient du premier quotient ;
le reste donnera le prix de la rente ou le montant de la somme à verser de suite pour recevoir 25,000 fr. de rente pendant 25 ans.

Opération figurée par l'arith.

$$1,05 \times {}^{25} = 3,3865 ; 25000 \times 100 =$$

$$\frac{2500000}{5} = \frac{500000}{3,3865} = 147645 \text{ francs à soustraire}$$

du premier quotient 500000 ; il reste 352355 fr.

$$\frac{147645}{352355}$$

pour le prix de la rente viagère.

Une personne qui n'aurait des fonds que pour
recevoir 2500 fr. de rentes viagères, ne donnerait que 35,235 fr. 50 cent.; de même pour une
autre personne qui n'aurait des fonds dispo-
nibles que pour recevoir 250 fr. de rentes viagères pendant 25 ans au même taux 5 p. 0/0
par an, ne donnerait que 3523 fr. 55 cent.

Pour effectuer cette opération par l'application des logarithmes, on prend le log. de la
rente, plus deux unités à sa caractéristique ; on
en soustrait le log. du taux de la rente ou des
intérêts (ici 5), puis on cherche le nombre correspondant à ce reste. D'après cela, on prend 25

fois le log. de 1,05, qui est le log. du taux ;
on le soustrait du premier reste trouvé, on en
cherche le nombre correspondant, et on le soustrait du premier nombre trouvé. Ce reste donne
le prix de la rente annuelle ou la somme totale
à donner pour recevoir 25000 fr. pendant 25
ans.

Opération logarithmique par la soustraction.

Le log. de 25000 fr. $+$ 2 unit. $=$ log.6,39794
Soustrac. faite du log.du taux 5$=$ log.0,69897

$\qquad$ log.5,69897$=$500000 fr.

—lel.de 1,05$=$log.0,02119$\times$25$=$log.0,52975

$\qquad$ log 5,16922$=$147645 fr.

$\qquad$ Total de la somme à donner de suite 352355 fr.

pour recevoir 25000 fr. de rente par an pendant 25 ans.

Pour recevoir 2500 fr. de rente au même
taux 5 0/0 et pour le même laps de temps, on
donnerait 35235 fr. 50 c. De même, pour recevoir 250 fr. de rente annuelle pendant 25
ans, à 5 p. 0/0 par an, on n'aurait à donner
que 3523 fr. 55 c.

Opération logarithmique par une addition.

Le log. de 25000 fr. $+$ 2 $=$ log. 6,39794 $+$ le log. du taux
5 p. 0/0$=$l. 0,69897; le compl. $=$ 9,30103 arith.

        Total apparent du log. 15,69897 — 10 unités.

    Il reste définitivement le log. 5,69897 corresp. à 500000 f.
$+$ le compl. arith. de 25 fois
      le log. de 1,05 $=$ log. 9,47025

       Total apparent du log. 15,16922 — 10 unités.

Il reste définitivement le log. 5,16922 qui correspond au
nombre 147645 fr.
Soustraction faite du premier nombre 500000 fr.
$$\underline{147645 \text{ fr.}}$$
$$352355 \text{ fr.}$$

il reste 352355 fr. pour la somme totale à donner de suite pour recevoir 25000 fr. annuellement pendant 25 ans. Même résultat que le
précédent.

Remarque.—On opérerait de la même manière sur les nombres plus ou moins grands;
ainsi, pour recevoir 2500 fr. de rente annuelle
pendant 25 ans, on aurait à donner 35235 fr.
50 c. à 5 0/0 par an, et pour 250 fr., pendant
le même laps de temps et au même taux, on
aurait à donner 3523 fr. 55 c. (Voy. la 15ᵉ sol.,
page 37, qui traite des compléments arithmétiques.)

160ᵉ Solution. — *Manière d'apprécier avec une extrême célérité la valeur des grands nombres.*

Pour arriver à ce résultat, il faut partager le nombre proposé par tranches de trois chiffres de droite à gauche, et cela par la pensée, qui est rapide comme l'éclair, parcourant 31 mille myriamètres par seconde.

Tableau synoptique de numération.

$$\begin{array}{ccccccc}
34^{me} & 33^{me} & 32^{me} & 31^{me} & 30^{me} & 29^{me} & 28^{me}
\end{array}$$

Nombre 867. 580. 000. 000. 000. 000. 000.

$$\begin{array}{ccccccccc}
27^{me} & 26^{me} & 25^{me} & 24^{me} & 23^{me} & 22^{me} & 21^{me} & 20^{me} & 19^{me}
\end{array}$$

000. 000. 000. 000. 000. 000. 000. 000. 000.

$$\begin{array}{ccccccccc}
18^{me} & 17^{me} & 16^{me} & 15^{me} & 14^{me} & 13^{me} & 12^{me} & 11^{me} & 10^{me}
\end{array}$$

000. 000. 000. 000. 000. 000. 000. 000. 000.

$$\begin{array}{cccccccc}
9^{me} & 8^{me} & 7^{me} & 6^{me} & 5^{me} & 4^{me} & 3^{me} & 2^{me}
\end{array}$$

000. 000. 000. 000. 000. 000. 000. 000.

1ʳᵉ tranche à gauche du nombre.

000. fin du nombre.

D'après l'inspection de ce tableau de numération, on doit lire pour la première tranche à partir de la droite : *centaines* (quand ce sont des chiffres significatifs, on dit : *centaines d'unités*); pour la deuxième tranche, on dit : *centaines de mille;* pour la troisième tranche, on doit lire : *centaines de millions;* pour la 4ᵉ :

centaines de billions ou milliards; pour la 5e :
centaines de trillions ; pour la 6e : *centaines dé
quatrillions ;* pour la 7e : *centaines de quintillions;* pour la 8e : *centaines de sextillions;* pour
la 9e : *centaines de septillions;* pour la 10e :
centaines d'octillions; pour la 11e : *centaines de
nonillions;* pour la 12e : *centaines de décillions;*
pour la 13e : *centaines d'ondécillions;* pour la
14e : *centaines de duodécillions;* pour la 15e :
centaines de trixillions; pour la 16e : *centaines
de quatridécillions;* pour la 17e : *centaines de
quintidécillions;* pour la 18e : *centaines de
sextidécillions;* pour la 19e, *centaines de septi-
décillions;* pour la 20e : *centaines de octidécil-
lions ;* pour la 21e : *centaines de nonidécillions;*
pour la 22e: *centaines de vécécillions;* pour
la 23e : *centaines d'onvécécillions ;* pour la 24e :
centaines de duovécécillions ; pour la 25e :
centaines de trivécécillions ; pour la 26e : *centaines de quatrivécécillions ;* pour la 27e : *centaines de quintivécécillions ;* pour la 28e : *centaines de sextivécécillions ;* pour la 29e : *centaines
de septivécécillions;* pour la 30e : *centaines d'on-
tivécécillions;* pour la 31e : *centaines de nonivé-
cécillions;* pour la 32e : *centaines de décivécécil·
lions;* pour la 33e : 580 *centaines d'ondécivécé-*

cillions; et pour la dernière et 34e tranche, on doit lire : 867 *centaines de duodécivécécillions.*

Ce nombre contient 102 chiffres significatifs.

On propose d'en déterminer le logarithme. Quel est ce logarithme?

161e SOLUTION.—Pour déterminer le log. de ce nombre, il faut : 1º considérer que le log. de l'unité est zéro ; 2º que le log. de 10 est 1, celui de 100 est 2, celui de 1000 est 3, et celui de 10000 est 4 unités à sa caractéristique ; d'après cela, on voit que le log. d'un nombre quelconque contient autant d'unités qu'il y a de chiffres significatifs à ce même nombre moins une unité. Comme ce nombre a 102 chiffres significatifs, la caractéristique de son log. doit avoir 101 unités. Ainsi, la question se réduit à en trouver la partie décimale. Or, il résulte de ce qui a été dit à l'introduction de cet ouvrage, page 11, que cette partie décimale est la même que si le nombre était fractionnaire, par cette préparation, qui consiste à séparer vers la droite du nombre proposé assez de chiffres pour que la partie à gauche se trouve dans la table. Pour faciliter l'opération, nous prendrons seulement le logarithme des deux premières tranches à

14

partir de la gauche : c'est faire, pour un instant, abstraction de 32 tranches de trois chiffres significatifs par tranche ou 96 chiffres significatifs ; de là, il nous reste à déterminer le log. du nombre 867580. Ce nombre dépasse encore la limite des tables de deux chiffres. Il faut encore faire abstraction de ces deux chiffres excédants, ce qui rend le nombre encore 100 fois moins grand. A cet effet, on ajoute 2 unités plus 96 unités = 98 à la caractéristique du logarithme des quatre premiers chiffres : cela donne au nombre proposé sa valeur primitive, comme on va le voir par l'effectuation de l'opération.

Opération logarithmique.

Du nombre 867580, abstraction faite de deux chiffres, il reste 8675,80 ; le logarithme de ce nombre = log. 3,93827 + 2 pour les 2 chiff., diff. $5 \times 0,80 = 0,00004 + 96$ pour les 96 chiff. retranc., log. 3,93831 + 98 un. qu'il faut ajouter au log. = 98,00000, cela fait pour le total du logarithm. 101.93831, correspondant au nombre de 102 chiffres significatifs. (Voy. la 2ᵉ sol., page 17, et la 3ᵉ sol., page 20, qui détermine le log. des nombres)

Dans la pratique, on opère de cette manière :

On trouve dans la table le log. du nombre 8675,80; retranchant 2 chiffres, il reste 8675,80 $=$ log. 3,93827

$+$ 2 et 96 unit. pour l'abst. faite $=$ log.98,00000

La différence tab. est 5 $\times$ 0,80 $=$ log. 0,00004

Total définitif de ce log. 101,93831

correspondant au nombre 867580, suivi de 96 zéros, ou 102 chiffres pour le nombre.

162e SOLUTION.—Un logarithme quelconque étant donné, on désire connaître le nombre qui lui correspond. Lorsque, pour effectuer certaines opérations arithmétiques, on emploie le secours des logarithmes, on parvient ordinairement à un résultat qui exprime le logarithme du nombre cherché; et il faut, au moyen de la table, déterminer à quel nombre correspond ce logarithme. Considérons le cas où la caractéristique du logarithme proposé est 101 unités, plus les décimales suivantes, qui $=$ log. 0,93831 ou le log. 101,93831 pour le log. proposé.

Veut-on, par exemple, déterminer le nombre qui correspond à ce logarithme 101,93831 ?

Pour obtenir ce résultat, on doit retrancher 98 unités de la caractéristique du log. proposé, ce qui revient à déterminer le nombre qui correspond à ce nouveau log. 3,93831. On cherche dans la table un log. qui en approche le plus près en moins : il est log. 3,93827 ; ce log. 3,93827 correspond au nombre 8675. Ce log. étant soustrait du nouveau log. proposé, il reste 4 pour la différence du nombre ou des deux log., qu'il faut diviser par la différence tabulaire, qui est 5. On a cette fraction ordinaire 4/5, équivalente à la fraction décimale 0,8, qu'on doit ajouter au nombre 8675 unités, ce qui donne 8675,8 correspondant au nouveau log. 3,93831. Comme on a retranché 98 unités de la caractéristique du log. proposé, on doit ajouter 97 zéros au nombre obtenu, qui est 86758 = log. 4,93831 + 97 = log. 101,93831 =86758 + 97 zéros pour le nombre.

Dans la pratique, on opère de cette manière : du log. 101,93831 — 98 = log. 3,93831, on cherche dans la table un logarith. 3,93827 = 8675 un. ; soustract. faite, il reste 0,00004 pour la différence des deux nombres, qu'il faut diviser par la différence tabulaire qui est 5, ce qui donne 4/5 ou 0,8 à ajouter au nombre 8675 qui correspond au log. 3,93827, et le log. 3,93831 correspond, par conséquent, au nombre 8675,8 $+$ 98 zéros pour les 98 unités qu'on a retranchées de la caractéristique du logarithme 101,93831 proposé, qui $=$ 102 chiffres. Ce qui donne enfin, pour le nombre correspondant à ce logarithme 101,93831,

le nombre : 867. 580. 000. 000. 000. 000. 000. 000. 000. 000. 000. 000. 000. 000. 000. 000. 000. 000. 000. 000. 000. 000. 000. 000. 000. 000. 000. 000. 000. 000. 000. 000. 000. 000. 000. 000. 000. 000. 000. 000.

000 unités, qu'il faut lire (d'après l'énoncé du tableau synoptique de numération, pages 311 et 313) : 867 duodécivécécillions et 580 ondé-civécécillions, correspondant, comme ci-devant, au log. 101,93831.

On voit, par cette définition et les précédentes, que l'emploi des logarithmes appliqué aux principes des calculs à effectuer par l'arithmétique, abrége considérablement les opérations.

FIN DE L'APPENDICE.

14*

SECONDE PARTIE

SECTION 28ᵉ.

La seconde partie contient 150 tables de logarithmes des nombres depuis 1 jusqu'à 9000.

Disposition des tables de logarithm. tabulaires.

Ces tables se composent de 9 colonnes verticales. La 1ʳᵉ de ces colonnes contient les nombres, indiqués par cette abréviation : *nomb*. La 2ᵉ colonne contient les logarithmes correspondants à chacun de ces nombres; elle est indiquée par cette abréviation : *Log.*, et la 3ᵉ contient les différences tabulaires, indiquées par cette abréviation : *d. t.* Il en est de même des 6 autres colonnes qui sont sur la même ligne horizontale. Les notations des différences tabulaires ne seront données qu'à partir du nombre 101, parce qu'il faut toujours au moins 2 ou 3 unités à la caractéristique d'un log. pour obtenir la détermination exacte d'un nombre, excepté les nombres 10, 100, 1000, etc., qui = log. 1, 2, 3, etc. Ces unités s'appellent *caractéristiques*.

1 nomb.	2 Log.	3 d.t.	4 nomb.	5 Log.	6 d.t.	7 nomb.	8 Log.	9 d.t.
1	0,00000	»	21	1,32222	»	41	1,61278	»
2	0,30103	»	22	1,34242	»	42	1,62325	»
3	0,47712	»	23	1,36173	»	43	1,63347	»
4	0,60206	»	24	1,38021	»	44	1,64345	»
5	0,69897	»	25	1,39794	»	45	1,65321	»
6	0,77815	»	26	1,41497	»	46	1,66276	»
7	0,84510	»	27	1,43136	»	47	1,67210	»
8	0,90309	»	28	1,44716	»	48	1,68124	»
9	0,95424	»	29	1,46240	»	49	1,69020	»
10	1,00000	»	30	1,47712	»	50	1,69897	»
11	1,04139	»	31	1,49136	»	51	1,70757	»
12	1,07918	»	32	1,50515	»	52	1,71600	»
13	1,11394	»	33	1,51851	»	53	1,72428	»
14	1,14613	»	34	1,53148	»	54	1,73239	»
15	1,17609	»	35	1,54407	»	55	1,74036	»
16	1,20412	»	36	1,55630	»	56	1,74819	»
17	1,23045	»	37	1,56820	»	57	1,75587	»
18	1,25527	»	38	1,57978	»	58	1,76343	»
19	1,27875	»	39	1,59106	»	59	1,77085	»
20	1,30103	»	40	1,60206	»	60	1,77815	»

1 nomb.	2 Log.	3 d.t.	4 nomb	5 Log.	6 d.t.	7 nomb	8 Log.	9 d.t.
61	1,78533	»	81	1,90849	»	101	2,00432	428
62	1,79239	»	82	1,91381	»	102	2,00860	424
63	1,79934	»	83	1,91908	»	103	2,01284	419
64	1,80618	»	84	1,92428	»	104	2,01703	416
65	1,81291	»	85	1,92942	»	105	2,02119	412
66	1,81954	»	86	1,93450	»	106	2,02531	407
67	1,82607	»	87	1,93952	»	107	2,02938	404
68	1,83251	»	88	1,94448	»	108	2,03342	401
69	1,83885	»	89	1,94939	»	109	2,03743	396
70	1,84510	»	90	1,95424	»	110	2,04139	393
71	1,85126	»	91	1,95904	»	111	2,04532	390
72	1,85733	»	92	1,96379	»	112	2,04922	386
73	1,86332	»	93	1,96848	»	113	2,05308	382
74	1,86923	»	94	1,97313	»	114	2,05690	380
75	1,87506	»	95	1,97772	»	115	2,06070	376
76	1,88081	»	96	1,98227	»	116	2,06446	373
77	1,88649	»	97	1,98677	»	117	2,06819	369
78	1,89209	»	98	1,99123	»	118	2,07188	367
79	1,89763	»	99	1,99564	»	119	2,07555	363
80	1,90309	»	100	2,00000	»	120	2,07918	361

1	2	3	4	5	6	7	8	9
nomb.	Log.	d.t.	nomb	Log.	d.t.	nomb.	Log.	d.t.
121	2,08279	357	141	2,14922	307	161	2,20683	269
122	2,08636	355	142	2,15229	305	162	2,20952	267
123	2,08991	351	143	2,15534	302	163	2,21219	265
124	2,09342	349	144	2,15836	301	164	2,21484	264
125	2,09691	346	145	2,16137	298	165	2,21748	263
126	2,10037	343	146	2,16435	297	166	2,22011	261
127	2,10380	341	147	2,16732	294	167	2,22272	259
128	2,10721	338	148	2,17026	293	168	2,22531	258
129	2,11059	335	149	2,17319	290	169	2,22789	256
130	2,11394	333	150	2,17609	288	170	2,23045	255
131	2,11727	330	151	2,17898	286	171	2,23300	253
132	2,12057	328	152	2,18184	285	172	2,23553	252
133	2,12385	325	153	2,18469	283	173	2,23805	250
134	2,12710	323	154	2,18752	281	174	2,24055	249
135	2,13033	321	155	2,19033	279	175	2,24304	247
136	2,13354	318	156	2,19312	278	176	2,24551	246
137	2,13672	316	157	2,19590	276	177	2,24797	245
138	2,13988	313	158	2,19866	274	178	2,25042	243
139	2,14301	312	159	2,20140	272	179	2,25285	242
140	2,14613	309	160	2,20412	271	180	2,25527	241

1	2	3	4	5	6	7	8	9
nomb.	Log.	d.t.	nomb.	Log.	d.t.	nomb	Log.	d.t.
181	2,25768	239	201	2,30320	215	221	2,34439	196
182	2,26007	238	202	2,30535	215	222	2,34635	195
183	2,26245	237	203	2,30750	213	223	2,34830	195
184	2,26482	235	204	2,30963	212	224	2,35025	193
185	2,26717	234	205	2,31175	212	225	2,35218	193
186	2,26951	233	206	2,31387	210	226	2,35411	192
187	2,27184	232	207	2,31597	209	227	2,35603	190
188	2,27416	230	208	2,31806	209	228	2,35793	191
189	2,27646	229	209	2,32015	207	229	2,35984	189
190	2,27875	228	210	2,32222	206	230	2,36173	188
191	2,28103	227	211	2,32428	206	231	2,36361	188
192	2,28330	226	212	2,32634	204	232	2,36549	187
193	2,28556	224	213	2,32838	203	233	2,36736	186
194	2,28780	223	214	2,33041	203	234	2,36922	185
195	2,29003	223	215	2,33244	201	235	2,37107	184
196	2,29226	221	216	2,33445	201	236	2,37291	184
197	2 29447	220	217	2,33646	200	237	2,37475	183
198	2,29667	218	218	2,33846	198	238	2,37658	182
199	2,29885	218	219	2 34044	198	239	2,37840	181
200	2,20103	217	220	2,34242	197	240	2,38021	181

1	2	3	4	5	6	7	8	9
nomb.	Log.	d.t.	nomb.	Log.	d.t.	nomb.	Log.	d.t.
241	2,38202	180	261	2,41664	166	281	2,44871	154
242	2,38382	179	262	2,41830	166	282	2,45025	154
243	2,38561	178	263	2,41996	164	283	2,45179	153
244	2,38739	178	264	2,42160	165	284	2,45332	152
245	2,38917	177	265	2,42325	163	285	2,45484	153
246	2,39094	176	266	2,42488	163	286	2,45637	151
247	2,39270	175	267	2,42651	162	287	2,45788	151
248	2,39445	175	268	2,42813	162	288	2,45939	151
249	2,39620	174	269	2,42975	161	289	2,46090	150
250	2,39794	173	270	2,43136	161	290	2,46240	149
251	2,39967	173	271	2,43297	160	291	2,46389	149
252	2,40140	172	272	2,43457	159	292	2,46538	149
253	2,40312	171	273	2,43616	159	293	2,46687	148
254	2,40483	171	274	2,43775	158	294	2,46835	147
255	2,40654	170	275	2,43933	158	295	2,46982	147
256	2,40824	169	276	2,44091	157	296	2,47129	147
257	2,40993	169	277	2,44248	156	297	2,47276	146
258	2,41162	168	278	2,44404	156	298	2,47422	145
259	2,41330	167	279	2,44560	156	299	2,47567	145
260	2,41497	167	280	2,44716	155	300	2,47712	145

| 1 | 2 | 3 | 4 | 5 | 6 | 7 | 8 | 9 |
nomb	Log.	d.t.	nomb.	Log.	d.t.	nomb.	Log.	d t.
301	2,47857	144	321	2,50651	135	341	2,53275	128
302	2,48001	143	322	2,50786	134	342	2,53403	126
303	2,48144	143	323	2,50920	135	343	2,53529	127
304	2,48287	143	324	2,51055	133	344	2,53656	126
305	2,48430	142	325	2,51188	134	345	2,53782	126
306	2,48572	142	326	2,51322	133	346	2,53908	125
307	2,48714	141	327	2,51455	132	347	2,54033	125
308	2,48855	141	328	2,51587	133	348	2,54158	125
309	2 48996	140	329	2,51720	131	349	2,54283	124
310	2,49136	140	330	2,51851	132	350	2,54407	124
311	2,49276	139	331	2,51983	131	351	2,54531	123
312	2,49415	139	332	2,52114	130	352	2,54654	123
313	2,49554	139	333	2,52244	131	353	2,54777	123
314	2,49693	138	334	2,52375	129	354	2,54900	123
315	2,49831	138	335	2,52504	130	355	2,55023	122
316	2,49969	137	336	2,52634	129	356	2,55145	122
317	2,50106	137	337	2,52763	129	357	2,55267	121
318	2,50243	136	338	2,52892	128	358	2,55388	121
319	2,50379	136	339	2,53020	128	359	2,55509	121
320	2,50515	136	340	2,53148	127	360	2,55630	121

1 nomb.	2 Log.	3 d.t.	4 nomb.	5 Log.	6 d..	7 nomb.	8 Log.	9 d.t.
361	2,55751	120	381	2,58092	114	401	2,60314	109
362	2,55871	120	382	2,58206	114	402	2,60423	108
363	2,55991	119	383	2,58320	113	403	2,60531	107
364	2,56110	119	384	2,58433	113	404	2,60638	108
365	2,56229	119	385	2,58546	113	405	2,60746	107
366	2,56348	119	386	2,58659	112	406	2,60853	106
367	2,56467	118	387	2,58771	112	407	2,60959	107
368	2,56585	118	388	2,58883	112	408	2,61066	106
369	2,56703	117	389	2,58995	111	409	2,61172	106
370	2,56820	117	390	2,59106	112	410	2,61278	106
371	2,56937	117	391	2,59218	111	411	2,61384	106
372	2,57054	117	392	2,59329	110	412	2,61490	105
373	2,57171	116	393	2,59439	111	413	2,61595	105
374	2,57287	116	394	2,59550	110	414	2,61700	105
375	2,57403	116	395	2,59660	110	415	2,61805	104
376	2,57519	115	396	2,59770	109	416	2,61909	105
377	2,57634	115	397	2,59879	109	417	2,62014	104
378	2,57749	115	398	2,59988	109	418	2,62118	103
379	2,57864	114	399	2,60097	109	419	2,62221	104
380	2,57978	114	400	2,60206	108	420	2,62325	103

1 nomb.	2 Log.	3 d.t.	4 nomb.	5 Log.	6 d.t.	7 nomb.	8 Log.	9 d.t.
421	2,62428	103	441	2,64444	98	461	2,66370	94
422	2,62531	103	442	2,64542	98	462	2,66464	94
423	2,62634	103	443	2,64640	98	463	2,66558	94
424	2,62737	102	444	2,64738	98	464	2,66652	93
425	2,62839	102	445	2,64836	97	465	2,66745	94
426	2,62941	102	446	2,64933	98	466	2,66839	93
427	2,63043	101	447	2,65031	97	467	2,66932	93
428	2,63144	102	448	2,65128	97	468	2,67025	92
429	2,63246	101	449	2,65225	96	469	2,67117	93
430	2,63347	101	450	2,65321	97	470	2,67210	92
431	2,63448	100	451	2,65418	96	471	2,67302	92
432	2,63548	101	452	2,65514	96	472	2,67394	92
433	2,63649	100	453	2,65610	96	473	2,67486	92
434	2,63749	100	454	2,65706	95	474	2,67578	91
435	2,63849	100	455	2,65801	95	475	2,67669	92
436	2,63949	99	456	2,65896	96	476	2,67761	91
437	2,64048	99	457	2,65992	95	477	2,67852	91
438	2,64147	99	458	2,66087	94	478	2,67943	91
439	2,64246	99	459	2,66181	95	479	2,68034	90
440	2,64345	99	460	2,66276	94	480	2,68124	91

1	2	3	4	5	6	7	8	9
nomb.	Log	d.t.	nomb.	Log.	d.t.	nomb.	Log.	d.t.
481	2,68215	90	501	2,69984	86	521	2,71684	83
482	2,68305	90	502	2,70070	87	522	2,71767	83
483	2,68395	90	503	2,70157	86	523	2,71850	83
484	2,68485	89	504	2,70243	86	524	2,71933	83
485	2,68574	90	505	2,70329	86	525	2,72016	83
486	2,68664	89	506	2,70415	86	526	2,72099	82
487	2,68753	89	507	2,70501	85	527	2,72181	82
488	2,68842	89	508	2,70586	86	528	2,72263	83
489	2,68931	89	509	2,70672	85	529	2,72346	82
490	2,69020	88	510	2,70757	85	530	2,72428	81
491	2,69108	89	511	2,70842	85	531	2,72509	82
492	2,69197	88	512	2,70927	85	532	2,72591	82
493	2,69285	88	513	2,71012	84	533	2,72673	81
494	2,69373	88	514	2,71096	85	534	2,72754	81
495	2,69461	87	515	2,71181	84	535	2,72835	81
496	2,69548	88	516	2,71265	84	536	2,72916	81
497	2,69636	87	517	2,71349	84	537	2,72997	81
498	2,69723	87	518	2,71433	84	538	2,73078	81
499	2,69810	87	519	2,71517	83	539	2,73159	80
500	2,69897	87	520	2,71600	84	540	2,73239	81

1 nomb.	2 Log.	3 d.t.	4 nomb	5 Log.	6 d.t.	7 nomb	8 Log.	9 d.t.
541	2,73320	80	561	2,74896	78	581	2,76418	74
542	2,73400	80	562	2,74974	77	582	2,76492	75
543	2,73480	80	563	2,75051	77	583	2,76567	74
544	2,73560	80	564	2,75128	77	584	2,76641	75
545	2,73640	79	565	2,75205	77	585	2,76716	74
546	2,73719	80	566	2,75282	76	586	2,76790	74
547	2,73799	78	567	2,75358	77	587	2,76864	74
548	2,73878	79	568	2,75435	76	588	2,76938	74
549	2,73957	79	569	2,75511	76	589	2,77012	73
550	2,74036	79	570	2,75587	77	590	2,77085	74
551	2,74115	79	571	2,75664	76	591	2,77159	73
552	2,74194	79	572	2,75740	75	592	2,77232	73
553	2,74273	78	573	2,75815	76	593	2,77305	74
554	2,74351	78	574	2,75891	76	594	2,77379	73
555	2,74429	78	575	2,75967	75	595	2,77452	73
556	2,74507	79	576	2,76042	76	596	2,77525	72
557	2,74586	77	577	2,76118	75	597	2,77597	73
558	2,74663	78	578	2,76193	75	598	2,77670	73
559	2,74741	78	579	2,76268	75	599	2,77743	72
560	2,74819	77	580	2,76343	75	600	2,77815	72

1	2	3	4	5	6	7	8	9
nomb.	Log.	d.t.	nomb	Log.	d.t	nomb.	Log.	d.t:
601	2,77887	73	621	2,79309	70	641	2,80686	68
602	2,77960	72	622	2,79379	70	642	2,80754	67
603	2,78032	72	623	2,79449	69	643	2,80821	68
604	2,78104	72	624	2,79518	70	644	2,80889	67
605	2,78176	71	625	2,79588	69	645	2,80956	67
606	2,78247	72	626	2,79657	70	646	2,81023	67
607	2,78319	71	627	2,79727	69	647	2,81090	68
608	2,78390	72	628	2,79796	69	648	2,81158	66
609	2,78462	71	629	2,79865	69	649	2,81224	67
610	2,78533	71	630	2,79934	69	650	2,81291	67
611	2,78604	71	631	2,80003	69	651	2,81358	67
612	2,78675	71	632	2,80072	68	652	2,81425	66
613	2,78746	71	633	2,80140	69	653	2,81491	67
614	2,78817	71	634	2,80209	68	654	2,81558	66
615	2,78888	70	635	2,80277	69	655	2,81624	66
616	2,78958	71	636	2,80346	68	656	2,81690	67
617	2,79029	70	637	2,80414	68	657	2,81757	66
618	2,79099	70	638	2,80482	68	658	2,81823	66
619	2,79169	70	639	2,80550	68	659	2,81889	65
620	2,79239	70	640	2,80618	68	660	2,81954	66

1 nomb.	2 Log.	3 d.t.	4 nomb	5 Log.	6 d.t.	7 nomb	8 Log.	9 d.t.
661	2,82020	66	681	2,83315	63	701	2,84572	63
662	2,82086	65	682	2,83378	64	702	2,84634	62
663	2,82151	66	683	2,83442	64	703	2,84696	61
664	2,82217	65	684	2,83506	63	704	2,84757	62
665	2,82282	65	685	2,83569	63	705	2,84819	61
666	2,82347	66	686	2,83632	64	706	2,84880	62
667	2,82413	65	687	2,83696	63	707	2,84942	61
668	2,82478	65	688	2,83759	63	708	2,85003	62
669	2,82543	64	689	2,83822	63	709	2,85065	61
670	2,82607	65	690	2 83885	63	710	2.85126	61
671	2,82672	65	691	2 83948	63	711	2.85187	61
672	2,82737	65	692	2,84011	62	712	2,85248	61
673	2,82802	64	693	2,84073	63	713	2.85309	61
674	2,82866	64	694	2,84136	62	714	2,85370	61
675	2,82930	65	695	2,84198	63	715	2,85431	60
676	2,82995	64	696	2,84261	62	716	2,85491	61
677	2,83059	64	697	2,84323	63	717	2,85552	60
678	2,83123	64	698	2,84386	62	718	2,85612	61
679	2,83187	64	699	2,84448	62	719	2,85673	60
680	2,83251	64	700	2,84510	62	720	2,85733	61

1 nomb.	2 Log.	3 d.t.	4 nomb	5 Log.	6 d.t.	7 nomb	8 Log.	9 d.t.
721	2,85794	60	741	2,86982	58	761	2,88138	57
722	2,85854	60	742	2,87040	59	762	2,88195	57
723	2,85914	60	743	2,87099	58	763	2,88252	57
724	2,85974	60	744	2,87157	59	764	2,88309	57
725	2,86034	60	745	2,87216	58	765	2,88366	57
726	2,86094	59	746	2,87274	58	766	2,88423	57
727	2,86153	60	747	2,87332	58	767	2,88480	56
728	2,86213	60	748	2,87390	58	768	2,88536	57
729	2,86273	59	749	2,87448	58	769	2,88593	56
730	2,86332	60	750	2,87506	58	770	2,88649	56
731	2,86392	59	751	2,87564	58	771	2,88705	57
732	2,86451	59	752	2,87622	57	772	2,88762	56
733	2,86510	60	753	2,87679	58	773	2,88818	56
734	2,86570	59	754	2,87737	58	774	2,88874	56
735	2,86629	59	755	2,87795	57	775	2,88930	56
736	2,86688	59	756	2,87852	58	776	2,88986	56
737	2,86747	59	757	2,87910	57	777	2,89042	56
738	2,86806	58	758	2,87967	57	778	2,89098	56
739	2,86864	59	759	2,88024	57	779	2,89154	55
740	2,86923	59	760	2,88081	57	780	2,89209	56

1 nomb.	2 Log.	3 d.t.	4 nomb.	5 Log.	6 d.t.	7 nomb.	8 Log.	9 d.t.
781	2,89265	56	801	2,90363	54	821	2,91434	53
782	2,89321	55	802	2,90417	55	822	2,91487	53
783	2,89376	56	803	2,90472	54	823	2,91540	53
784	2,89432	55	804	2,90526	54	824	2,91593	52
785	2,89487	55	805	2,90580	54	825	2,91645	53
786	2,89542	55	806	2,90634	53	826	2,91698	53
787	2,89597	56	807	2,90687	54	827	2,91751	52
788	2,89653	55	808	2,90741	54	828	2,91803	52
789	2,89708	55	809	2,90795	54	829	2,91855	53
790	2,89763	55	810	2,90849	53	830	2,91908	52
791	2,89818	55	811	2,90902	54	831	2,91960	52
792	2,89873	54	812	2,90956	53	832	2,92012	53
793	2,89927	55	813	2,91009	53	833	2,92065	52
794	2,89982	55	814	2,91062	54	834	2,92117	52
795	2,90037	54	815	2,91116	53	835	2,92169	52
796	2,90091	55	816	2,91169	53	836	2,92221	52
797	2,90146	54	817	2,91222	53	837	2,92273	51
798	2,90200	55	818	2,91275	53	838	2,92324	52
799	2,90255	54	819	2,91328	53	839	2,92376	52
800	2,90309	54	820	2,91381	53	840	2,92428	52

1	2	3	4	5	6	7	8	9
nomb.	Log.	d.t.	nomb.	Log.	d.t.	nomb	Log.	d.t.
841	2,92480	51	861	2,93500	51	881	2,94498	49
842	2,92531	52	862	2,93551	50	882	2,94547	49
843	2,92583	51	863	2,93601	50	883	2,94596	49
844	2,92634	52	864	2,93651	51	884	2,94645	49
845	2,92686	51	865	2,93702	50	885	2,94694	49
846	2,92737	51	866	2,93752	50	886	2,94743	49
847	2,92788	52	867	2,93802	50	887	2,94792	49
848	2,92840	51	868	2,93852	50	888	2,94841	49
849	2,92891	51	869	2,93902	50	889	2,94890	49
850	2,92942	51	870	2,93952	50	890	2,94939	49
851	2,92993	51	871	2,94002	50	891	2,94988	48
852	2,93044	51	872	2,94052	49	892	2,95036	49
853	2,93095	51	873	2,94101	50	893	2,95085	49
854	2,93146	51	874	2,94151	50	894	2,95134	48
855	2,93197	50	875	2,94201	49	895	2,95182	49
856	2,93247	51	876	2,94250	50	896	2,95231	48
857	2,93298	51	877	2,94300	49	897	2,95279	49
858	2,93349	50	878	2,94349	50	898	2,95328	48
859	2,93399	51	879	2,94399	49	899	2,95376	48
860	2,93450	50	880	2,94448	50	900	2,95424	48

1 nomb.	2 Log.	3 d.t.	4 nomb.	5 Log.	6 d.t.	7 ncmb.	8 Log.	9 d.t.
901	2,95472	49	921	2,96426	47	941	2,97359	46
902	2,95521	48	922	2,96473	47	942	2,97405	46
903	2,95569	48	923	2,96520	47	943	2,97451	46
904	2,95617	48	924	2,96567	47	944	2,97497	46
905	2,95665	48	925	2,96614	47	945	2,97543	46
906	2,95713	48	926	2,96661	47	946	2,97589	46
907	2,95761	48	927	2,96708	47	947	2,97635	46
908	2,95809	47	928	2,96755	47	948	2,97681	46
909	2,95856	48	929	2,96802	46	949	2,97727	45
910	2,95904	48	930	2,96848	47	950	2,97772	46
911	2,95952	47	931	2,96895	47	951	2,97818	46
912	2,95999	48	932	2,96942	46	952	2,97864	45
913	2,96047	48	933	2,96988	47	953	2,97909	46
914	2,96095	47	934	2,97035	46	954	2,97955	45
915	2,96142	48	935	2,97081	47	955	2,98000	46
916	2,96190	47	936	2,97128	46	956	2,98046	45
917	2,96237	47	937	2,97174	46	957	2,98091	46
918	2,96284	48	938	2,97220	47	958	2,98137	45
919	2,96332	47	939	2,97267	46	959	2,98182	45
920	2,96379	47	940	2,97313	46	960	2,98227	45

1 nomb.	2 Log.	3 d.t.	4 nomb.	5 Log.	6 d.t	7 nomb.	8 Log.	9 d.
961	2,98272	46	981	2,99167	44	1001	3,00043	44
962	2,98318	45	982	2,99211	44	1002	3,00087	43
963	2,98363	45	983	2,99255	45	1003	3,00130	43
964	2,98408	45	984	2,99300	44	1004	3,00173	44
965	2,98453	45	985	2,99344	44	1005	3,00217	43
966	2,98498	45	986	2,99388	44	1006	3,00260	43
967	2,98543	45	987	2,99432	44	1007	3,00303	43
968	2,98588	44	988	2,99476	44	1008	3,00346	43
969	2,98632	45	989	2,99520	44	1009	3,00389	43
970	2,98677	45	990	2,99564	43	1010	3,00432	43
971	2,98722	45	991	2,99607	44	1011	3,00475	43
972	2,98767	44	992	2,99651	44	1012	3,00518	43
973	2,98811	45	993	2,99695	44	1013	3,00561	43
974	2,98856	44	994	2,99739	43	1014	3,00604	43
975	2,98900	45	995	2,99782	44	1015	3,00647	42
976	2,98945	44	996	2,99826	44	1016	3,00689	43
977	2,98989	45	997	2,99870	43	1017	3,00732	43
978	2,99034	44	998	2,99913	44	1018	3,00775	42
979	2,99078	45	999	2,99957	43	1019	3,00817	43
980	2,99123	44	1000	3,00000	43	1020	3,00860	43

1 nomb.	2 Log.	3 d.t	4 nomb.	5 Log.	6 d.t	7 nomb.	8 Log.	9 d.t
1021	3,00903	42	1041	3,01745	42	1061	3,02572	40
1022	3,00945	43	1042	3,01787	41	1062	3,02612	41
1023	3,00988	42	1043	3,01828	42	1063	3,02653	41
1024	3,01030	42	1044	3,01870	42	1064	3,02694	41
1025	3,01072	43	1045	3,01912	41	1065	3,02735	41
1026	3,01115	42	1046	3,01953	42	1066	3,02776	40
1027	3,01157	42	1047	3,01995	41	1067	3,02816	41
1028	3,01199	43	1048	3,02036	42	1068	3,02857	41
1029	3,01242	42	1049	3,02078	41	1069	3,02898	40
1030	3,01284	42	1050	3,02119	41	1070	3,02938	41
1031	3,01326	42	1051	3,02160	42	1071	3,02979	40
1032	3,01368	42	1052	3,02202	41	1072	3,03019	41
1033	3,01410	42	1053	3,02243	41	1073	3,03060	40
1034	3,01452	42	1054	3,02284	41	1074	3,03100	41
1035	3,01494	42	1055	3,02325	41	1075	3,03141	40
1036	3,01536	42	1056	3,02366	41	1076	3,03181	41
1037	3,01578	42	1057	3,02407	42	1077	3,03222	40
1038	3,01620	42	1058	3,02449	41	1078	3,03262	40
1039	3,01662	41	1059	3,02490	41	1079	3,03302	40
1040	3,01703	42	1060	3,02531	41	1080	3,03342	41

1 nomb.	2 Log.	3 d.t	4 nomb.	5 Log.	6 d.t	7 nomb	8 Log.	9 d.t
1081	3,03383	40	1101	3,04179	39	1121	3,04961	38
1082	3,03423	40	1102	3,04218	40	1122	3,04999	39
1083	3,03463	40	1103	3,04258	39	1123	3,05038	39
1084	3,03503	40	1104	3,04297	39	1124	3,05077	38
1085	3,03543	40	1105	3,04336	40	1125	3,05115	39
1086	3,03583	40	1106	3,04376	39	1126	3,05154	38
1087	3,03623	40	1107	3,04415	39	1127	3,05192	39
1088	3,03663	40	1108	3,04454	39	1128	3,05231	38
1089	3,03703	40	1109	3,04493	39	1129	3,05269	39
1090	3,03743	39	1110	3,04532	39	1130	3,05308	38
1091	3,03782	40	1111	3,04571	39	1131	3,05346	39
1092	3,03822	40	1112	3,04610	40	1132	3,05385	38
1093	3,03862	40	1113	3,04650	39	1133	3,05423	38
1094	3,03902	39	1114	3,04689	38	1134	3,05461	39
1095	3,03941	40	1115	3,04727	39	1135	3,05500	38
1096	3,03981	40	1116	3,04766	39	1136	3,05538	38
1097	3,04021	39	1117	3,04805	39	1137	3,05576	38
1098	3,04060	40	1118	3,04844	39	1138	3,05614	38
1099	3,04100	39	1119	3,04883	39	1139	3,05652	38
1100	3,04139	40	1120	3,04922	39	1140	3,05690	39

16

1 nomb.	2 Log.	3 d.t	4 nomb.	5 Log.	6 d.t	7 nomb.	8 Log.	9 d.t
1141	3,05729	38	1161	3,06483	38	1181	3,07225	37
1142	3,05767	38	1162	3,06521	37	1182	3,07262	36
1143	3,05805	38	1163	3,06558	37	1183	3,07298	37
1144	3,05843	38	1164	3,06595	38	1184	3,07335	37
1145	3,05881	37	1165	3,06633	37	1185	3,07372	36
1146	3,05918	38	1166	3,06670	37	1186	3,07408	37
1147	3,05956	38	1167	3,06707	37	1187	3,07445	37
1148	3,05994	38	1168	3,06744	37	1188	3,07482	36
1149	3,06032	38	1169	3,06781	38	1189	3,07518	37
1150	3,06070	38	1170	3,06819	37	1190	3,07555	36
1151	3,06108	37	1171	3,06856	37	1191	3,07591	37
1152	3,06145	38	1172	3,06893	37	1192	3,07628	36
1153	3,06183	38	1173	3,06930	37	1193	3,07664	36
1154	3,06221	37	1174	3,06967	37	1194	3,07700	37
1155	3,06258	38	1175	3,07004	37	1195	3,07737	36
1156	3,06296	37	1176	3,07041	37	1196	3,07773	36
1157	3,06333	38	1177	3,07078	37	1197	3,07809	37
1158	3,06371	37	1178	3,07115	36	1198	3,07846	36
1159	3,06408	38	1179	3,07151	37	1199	3,07882	36
1160	3,06446	37	1180	3,07188	37	1200	3,07918	36

1 nomb.	2 Log.	3 d t	4 nomb.	5 Log.	6 d.t	7 nomb.	8 Log	9 d.t
1201	3 07954	36	1221	3,08672	35	1241	3,09377	35
1202	3,07990	37	1222	3,08707	36	1242	3,09412	35
1203	3,08027	36	1223	3,08743	35	1243	3,09447	35
1204	3,08063	36	1224	3,08778	36	1244	3,09482	35
1205	3,08099	36	1225	3,08814	35	1245	3,09517	35
1206	3,08135	36	1226	3,08849	35	1246	3,09552	35
1207	3,08171	36	1227	3,08884	36	1247	3,09587	34
1208	3,08207	36	1228	3,08920	35	1248	3,09621	35
1209	3,08243	36	1229	3,08955	36	1249	3,09656	35
1210	3,08279	35	1230	3,08991	35	1250	3,09691	35
1211	3,08314	36	1231	3,09026	35	1251	3,09726	34
1212	3,08350	36	1232	3,09061	35	1252	3,09760	35
1213	3,08386	36	1233	3,09096	36	1253	3,09795	35
1214	3,08422	36	1234	3,09132	35	1254	3,09830	34
1215	3,08458	35	1235	3,09167	35	1255	3,09864	35
1216	3,08493	36	1236	3,09202	35	1256	3,09899	35
1217	3,08529	36	1237	3,09237	35	1257	3,09934	34
1218	3,08565	35	1238	3,09272	35	1258	3,09968	35
1219	3,08600	36	1239	3,09307	35	1259	3,10003	34
1220	3,08636	36	1240	3,09342	35	1260	3,10037	35

1 nomb.	2 Log.	3 d.t	4 nomb.	5 Log.	6 d.t	7 nomb	8 Log.	9 d.t
1261	3,10072	34	1281	3,10755	34	1301	3,11428	33
1262	3,10106	34	1282	3,10789	34	1302	3,11461	33
1263	3,10140	35	1283	3,10823	34	1303	3,11494	34
1264	3,10175	34	1284	3,10857	33	1304	3,11528	33
1265	3,10209	34	1285	3,10890	34	1305	3,11561	33
1266	3,10243	35	1286	3,10924	34	1306	3,11594	34
1267	3,10278	34	1287	3,10958	34	1307	3,11628	33
1268	3,10312	34	1288	3,10992	33	1308	3,11661	33
1269	3,10346	34	1289	3,11025	34	1309	3,11694	33
1270	3,10380	35	1290	3,11059	34	1310	3,11727	33
1271	3,10415	34	1291	3,11093	33	1311	3,11760	33
1272	3,10449	34	1292	3,11126	34	1312	3,11793	33
1273	3,10483	34	1293	3,11160	33	1313	3,11826	34
1274	3,10517	34	1294	3,11193	34	1314	3,11860	33
1275	3,10551	34	1295	3,11227	34	1315	3,11893	33
1276	3,10585	34	1296	3,11261	33	1316	3,11926	33
1277	3,10619	34	1297	3,11294	33	1317	3,11959	33
1278	3,10653	34	1298	3,11327	34	1318	3,11992	32
1279	3,10687	34	1299	3,11361	33	1319	3,12024	33
1280	3,10721	34	1300	3,11394	34	1320	3,12057	33

1 nomb.	2 Log.	3 d.t	4 nomb.	5 Log.	6 d.t	7 nomb.	8 Log	9 d.t
1321	3,12090	33	1341	3,12743	32	1361	3,13386	32
1322	3,12123	33	1342	3,12775	33	1362	3,13418	32
1323	3,12156	33	1343	3,12808	32	1363	3,13450	31
1324	3,12189	33	1344	3,12840	32	1364	3,13481	32
1325	3,12222	32	1345	3,12872	33	1365	3,13513	32
1326	3,12254	33	1346	3,12905	32	1366	3,13545	32
1327	3,12287	33	1347	3,12937	32	1367	3,13577	32
1328	3,12320	32	1348	3,12969	32	1368	3,13609	31
1329	3,12352	33	1349	3,13001	32	1369	3,13640	32
1330	3,12385	33	1350	3,13033	33	1370	3,13672	32
1331	3,12418	32	1351	3,13066	32	1371	3,13704	31
1332	3,12450	33	1352	3,13098	32	1372	3,13735	32
1333	3,12483	33	1353	3,13130	32	1373	3,13767	32
1334	3,12516	32	1354	3,13162	32	1374	3,13799	31
1335	3,12548	33	1355	3,13194	32	1375	3,13830	32
1336	3,12581	32	1356	3,13226	32	1376	3,13862	31
1337	3,12613	33	1357	3,13258	32	1377	3,13893	32
1338	3,12646	32	1358	3,13290	32	1378	3,13925	31
1339	3,12678	32	1359	3,13322	32	1379	3,13956	32
1340	3,12710	33	1360	3,13354	32	1380	3,13988	31

1 nomb.	2 Log.	3 d.t	4 nomb.	5 Log.	6 d.t	7 nomb.	8 Log.	3 d.t
1381	3,14019	32	1401	3,14644	31	1421	3,15259	31
1382	3,14051	31	1402	3,14675	31	1422	3,15290	30
1383	3,14082	32	1403	3,14706	31	1423	3,15320	31
1384	3,14114	31	1404	3,14737	31	1424	3,15351	30
1385	3,14145	31	1405	3,14768	31	1425	3,15381	31
1386	3,14176	32	1406	3,14799	30	1426	3,15412	30
1387	3,14208	31	1407	3,14829	31	1427	3,15442	31
1388	3,14239	31	1408	3,14860	31	1428	3,15473	30
1389	3,14270	31	1409	3,14891	31	1429	3,15503	31
1390	3,14301	32	1410	3,14922	31	1430	3,15534	30
1391	3,14333	31	1411	3,14953	30	1431	3,15564	30
1392	3,14364	31	1412	3,14983	31	1432	3,15594	31
1393	3,14395	31	1413	3,15014	31	1433	3,15625	30
1394	3,14426	31	1414	3,15045	31	1434	3,15655	30
1395	3,14457	32	1415	3,15076	30	1435	3,15685	30
1396	3,14489	31	1416	3,15106	31	1436	3,15715	31
1397	3,14520	31	1417	3,15137	31	1437	3,15746	30
1398	3,14551	31	1418	3,15168	30	1438	3,15776	30
1399	3,14582	31	1419	3,15198	31	1439	3,15806	30
1400	3,14613	31	1420	3,15229	30	1440	3,15836	30

| 1 | 2 | 3 | 4 | 5 | 6 | 7 | 8 | 9 |
nomb.	Log.	d.t	nomb.	Log.	d.t	nomb.	Log.	d.t
1441	3,15866	31	1461	3,16465	30	1481	3,17056	29
1442	3,15897	30	1462	3,16495	29	1482	3,17085	29
1443	3,15927	30	1463	3,16524	30	1483	3,17114	29
1444	3,15957	30	1464	3,16554	30	1484	3,17143	30
1445	3,15987	30	1465	3,16584	29	1485	3,17173	29
1446	3,16017	30	1466	3,16613	30	1486	3,17202	29
1447	3,16047	30	1467	3,16643	30	1487	3,17231	29
1448	3,16077	30	1468	3,16673	29	1488	3,17260	29
1449	3,16107	30	1469	3,16702	30	1489	3,17289	30
1450	3,16137	30	1470	3,16732	29	1490	3,17319	29
1451	3,16167	30	1471	3,16761	30	1491	3,17348	29
1452	3,16197	30	1472	3,16791	29	1492	3,17377	29
1453	3,16227	29	1473	3,16820	30	1493	3,17406	29
1454	3,16256	30	1474	3,16850	29	1494	3,17435	29
1455	3,16286	30	1475	3,16879	30	1495	3,17464	29
1456	3,16316	30	1476	9,16909	29	1496	3,17493	29
1457	3,16346	30	1477	3,16938	29	1497	3,17522	29
1458	3,16376	30	1478	3,16967	30	1498	3,17551	29
1459	3,16406	29	1479	3,16997	29	1499	3,17580	29
1460	3,16435	30	1480	3,17026	30	1500	3,17609	29

1 nomb.	2 Log.	3 d.t	4 nomb	5 Log.	6 d.t	7 nomb	8 Log.	9 d.t
1501	3.17638	29	1521	3.18213	28	1541	3,18780	28
1502	3,17667	29	1522	3,18241	29	1542	3,18808	29
1503	3,17696	29	1523	3,18270	28	1543	3,18837	28
1504	3,17725	29	1524	3,18298	29	1544	3,18865	28
1505	3,17754	28	1525	3,18327	28	1545	3,18893	28
1506	3,17782	29	1526	3,18355	29	1546	3,18921	28
1507	3,17811	29	1527	3,18384	28	1547	3,18949	28
1508	3,17840	29	1528	3,18412	29	1548	3,18977	28
1509	3,17869	29	1529	3,18441	28	1549	3,19005	28
1510	3,17898	28	1530	3,18469	29	1550	3,19033	28
1511	3,17926	29	1531	3,18498	28	1551	3,19061	28
1512	3,17955	29	1532	3,18526	28	1552	3,19089	28
1513	3,17984	29	1533	3,18554	29	1553	3,19117	28
1514	3,18013	28	1534	3,18583	28	1554	3,19145	28
1515	3,18041	29	1535	3,18611	28	1555	3,19173	28
1516	3,18070	29	1536	3,18639	28	1556	3,19201	28
1517	3,18099	28	1537	3,18667	29	1557	3,19229	28
1518	3,18127	29	1538	3,18696	28	1558	3,19257	28
1519	3,18156	28	1539	3,18724	28	1559	3,19285	27
1520	3,18184	29	1540	3,18752	28	1560	3,19312	28

1 nomb.	2 Log.	3 d.t	4 nomb	5 Log.	6 d t	7 nomb	8 Log.	9 d.t
1561	3,19340	28	1581	3,19893	28	1601	3,20439	27
1562	3,19368	28	1582	3,19921	27	1602	3,20466	27
1563	3,19396	28	1583	3,19948	28	1603	3,20493	27
1564	3,19424	27	1584	3,19976	27	1604	3,20520	28
1565	3,19451	28	1585	3,20003	27	1605	3,20548	27
1566	3,19479	28	1586	3,20030	28	1606	3,20575	27
1567	3,19507	28	1587	3,20058	27	1607	3,20602	27
1568	3,19535	27	1588	3,20085	27	1608	3,20629	27
1569	3,19562	28	1589	3,20112	28	1609	3,20656	27
1570	3,19590	28	1590	3,20140	27	1610	3,20683	27
1571	3,19618	27	1591	3,20167	27	1611	3,20710	27
1572	3,19645	28	1592	3,20194	28	1612	3,20737	26
1573	3,19673	27	1593	3,20222	27	1613	3,20763	27
1574	3,19700	28	1594	3,20249	27	1614	3,20790	27
1575	3,19728	28	1595	3,20276	27	1615	3,20817	27
1576	3,19756	27	1596	3,20303	27	1616	3,20844	27
1577	3,19783	28	1597	3,20330	28	1617	3,20871	27
1578	3,19811	27	1598	3,20358	27	1618	3,20898	27
1579	3,19838	28	1599	3,20385	27	1619	3,20925	27
1580	3,19866	27	1600	3,20412	27	1620	3,20952	26

1 nomb.	2 Log.	3 d t	4 nomb.	5 Log.	6 d.t	7 nomb.	8 Log.	9 d.t
1621	3,20978	27	1641	3.21511	26	1661	3,22037	26
1622	3,21005	27	1642	3,21537	27	1662	3,22063	26
1623	3.21032	27	1643	3,21564	26	1663	3,22089	26
1624	3,21059	26	1644	3,21590	27	1664	3,22115	26
1625	3,21085	27	1645	3,21617	26	1665	3,22141	26
1626	3,21112	27	1646	3.21643	26	1666	3,22167	27
1627	3,21139	26	1647	3,21669	27	1667	3,22194	26
1628	3,21165	27	1648	3,21696	26	1668	3.22220	26
1629	3,21192	27	1649	3,21722	26	1669	3,22246	26
1630	3,21219	26	1650	3,21748	27	1670	3,22272	26
1631	3,21245	27	1651	3,21775	26	1671	3,22298	26
1632	3,21272	27	1652	3,21801	26	1672	3,22324	26
1633	3,21299	26	1653	3,21827	27	1673	3,22350	26
1634	3.21325	27	1654	3,21854	26	1674	3,22376	25
1635	3,21352	26	1655	3,21880	26	1675	3,22401	26
1636	3,21378	27	1656	3,21906	26	1676	3,22427	26
1637	3,21405	26	1657	3,21932	26	1677	3,22453	26
1638	3,21431	27	1658	3,21958	27	1678	3,22479	26
1639	3,21458	26	1659	3,21985	26	1679	3,22505	26
1640	3,21484	27	1660	3,22011	26	1680	3.22531	26

1 nomb.	2 Log.	3 d.t	4 nomb.	5 Log.	6 d.t	7 nemb	8 Log.	9 d.t
1681	3,22557	26	1701	3,23070	26	1721	3,23578	25
1682	3,22583	25	1702	3,23096	25	1722	3,23603	26
1683	3,22608	26	1703	3,23121	26	1723	3,23629	25
1684	3,22634	26	1704	3,23147	25	1724	3,23654	25
1685	3,22660	26	1705	3,23172	26	1725	3,23679	25
1686	3,22686	26	1706	3,23198	25	1726	3,23704	25
1687	3,22712	25	1707	3,23223	26	1727	3,23729	25
1688	3,22737	26	1708	3,23249	25	1728	3,23754	25
1689	3,22763	26	1709	3,23274	26	1729	3,23779	26
1690	3,22789	25	1710	3,23300	25	1730	3,23805	25
1691	3,22814	26	1711	3,23325	25	1731	3,23830	25
1692	3,22840	26	1712	3,23350	26	1732	3,23855	25
1693	3,22866	25	1713	3,23376	25	1733	3,23880	25
1694	3,22891	26	1714	3,23401	25	1734	3.23905	25
1695	3,22917	26	1715	3,23426	26	1735	3,23930	25
1696	3,22943	25	1716	3,23452	25	1736	3,23955	25
1697	3.22968	26	1717	3,23477	25	1737	3,23980	25
1698	3,22994	25	1718	3,23502	26	1738	3,24005	25
1699	3,23019	26	1719	3,23528	25	1739	3,24030	25
1700	3,23045	25	1720	3,23553	25	1740	3,24055	25

1	2	3	4	5	6	7	8	9
nomb	Log.	d.t	nomb.	Log.	d.t	nomb.	Log.	d.t
1741	3,24080	25	1761	3,24576	25	1781	3,25066	25
1742	3,24105	25	1762	3,24601	24	1782	3,25091	24
1743	3,24130	25	1763	3,24625	25	1783	3,25115	24
1744	3,24155	25	1764	3,24650	24	1784	3,25139	25
1745	3,24180	24	1765	3,24674	25	1785	3,25164	24
1746	3,24204	25	1766	3,24699	25	1786	3,25188	24
1747	3,24229	25	1767	3,24724	24	1787	3,25212	25
1748	3,24254	25	1768	3,24748	25	1788	3,25237	24
1749	3,24279	25	1769	3,24773	24	1789	3,25261	24
1750	3,24304	25	1770	3,24797	25	1790	3,25285	25
1751	3,24329	24	1771	3,24822	24	1791	3,25310	24
1752	3,24353	25	1772	3,24846	25	1792	3,25334	24
1753	3,24378	25	1773	3,24871	24	1793	3,25358	24
1754	3,24403	25	1774	3,24895	25	1794	3,25382	24
1755	3,24428	24	1775	3,24920	24	1795	3,25406	25
1756	3,24452	25	1776	3,24944	25	1796	3,25431	24
1757	3,24477	25	1777	3,24969	24	1797	3,25455	24
1758	3,24502	25	1778	3,24993	25	1798	3,25479	24
1759	3,24527	24	1779	3,25018	24	1799	3,25503	24
1760	3,24551	25	1780	3,25042	24	1800	3,25527	24

1 nomb.	2 Log.	3 d t	4 nomb.	5 Log.	6 d.t	7 nomb	8 Log.	9 d.t
1801	3,25551	24	1821	3,26031	24	1841	3,26505	24
1802	3,25575	25	1822	3,26055	24	1842	3,26529	24
1803	3,25600	24	1823	3,26079	23	1843	3,26553	23
1804	3,25624	24	1824	3,26102	24	1844	3,26576	24
1805	3,25648	24	1825	3,26126	24	1845	3,26600	23
1806	3,25672	24	1826	3,26150	24	1846	3,26623	24
1807	3,25696	24	1827	3,26174	24	1847	3,26647	23
1808	3,25720	24	1828	3,26198	23	1848	3,26670	24
1809	3,25744	24	1829	3,26221	24	1849	3,26694	23
1810	3,25768	24	1830	3,26245	24	1850	3,26717	24
1811	3,25792	24	1831	3,26269	24	1851	3,26741	23
1812	3,25816	24	1832	3,26293	23	1852	3,26764	24
1813	3,25840	24	1833	3,26316	24	1853	3,26788	23
1814	3,25864	24	1834	3,26340	24	1854	3,26811	23
1815	3,25888	24	1835	3,26364	23	1855	3,26834	24
1816	3,25912	23	1836	3,26387	24	1856	3,26858	23
1817	3,25935	24	1837	3,26411	24	1857	3,26881	24
1818	3,25959	24	1838	3,26435	23	1858	3,26905	23
1819	3,25983	24	1839	3,26458	24	1859	3,26928	23
1820	3,26007	24	1840	3,26482	23	1860	3,26951	24

| 1 | 2 | 3 | 4 | 5 | 6 | 7 | 8 | 9 |
nomb.	Log.	d.t	nomb.	Log.	d.t	nomb.	Log.	d.t
1861	3,26975	23	1881	3,27439	23	1901	3,27898	23
1862	3,26998	23	1882	3,27462	23	1902	3,27921	23
1863	3,27021	24	1883	3,27485	23	1903	3,27944	23
1864	3,27045	23	1884	3,27508	23	1904	3,27967	22
1865	3,27068	23	1885	3,27531	23	1905	3,27989	23
1866	3,27091	23	1886	3,27554	23	1906	3,28012	23
1867	3,27114	24	1887	3,27577	23	1907	3,28035	23
1868	3,27138	23	1888	3,27600	23	1908	3,28058	23
1869	3,27161	23	1889	3,27623	23	1909	3,28081	22
1870	3,27184	23	1890	3,27646	23	1910	3,28103	23
1871	3,27207	24	1891	3,27669	23	1911	3,28126	23
1872	3,27231	23	1892	3,27692	23	1912	3,28149	22
1873	3,27254	23	1893	3,27715	23	1913	3,28171	23
1874	3,27277	23	1894	3,27738	23	1914	3,28194	23
1875	3,27300	23	1895	3,27761	23	1915	3,28217	23
1876	3,27323	23	1896	3,27784	23	1916	3,28240	22
1877	3,27346	24	1897	3,27807	23	1917	3,28262	23
1878	3,27370	23	1898	3,27830	22	1918	3,28285	22
1879	3,27393	23	1899	3,27852	23	1919	3,28307	23
1880	3,27416	23	1900	3,27875	23	1920	3,28330	23

1 nomb.	2 Log.	3 d.t	4 nomb.	5 Log.	6 d.t	7 nomb.	8 Log.	9 d.t
1921	3,28353	22	1941	3,28803	22	1961	3,29248	22
1922	3,28375	23	1942	3,28825	22	1962	3,29270	22
1923	3,28398	23	1943	3,28847	23	1963	3,29292	22
1924	3,28421	22	1944	3,28870	22	1964	3,29314	22
1925	3,28443	23	1945	3,28892	22	1965	3,29336	22
1926	3,28465	22	1946	3,28914	23	1966	3,29358	22
1927	3,28488	23	1947	3,28937	22	1967	3,29380	23
1928	3,28511	22	1948	3,28959	22	1968	3,29403	22
1929	3,28533	23	1949	3,28981	22	1969	3,29425	22
1930	3,28555	22	1950	3,29003	23	1970	3,29447	22
1931	3,28578	23	1951	3,29026	22	1971	3,29469	22
1932	3,28601	22	1952	3,29048	22	1972	3,29491	22
1933	3,28623	23	1953	3,29070	22	1973	3,29513	22
1934	3,28646	22	1954	3,29092	23	1974	3,29535	22
1935	3,28668	23	1955	3,29115	22	1975	3,29557	22
1936	3,28691	22	1956	3,29137	22	1976	3,29579	22
1937	3,28713	22	1957	3,29159	22	1977	3,29601	22
1938	3,28735	23	1958	3,29181	22	1978	3,29623	22
1939	3,28758	22	1959	3,29203	23	1979	3,29645	22
1940	3,28780	23	1960	3,29226	22	1980	3,29667	21

1 nomb.	2 Log.	3 d.t	4 nomb.	5 Log.	6 d.t	7 nomb	8 Log.	9 d.t
1981	3,29688	22	2001	3,30125	21	2021	3,30557	21
1982	3,29710	22	2002	3,30146	22	2022	3,30578	22
1983	3,29732	22	2003	3,30168	22	2023	3,30600	21
1984	3,29754	22	2004	3,30190	21	2024	3,30621	22
1985	3,29776	22	2005	3,30211	22	2025	3,30643	21
1986	3,29798	22	2006	3,30233	22	2026	3,30664	21
1987	3,29820	22	2007	3,30255	21	2027	3,30685	22
1988	3,29842	21	2008	3,30276	22	2028	3,30707	21
1989	3,29863	22	2009	3,30298	22	2029	3,30728	22
1990	3.29885	22	2010	3 30320	21	2030	3.30750	21
1991	3,29907	22	2011	3 30341	22	2031	3 30771	21
1992	3,29929	22	2012	3,30363	21	2032	3,30792	22
1993	3,29951	22	2013	3,30384	22	2033	3.30814	21
1994	3,29973	21	2014	3,30406	22	2034	3,30835	21
1995	3,29994	22	2015	3,30428	21	2035	3,30856	22
1996	3,30016	22	2016	3,30449	22	2036	3,30878	21
1997	3,30038	22	2017	3,30471	21	2037	3,30899	21
1998	3,30060	21	2018	3,30492	22	2038	3,30920	22
1999	3,30081	22	2019	3,30514	21	2039	3,30942	21
2000	3,30103	22	2020	3,30535	22	2040	3,30963	21

1 nomb.	2 Log.	3 d.t	4 nomb.	5 Log.	6 d.t	7 nomb.	8 Log.	9 d.t
2041	3,30984	22	2061	3,31408	21	2081	3,31827	21
2042	3,31006	21	2062	3,31429	21	2682	3,31848	21
2043	3,31027	21	2063	3,31450	21	2083	3,31869	21
2044	3,31048	21	2064	3,31471	21	2084	3,31890	21
2045	3,31069	22	2065	3,31492	21	2085	3,31911	20
2046	3,31091	21	2066	3,31513	21	2086	3,31931	21
2047	3,31112	21	2067	3,31534	21	2087	3,31952	21
2048	3,31133	21	2068	3,31555	21	2088	3,31973	21
2049	3,31154	21	2069	3,31576	21	2089	3,31994	21
2050	3,31175	22	2070	3,31597	21	2090	3,32015	20
2051	3,31197	21	2071	3,31618	21	2091	3,32035	21
2052	3,31218	21	2072	3,31639	21	2092	3,32056	21
2053	3,31239	21	2073	3,31660	21	2093	3,32077	21
2054	3,31260	21	2074	3,31681	21	2094	3,32098	20
2055	3,31281	21	2075	3,31702	21	2095	3,32118	21
2056	3,31302	21	2076	3,31723	21	2096	3,32139	21
2057	3,31323	22	2077	3,31744	21	2097	3,32160	21
2058	3,31345	21	2078	3,31765	20	2098	3,32184	20
2059	3,31366	21	2079	3,31785	21	2099	3,32201	21
2060	3,31387	21	2080	3,31806	21	2100	3,32222	21

1 nomb.	2 Log.	3 d.t	4 nomb	5 Log.	6 d.t	7 nomb	8 Log.	9 d.t
2101	3,32243	20	2121	3,32654	21	2141	3,33062	20
2102	3,32263	21	2122	3,32675	20	2142	3,33082	20
2103	3,32284	21	2123	3,32695	20	2143	3,33102	20
2104	3,32305	20	2124	3,32715	21	2144	3,33122	21
2105	3,32325	21	2125	3,32736	20	2145	3,33143	20
2106	3,32346	20	2126	3,32756	21	2146	3,33163	20
2107	3,32366	21	2127	3,32777	20	2147	3,33183	20
2108	3,32387	21	2128	3,32797	21	2148	3,33203	21
2109	3,32408	20	2129	3,32818	20	2149	3,33224	20
2110	3,32428	21	2130	3,32838	20	2150	3,33244	20
2111	3,32449	20	2131	3,32858	21	2151	3,33264	20
2112	3,32469	21	2132	3,32879	20	2152	3,33284	20
2113	3,32490	20	2133	3,32899	20	2153	3,33304	21
2114	3,32510	21	2134	3,32919	21	2154	3,33325	20
2115	3,32531	21	2135	3,32940	20	2155	3,33345	20
2116	3,32552	20	2136	3,32930	20	2156	3,33365	20
2117	3,32572	21	2137	3,32980	21	2157	3,33385	20
2118	3,32593	20	2138	3,33001	20	2158	3,33405	20
2119	3,32613	21	2139	3,33021	20	2159	3,33425	20
2120	3,32634	20	2140	3,33041	21	2160	3,33445	20

1. nomb.	2 Log.	3 d.t	4 nomb.	5 Log.	6 d.t	7 nomb.	8 Log.	9 d.t
2161	3,33465	21	2181	3,33866	19	2201	3,54262	20
2162	3,33486	20	2182	3,33885	20	2202	3,34282	19
2163	3,33506	20	2183	3,33905	20	2203	3,34301	20
2164	3,33526	20	2184	3,33925	20	2204	3,34321	20
2165	3,33546	20	2185	3,33945	20	2205	3,34341	20
2166	3,33566	20	2186	3,33965	20	2206	3,34361	19
2167	3,33586	20	2187	3,33985	20	2207	3,34380	20
2168	3,33606	20	2188	3,34005	20	2208	3,34400	20
2169	3,33626	20	2189	3,34025	19	2209	3,34420	19
2170	3,33646	20	2190	3,34044	20	2210	3,34439	20
2171	3,33666	20	2191	3,34064	20	2211	3,34459	20
2172	3,33686	20	2192	3,34084	20	2212	3,34479	19
2173	3,33706	20	2193	3,34104	20	2213	3,34498	20
2174	3,33726	20	2194	3,34124	19	2214	3,34518	19
2175	3,33746	20	2195	3,34143	20	2215	3,34537	20
2176	3,33766	20	2196	3,34163	20	2216	3,34557	20
2177	3,33786	20	2197	3,34183	20	2217	3,34577	19
2178	3,33806	20	2198	3,34203	20	2218	3,34596	20
2179	3,33826	20	2199	3,34223	19	2219	3,34616	19
2180	3,33846	20	2200	3,34242	20	2220	3,34635	20

1 nomb.	2 Log.	3 d t	4 nomb.	5 Log.	6 d.t	7 ncmb.	8 Log.	9 d.t
2221	3,34655	19	2241	3 35044	20	2261	3,35430	19
2222	3,34674	20	2242	3,35064	19	2262	3,35449	19
2223	3,34694	19	2243	3,35083	19	2263	3,35468	20
2224	3,34713	20	2244	3,35102	20	2264	3,35488	19
2225	3,34733	20	2245	3,35122	19	2265	3,35507	19
2226	3,34753	19	2246	3 35141	19	2266	3,35526	19
2227	3,34772	20	2247	3,35160	20	2267	3,35545	19
2228	3,34792	19	2248	3,35180	19	2268	3.35564	19
2229	3,34811	19	2249	3,35199	19	2269	3 35583	20
2230	3,34830	20	2250	3,35218	20	2270	3,35603	19
2231	3,34850	19	2251	3,35238	19	2271	3,35622	19
2232	3,34869	20	2252	3,35257	19	2272	3,35641	19
2233	3,34889	19	2253	3,35276	19	2273	3,35660	19
2334	3.34908	20	2254	3,35295	20	2274	3,35679	19
2235	3,34928	19	2255	3,35315	19	2275	3,35698	19
2236	3,34947	20	2256	3,35334	19	2276	3,35717	19
2237	3,34967	19	2257	3,35353	19	2277	3,35736	19
2238	3,34986	19	2258	3,35372	20	2278	3,35755	19
2239	3,35005	20	2259	3,35392	19	2279	3,35774	19
2240	3,35025	19	2260	3,35411	19	2280	3,35793	20

1	2	3	4	5	6	7	8	9
nomb.	Log.	d.t	nomb.	Log.	d.t	nomb.	Log	d.t
2281	3,35813	19	2301	3,36192	19	2321	3,36568	18
2282	3,35832	19	2302	3,36211	18	2322	3,36586	19
2283	3,35851	19	2303	3,36229	19	2323	3,36605	19
2284	3,35870	19	2304	3,36248	19	2324	3,36624	18
2285	3,35889	19	2305	3,36267	19	2325	3,36642	19
2286	3,35908	19	2306	3,36286	19	2326	3,36661	19
2287	3,35927	19	2307	3,36305	19	2327	3,36680	18
2288	3,35946	19	2308	3,36324	18	2328	3,36698	19
2289	3,35965	19	2309	3,36342	19	2329	3,36717	19
2290	3,35984	19	2310	3,36361	19	2330	3,36736	18
2291	3,36003	18	2311	3,36380	19	2331	3,36754	19
2292	3,36021	19	2312	3,36399	19	2332	3,36773	18
2293	3,36040	19	2313	3,36418	18	2333	3,36791	19
2294	3,36059	19	2314	3,36436	19	2334	3,36810	19
2295	3,36078	19	2315	3,36455	19	2335	3,36829	18
2296	3,36097	19	2316	3,36474	19	2336	3,36847	19
2297	3,36116	19	2317	3,36493	18	2337	3,36866	18
2298	3,36135	19	2318	3,36511	19	2338	3,36884	19
2299	3,36154	19	2319	3,36530	19	2339	3,36903	19
2300	3,36173	19	2320	3,36549	19	2340	3,36922	18

1 nomb.	2 Log.	3 d.t	4 nomb.	5 Log.	6 d.t	7 nomb.	8 Log.	9 d.t
2341	3,36940	19	2361	3,37310	18	2381	3,37676	18
2342	3,36959	18	2362	3,37328	18	2382	3,37694	18
2343	3,36977	19	2363	3,37346	19	2383	3,37712	19
2344	3,36996	18	2364	3,37365	18	2384	3,37731	18
2345	3,37014	19	2365	3,37383	18	2385	3,37749	18
2346	3,37033	18	2366	3,37401	19	2386	3,37767	18
2347	3,37051	19	2367	3,37420	18	2387	3,37785	18
2348	3,37070	18	2368	3,37438	19	2388	3,37803	19
2349	3,37088	19	2369	3,37457	18	2389	3,37822	18
2350	3,37107	18	2370	3,37475	18	2390	3,37840	18
2351	3,37125	19	2371	3,37493	18	2391	3,37858	18
2352	3,37144	18	2372	3,37511	19	2392	3,37876	18
2353	3,37162	19	2373	3,37530	18	2393	3,37894	18
2354	3,37181	18	2374	3,37548	18	2394	3,37912	19
2355	3,37199	19	2375	3,37566	19	2395	3,37931	18
2356	3,37218	19	2376	3,37585	18	2396	3,37949	18
2357	3,37236	18	2377	3,37603	18	2397	3,37967	18
2358	3,37254	19	2378	3,37621	18	2398	3,37985	18
2359	3,37273	18	2379	3,37639	19	2399	3,38003	18
2360	3,37291	19	2380	3,37658	18	2400	3,38021	18

1 nomb.	2 Log.	3 d.t	4 nomb.	5 Log.	6 d t	7 nomb.	8 Log.	3 d.t
2401	3,38039	18	2421	3,38399	18	2441	3,38757	18
2402	3,38057	18	2422	3,38417	18	2442	3,38775	17
2403	3,38075	18	2423	3,38435	18	2443	3,38792	18
2404	3,38093	19	2424	3,38453	18	2444	3,38810	18
2405	3,38112	18	2425	3,38471	18	2445	3,38828	18
2406	3,38130	18	2426	3,38489	18	2446	3,38846	17
2407	3,38148	18	2427	3,38507	18	2447	3,38863	18
2408	3,38166	18	2428	3,38525	18	2448	3,38881	18
2409	3,38184	18	2429	3,38543	18	2449	3,38899	18
2410	3,38202	18	2430	3,38561	17	2450	3,38917	17
2411	3,38220	18	2431	3,38578	18	2451	3,38934	18
2412	3,38238	18	2432	3,38596	18	2452	3,38952	18
2413	3,38256	18	2433	3,38614	18	2453	3,38970	17
2414	3,38274	18	2434	3,38632	18	2454	3,38987	18
2415	3,38292	18	2435	3,38650	18	2455	3,39005	18
2416	3,38310	18	2436	3,38668	18	2456	3,39023	18
2417	3,38328	18	2437	3,38686	17	2457	3,39041	17
2418	3,38346	18	2438	3,38703	18	2458	3,39058	18
2419	3,38364	18	2439	3,38721	18	2459	3,39076	18
2420	3,38382	17	2440	3,38739	18	2460	3,39094	17

1 nomb.	2 Log.	3 d.t	4 nomb.	5 Log.	6 d.t	7 nomb.	8 Log.	9 d.t
2461	3,39111	18	2481	3,39463	17	2501	3,39811	18
2462	3,39129	17	2482	3,39480	18	2502	3,39829	17
2463	3,39146	18	2483	3,39498	17	2503	3.39846	17
2464	3,39164	18	2484	3,39515	18	2504	3,39863	18
2465	3,39182	17	2485	3,39533	17	2505	3,39881	17
2466	3,39199	18	2486	3,59550	18	2506	3,39898	17
2467	3,39217	18	2487	3,39568	17	2507	3,39915	18
2468	3,39235	17	2488	3,39585	17	2508	3.39933	17
2469	3,39252	18	2489	3,39602	18	2509	3,39950	17
2470	3,39270	17	2490	3,39620	17	2510	3,39967	18
2471	3,39287	18	2491	3.39637	18	2511	3,39985	17
2472	3,39305	17	2492	3,39655	17	2512	3,40002	17
2473	3,39322	18	2493	3,39672	18	2513	3,40019	18
2474	3,39340	18	2494	3,39690	17	2514	3,40037	17
2475	3,39358	17	2495	3,39707	17	2515	3,40054	17
2476	3,39375	18	2496	3,39724	18	2516	3,40071	17
2477	3,39393	17	2497	3,39742	17	2517	3,40088	18
2478	3,39410	18	2498	3,39759	18	2518	3,40106	17
2479	3,39428	17	2499	3,39777	17	2519	3,40123	17
2480	3,39445	18	2500	3,39794	17	2520	3.40140	17

1 nomb.	2 Log.	3 d t	4 nomb.	5 Log.	6 d.t	7 nomb	8 Log.	9 d.t
2521	3,40157	18	2541	3,40500	18	2561	3,40841	17
2522	3,40175	17	2542	3,40518	17	2562	3,40858	17
2523	3,40192	17	2543	3,40535	17	2563	3,40875	17
2524	3,40209	17	2544	3,40552	17	2564	3,40892	17
2525	3,40226	17	2545	3.40569	17	2565	3,40909	17
2526	3,40243	18	2546	3,40586	17	2566	3,40926	17
2527	3,40261	17	2547	3,40603	17	2567	3,40943	17
2528	3,40278	17	2548	3,40620	17	2568	3,40960	16
2529	3,40295	17	2549	3,40637	17	2569	3,40976	17
2530	3,40312	17	2550	3,40654	17	2570	3,40993	17
2531	3,40329	17	2551	3,40671	17	2571	3,41010	17
2532	3,40346	18	2552	3,40688	17	2572	3,41027	17
2533	3,40364	17	2553	3,40705	17	2573	3,41044	17
2534	3,40381	17	2554	3,40722	17	2574	3,4.061	17
2535	3,40398	17	2555	3,40739	17	2575	3,41078	17
2536	3,40415	17	2556	3,40756	17	2576	3,41095	16
2537	3,40432	17	2557	3,40773	17	2577	3,41111	17
2538	3,40449	17	2558	3,40790	17	2578	3,41128	17
2539	3,40466	17	2559	3,40807	17	2579	3,41145	17
2540	3,40483	17	2560	3,40824	17	2580	3,41162	17

1 nomb.	2 Log.	3 d.t	4 nomb	5 Log.	6 d.t	7 nomb.	8 Log.	9 d.t
2581	3,41179	17	2601	3,41514	17	2621	3,41847	16
2582	3,41196	16	2602	3,41531	16	2622	3,41863	17
2583	3,41212	17	2603	3,41547	17	2623	3,41880	16
2584	3,41229	17	2604	3,41564	17	2624	3,41896	17
2585	3,41246	17	2605	3,41581	16	2625	3,41913	16
2586	3,41263	17	2606	3,41597	17	2626	3,41929	17
2587	3,41280	16	2607	3,41614	17	2627	3,41946	17
2588	3,41296	17	2608	3,41631	16	2628	3,41963	16
2589	3,41313	17	2609	3,41647	17	2629	3,41979	17
2590	3,41330	17	2610	3,41664	17	2630	3,41996	16
2591	3,41347	16	2611	3,41681	16	2631	3,42012	17
2592	3,41363	17	2612	3,41697	17	2632	3,42029	16
2593	3,41380	17	2613	3,41714	17	2633	3,42045	17
2594	3,41397	17	2614	3,41731	16	2634	3,42062	16
2595	3,41414	16	2615	3,41747	17	2635	3,42078	17
2596	3,41430	17	2616	3,41764	16	2636	3,42095	16
2597	3,41447	17	2617	3,41780	17	2637	3,42111	16
2598	3,41464	17	2618	3,41797	17	2638	3,42127	17
2599	3,41481	16	2619	3,41814	16	2639	3,42144	16
2600	3,41497	17	2620	3,41830	17	2640	3,42160	17

1 nomb.	2 Log.	3 d.t	4 nomb.	5 Log.	6 d.t	7 nomb.	8 Log.	9 d.t
2641	3,42177	16	2661	3,42504	17	2681	3,42830	16
2642	3,42193	17	2662	3,42521	16	2682	3,42846	16
2643	3,42210	16	2663	3,42537	16	2683	3,42862	16
2644	3,42226	17	2664	3,42553	17	2684	3,42878	16
2645	3,42243	16	2665	3,42570	16	2685	3,42894	17
2646	3,42259	16	2666	3,42586	16	2686	3,42911	16
2647	3,42275	17	2667	3,42602	17	2687	3,42927	16
2648	3,42292	16	2668	3,42619	16	2688	3,42943	16
2649	3,42308	17	2669	3,42635	16	2689	3,42959	16
2650	3,42325	16	2670	3,42651	16	2690	3,42975	16
2651	3,42341	16	2671	3,42667	17	2691	3,42991	17
2652	3,42357	17	2672	3,42684	16	2692	3,43008	16
2653	3,42374	16	2673	3,42700	16	2693	3,43024	16
2654	3,42390	16	2674	3,42716	16	2694	3,43040	16
2655	3,42406	17	2675	3,42732	17	2695	3,43056	16
2656	3,42423	16	2676	3,42749	16	2696	3,43072	16
2657	3,42439	16	2677	3,42765	16	2697	3,43088	16
2658	3,42455	17	2678	3,42781	16	2698	3,43104	16
2659	3,42472	16	2679	3,42797	16	2699	3,43120	16
2660	3,42488	16	2680	3,42813	17	2700	3,43136	16

1 nomb.	2 Log.	3 d. t	4 nomb.	5 Log.	6 d. t	7 nomb	8 Log.	9 d t
2701	3,43152	17	2721	3,43473	16	2741	3,43791	16
2702	3,43169	16	2722	3.43489	16	2742	3,43807	16
2703	3,43185	16	2723	3,43505	16	2743	3,43823	15
2704	3,43201	16	2724	3,43521	16	2744	3,43838	16
2705	3,43217	16	2725	3,43537	16	2745	3,43854	16
2706	3,43233	16	2726	3,43553	16	2746	3,43870	16
2707	3,43249	16	2727	3,43569	15	2747	3,43886	16
2708	3,43265	16	2728	3,43584	16	2748	3,43902	15
2709	3,4328·	16	2729	3,43600	16	2749	3,43917	16
2710	3,43297	16	2730	3 43616	16	2750	3.43933	16
2711	3,43313	16	2731	3,43632	16	2751	3.43949	16
2712	3,43329	16	2732	3,43648	16	2752	3,43965	16
2713	3,43345	16	2733	3,43664	16	2753	3,43981	15
2714	3,43361	16	2734	3,43680	16	2754	3,43996	16
2715	3,43377	16	2735	3,43696	16	2755	3,44012	16
2716	3,43393	16	2736	3,43712	15	2756	3,44028	16
2717	3,43409	16	2737	3,43727	16	2757	3,44044	15
2718	3,43425	16	2738	3,43743	16	2758	3,44059	16
2719	3,43441	16	2739	3,43759	16	2759	3,44075	16
2720	3,43457	16	2740	3,43775	16	2760	3,44091	16

1 nomb.	2 Log.	3 d.t	4 nomb	5 Log.	6 d.t	7 nomb.	8 Log.	9 d.t
2761	3.44107	15	2781	3,44420	16	2801	3,44731	16
2762	3,44122	16	2782	3,44436	15	2802	3,44747	15
2763	3,44138	16	2783	3,44451	16	2803	3,44762	16
2764	3,44154	16	2784	3,44467	16	2804	3,44778	15
2765	3,44170	15	2785	3,44483	15	2805	3,44793	16
2766	3,44185	16	2786	3,44498	16	2806	3,44809	15
2767	3,44201	16	2787	3,44514	15	2807	3,44824	16
2768	3,44217	15	2788	3,44529	16	2808	3,44840	15
2769	3,44232	16	2789	3,44545	15	2809	3,44855	16
2770	3,44248	16	2790	3,44560	16	2810	3,44871	15
2771	3,44264	15	2791	3,44576	16	2811	3,44886	16
2772	3,44279	16	2792	3,44592	15	2812	3,44902	15
2773	3,44295	16	2793	3,44607	16	2813	3,44917	15
2774	3,44311	15	2794	3,44623	15	2814	3,44932	16
2775	3,44326	16	2795	3,44638	16	2815	3,44948	15
2776	3,44342	16	2796	3,44654	15	2816	3,44963	16
2777	3,44358	15	2797	3,44669	16	2817	3,44979	15
2778	3,44373	16	2798	3,44685	15	2818	3,44994	16
2779	3,44389	15	2799	3,44700	16	2819	3,45010	15
2780	3,44404	16	2800	3,44716	15	2820	3,45025	15

18*

1 nomb.	2 Log.	3 d.t	4 nomb	5 Log.	6 d.t	7 nomb	8 Log.	9 d.t
2821	3,45040	16	2841	3,45347	15	2861	3,45652	15
2822	3,45056	15	2842	3,45362	16	2862	3,45667	15
2823	3,45071	15	2843	3,45378	15	2863	3,45682	15
2824	3,45086	16	2844	3,45393	15	2864	3,45697	15
2825	3,45102	15	2845	3,45408	15	2865	3,45712	16
2826	3,45117	16	2846	3,45423	16	2866	3,45728	15
2827	3,45133	15	2847	3,45439	15	2867	3,45743	15
2828	3,45148	15	2848	3,45454	15	2868	3,45758	15
2829	3,45163	16	2849	3,45469	15	2869	3,45773	15
2830	3,45179	15	2850	3,45484	16	2870	3,45788	15
2831	3,45194	15	2851	3,45500	15	2871	3,45803	15
2832	3,45209	16	2852	3,45515	15	2872	3,45818	16
2833	3,45225	15	2853	3,45530	15	2873	3,45834	15
2834	3,45240	15	2854	3,45545	16	2874	3,45849	15
2835	3,45255	16	2855	3,45561	15	2875	3,45864	15
2836	3,45271	15	2856	3,45576	15	2876	3,45879	15
2837	3,45286	15	2857	3,45591	15	2877	3,45894	15
2838	3,45301	16	2858	3,45606	15	2878	3,45909	15
2839	3,45317	15	2859	3,45621	16	2879	3,45924	15
2840	3,45332	15	2860	3,45637	15	2880	3,45939	15

1 nomb.	2 Log.	3 d.t	4 nomb.	5 Log.	6 d.t	7 nomb	8 Log.	9 d.t
2881	3,45954	15	2901	3,46255	15	2921	3,46553	15
2882	3,45969	15	2902	3,46270	15	2922	3,46568	15
2883	3,45984	16	2903	3,46285	15	2923	3,46583	15
2884	3,46000	15	2904	3,46300	15	2924	3,46598	15
2885	3,46015	15	2905	3,46315	15	2925	3,46613	14
2886	3,46030	15	2906	3,46330	15	2926	3,46627	15
2887	3,46045	15	2907	3,46345	14	2927	3,46642	15
2888	3,46060	15	2908	3,46359	15	2928	3,46657	15
2889	3,46075	15	2909	3,46374	15	2929	3,46672	15
2890	3,46090	15	2910	3,46389	15	2930	3,46687	15
2891	3,46105	15	2911	3,46404	15	2931	3,46702	14
2892	3,46120	15	2912	3,46419	15	2932	3,46716	15
2893	3,46135	15	2913	3,46434	15	2933	3,46731	15
2894	3,46150	15	2914	3,46449	15	2934	3,46746	15
2895	3,46165	15	2915	3,46464	15	2935	3,46761	15
2896	3,46180	15	2916	3,46479	15	2936	3,46776	14
2897	3,46195	15	2917	3,46494	15	2937	3,46790	15
2898	3,46210	15	2918	3,46509	14	2938	3,46805	15
2899	3,46225	15	2919	3,46523	15	2939	3,46820	15
2900	3,46240	15	2920	3,46538	15	2940	3,46835	15

1 nomb.	2 Log.	3 d.t	4 nomb.	5 Log.	6 d.t	7 nomb.	8 Log.	9 d.t
2941	3,46850	14	2961	3.47144	15	2981	3,47436	15
2942	3,46864	15	2962	3,47159	14	2982	3,47451	14
2943	3.46879	15	2963	3,47173	15	2983	3,47465	15
2944	3,46894	15	2964	3,47188	14	2984	3,47480	14
2945	3,46909	14	2965	3,47202	15	2985	3,47494	15
2946	3,46923	15	2966	3.47217	15	2986	3,47509	15
2947	3,46938	15	2967	3,47232	14	2987	3,47524	14
2948	3,46953	14	2968	3,47246	15	2988	3,47538	15
2949	3,46967	15	2969	3,47261	15	2989	3,47553	14
2950	3,46982	15	2970	3,47276	14	2990	3,47567	15
2951	3,46997	15	2971	3,47290	15	2991	3,47582	14
2952	3,47012	14	2972	3,47305	14	2992	3,47596	15
2953	3,47026	15	2973	3,47319	15	2993	3,47611	14
2954	3,47041	15	2974	3,47334	15	2994	3,47625	15
2955	3,47056	14	2975	3,47349	14	2995	3,47640	14
2956	3,47070	15	2976	3,47363	15	2996	3,47654	15
2957	3,47085	15	2977	3,47378	14	2997	3,47669	14
2958	3,47100	14	2978	3,47392	15	2998	3,47683	15
2959	3,47114	15	2979	3,47407	15	2999	3,47698	14
2960	3,47129	15	2980	3,47422	14	3000	3,47712	15

1 nomb.	2 Log.	3 d.t	4 nomb.	5 Log.	6 d t	7 nomb.	8 Log	9 d.t
3001	3,47727	14	3021	3,48015	14	3041	3,48302	14
3002	3,47741	15	3022	3,48029	15	3042	3,48316	14
3003	3,47756	14	3023	3,48044	14	3043	3,48330	14
3004	3,47770	14	3024	3,48058	15	3044	3,48344	15
3005	3,47784	15	3025	3,48073	14	3045	3,48359	14
3006	3,47799	14	3026	3,48087	14	3046	3,48373	14
3007	3,47813	15	3027	3,48101	15	3047	3,48387	14
3008	3,47828	14	3028	3,48116	14	3048	3,48401	15
3009	3,47842	15	3029	3,48130	14	3049	3,48416	14
3010	3,47857	14	3030	3,48144	15	3050	3,48430	14
3011	3,47871	14	3031	3,48159	14	3051	3,48444	14
3012	3,47885	15	3032	3,48173	14	3052	3,48458	15
3013	3,47900	14	3033	3,48187	15	3053	3,48473	14
3014	3,47914	15	3034	3,48202	14	3054	3,48487	14
3015	3,47929	14	3035	3,48216	14	3055	3,48501	14
3016	3,47943	15	3036	3,48230	14	3056	3,48515	15
3017	3,47958	14	3037	3,48244	15	3057	3,48530	14
3018	3,47972	14	3038	3,48259	14	3058	3,48544	14
3019	3,47986	15	3039	3,48273	14	3059	3,48558	14
3020	3,48001	14	3040	3,48287	15	3060	3,48572	14

1 nomb.	2 Log.	3 d.t	4 nomb.	5 Log.	6 d.t	7 nomb.	8 Log.	9 d.t
3061	3,48586	15	3081	3,48869	14	3101	3,49150	14
3062	3,48601	14	3082	3 48883	14	3102	3,49164	14
3063	3.48615	14	3083	3,48897	14	3103	3,49178	14
3064	3,48629	14	3084	3,48911	15	3104	3,49192	14
3065	3,48643	14	3085	3 48926	14	3105	3,49206	14
3066	3,48657	14	3086	3.48940	14	3106	3,49220	14
3067	3,48671	15	3087	3,48954	14	3107	3,49234	14
3068	3,48686	14	3088	3,48968	14	3108	3,49248	14
3069	3,48700	14	3089	3,48982	14	3109	3,49262	14
3070	3,48714	14	3090	3.48996	14	3110	3,49276	14
3071	3 48728	14	3091	3 49010	14	3111	3,49290	14
3072	3,48742	14	3092	3,49024	14	3112	3,49304	14
3073	3,48756	14	3093	3,49038	14	3113	3,49318	14
3074	3,48770	15	3094	3.49052	14	3114	3,49332	14
3075	3,48785	14	3095	3,49066	14	3115	3,49346	14
3076	3,48799	14	3096	3,49080	14	3116	3,49360	14
3077	3,48813	14	3097	3 49094	14	3117	3,49374	14
3078	3,48827	14	3098	3,49108	14	3118	3,49388	14
3079	3,48841	14	3099	3.49122	14	3119	3,49402	13
3080	3,48855	14	3100	3,49136	14	3120	3,49415	14

1 nomb	2 Log.	3 d.t	4 nomb.	5 Log.	6 d t	7 nomb.	8 Log.	3 d.t
3121	3,49429	14	3141	3,49707	14	3161	3,49982	14
3122	3,49443	14	3142	3,49721	13	3162	3,49996	14
3123	3,49457	14	3143	3,49734	14	3163	3,50010	14
3124	3,49471	14	3144	3,49748	14	3164	3,50024	13
3125	3,49485	14	3145	3,49762	14	3165	3,50037	14
3126	3,49499	14	3146	3,49776	14	3166	3,50051	14
3127	3,49513	14	3147	3,49790	13	3167	3,50065	14
3128	3,49527	14	3148	3,49803	14	3168	3,50079	13
3129	3,49541	13	3149	3,49817	14	3169	3,50092	14
3130	3,49554	14	3150	3,49831	14	3170	3,50106	14
3131	3,49568	14	3151	3,49845	14	3171	3,50120	13
3132	3,49582	14	3152	3,49859	13	3172	3,50133	14
3133	3,49596	14	3153	3,49872	14	3173	3,50147	14
3134	3,49610	14	3154	3,49886	14	3174	3,50161	13
3135	3,49624	14	3155	3,49900	14	3175	3,50174	14
3136	3,49638	13	3156	3,49914	13	3176	3,50188	14
3137	3,49651	14	3157	3,49927	14	3177	3,50202	13
3138	3,49665	14	3158	3,49941	14	3178	3,50215	14
3139	3,49679	14	3159	3,49955	14	3179	3,50229	14
3140	3,49693	14	3160	3,49969	13	3180	3,50243	13

1 nomb.	2 Log.	3 d.t	4 nomb.	5 Log.	6 d.t	7 nomb.	8 Log.	9 d.t
3181	3,50256	14	3201	3,50529	13	3221	3,50799	14
3182	3,50270	14	3202	3,50542	14	3222	3,50813	13
3183	3,50284	13	3203	3,50556	13	3223	3,50826	14
3184	3,50297	14	3204	3,50569	14	3224	3,50840	13
3185	3,50311	14	3205	3,50583	13	3225	3,50853	13
3186	3,50325	13	3206	3,50596	14	3226	3,50866	14
3187	3,50338	14	3207	3,50610	13	3227	3,50880	13
3188	3,50352	13	3208	3,50623	14	3228	3,50893	14
3189	3,50365	14	3209	3,50637	14	3229	3,50907	13
3190	3,50379	14	3210	3,50651	13	3230	3,50920	14
3191	3,50393	13	3211	3,50664	14	3231	3,50934	13
3192	3,50406	14	3212	3,50678	13	3232	3,50947	14
3193	3,50420	13	3213	3,50691	14	3233	3,50961	13
3194	3,50433	14	3214	3,50705	13	3234	3,50974	13
3195	3,50447	14	3215	3,50718	14	3235	3,50987	14
3196	3,50461	13	3216	3,50732	13	3236	3,51001	13
3197	3,50474	14	3217	3,50745	14	3237	3,51014	14
3198	3,50488	13	3218	3,50759	13	3238	3,51028	13
3199	3,50501	14	3219	3,50772	14	3239	3,5.041	14
3200	3,50515	14	3220	3,50786	13	3240	3.51055	13

1 nomb.	2 Log.	3 d.t	4 nomb.	5 Log.	6 d.t	7 nomb	8 Log.	9 d.t
3241	3,51068	13	3261	3,51335	13	3281	3,51601	13
3242	3,51081	14	3262	3,51348	14	3282	3,51614	13
3243	3,51095	13	3263	3,51362	13	3283	3,51627	13
3244	3,51108	13	3264	3,51375	13	3284	3,51640	14
3245	3,51121	14	3265	3,51388	14	3285	3,51654	13
3246	3,51135	13	3266	3,51402	13	3286	3,51667	13
3247	3,51148	14	3267	3,51415	13	3287	3,51680	13
3248	3,51162	13	3268	3,51428	13	3288	3,51693	13
3249	3,51175	13	3269	3,51441	14	3289	3,51706	14
3250	3,51188	14	3270	3,51455	13	3290	3,51720	13
3251	3,51202	13	3271	3,51468	13	3291	3,51733	13
3252	3,51215	13	3272	3,51481	14	3292	3,51746	13
3253	3,51228	14	3273	3,51495	13	3293	3,51759	13
3254	3,51242	13	3274	3,51508	13	3294	3,51772	14
3255	3,51255	13	3275	3,51521	13	3295	3,51786	13
3256	3,51268	14	3276	3,51534	14	3296	3,51799	13
3257	3,51282	13	3277	3,51548	13	3297	3,51812	13
3258	3,51295	13	3278	3,51561	13	3298	3,51825	13
3259	3,51308	14	3279	3,51574	13	3299	3,51838	13
3260	3,51322	13	3280	3,51587	14	3300	3,51851	14

19

1	2	3	4	5	6	7	8	9
nomb.	Log.	d.t	nomb	Log.	d.t	nomb.	Log.	d.t
3301	3,51865	13	3321	3,52127	13	3341	3,52388	13
3302	3,51878	13	3322	3,52140	13	3342	3,52401	13
3303	3,51891	13	3323	3,52153	13	3343	3,52414	13
3304	3,51904	13	3324	3,52166	13	3344	3,52427	13
3305	3,51917	13	3325	3,52179	13	3345	3,52440	13
3306	3,51930	13	3326	3,52192	13	3346	3,52453	13
3307	3,51943	14	3327	3,52205	13	3347	3,52466	13
3308	3,51957	13	3328	3,52218	13	3348	3,52479	13
3309	3,51970	13	3329	3,52231	13	3349	3,52492	12
3310	3,51983	13	3330	3,52244	13	3350	3,52504	13
3311	3,51996	13	3331	3,52257	13	3351	3,52517	13
3312	3,52009	13	3332	3,52270	14	3352	3,52530	13
3313	3,52022	13	3333	3,52284	13	3353	3,52543	13
3314	3,52035	13	3334	3,52297	13	3354	3,52556	13
3315	3,52048	13	3335	3,52310	13	3355	3,52569	13
3316	3,52061	14	3336	3,52323	13	3356	3,52582	13
3317	3,52075	13	3337	3,52336	13	3357	3,52595	13
3318	3,52088	13	3338	3,52349	13	3358	3,52608	13
3319	3,52101	13	3339	3,52362	13	3359	3,52621	13
3320	3,52114	13	3340	3,52375	13	3360	3,52634	13

1 nomb.	2 Log.	3 d.t	4 nomb.	5 Log.	6 d.t	7 nomb.	8 Log.	9 d.t
3361	3,52647	13	3381	3,52905	12	3401	3,53161	12
3362	3,52660	13	3382	3,52917	13	3402	3,53173	13
3363	3,52673	13	3383	3,52930	13	3403	3,53186	13
3364	3,52686	13	3384	3,52943	13	3404	3,53199	13
3365	3,52699	12	3385	3,52956	13	3405	3,53212	12
3366	3,52711	13	3386	3,52969	13	3406	3,53224	13
3367	3,52724	13	3387	3,52982	12	3407	3,53237	13
3368	3,52737	13	3388	3,52994	13	3408	3,53250	13
3369	3,52750	13	3389	3,53007	13	3409	3,53263	12
3370	3,52763	13	3390	3,53020	13	3410	3,53275	13
3371	3,52776	13	3391	3,53033	13	3411	3,53288	13
3372	3,52789	13	3392	3,53046	12	3412	3,53301	13
3373	3,52802	13	3393	3,53058	13	3413	3,53314	12
3374	3,52815	12	3394	3,53071	13	3414	3,53326	13
3375	3,52827	13	3395	3,53084	13	3415	3,53339	13
3376	3,52840	13	3396	3,53097	13	3416	3,53352	12
3377	3,52853	13	3397	3,53110	12	3417	3,53364	13
3378	3,52866	13	3398	3,53122	13	3418	3,53377	13
3379	3,52879	13	3399	3,53135	13	3419	3,53390	13
3380	3,52892	13	3400	3,53148	13	3420	3,53403	12

1 nomb.	2 Log.	3 d.t	4 nomb.	5 Log.	6 d.t	7 nomb	8 Log.	9 d.t
3421	3,53415	13	3441	3,53668	13	3461	3,53920	13
3422	3,53428	13	3442	3,53681	13	3462	3,53933	12
3423	3,53441	12	3443	3,53694	12	3463	3,53945	13
3424	3,53453	13	3444	3,53706	13	3464	3,53958	12
3425	3,53466	13	3445	3,53719	13	3465	3,53970	13
3426	3,53479	12	3446	3,53732	12	3466	3,53983	12
3427	3,53491	13	3447	3,53744	13	3467	3,53995	13
3428	3,53504	13	3448	3,53757	12	3468	3,54008	12
3429	3,53517	12	3449	3,53769	13	3469	3,54020	13
3430	3,53529	13	3450	3,53782	12	3470	3,54033	12
3431	3,53542	13	3451	3,53794	13	3471	3,54045	13
3432	3,53555	12	3452	3,53807	13	3472	3,54058	12
3433	3,53567	13	3453	3,53820	12	3473	3,54070	13
3434	3,53580	13	3454	3,53832	13	3474	3,54083	12
3435	3,53593	12	3455	3,53845	12	3475	3,54095	13
3436	3,53605	13	3456	3,53857	13	3476	3,54108	12
3437	3,53618	13	3457	3,53870	12	3477	3,54120	13
3438	3,53631	12	3458	3,53882	13	3478	3,54133	12
3439	3,53643	13	3459	3,53895	13	3479	3,54145	13
3440	3,53656	12	3460	3,53908	12	3480	3,54158	12

1 nomb.	2 Log.	3 d.t	4 nomb.	5 Log.	6 d.t	7 nomb.	8 Log.	9 d.t
3481	3,54170	13	3501	3,54419	13	3521	3,54667	12
3482	3,54183	12	3502	3,54432	12	3522	3,54679	12
3483	3,54195	13	3503	3,54444	12	3523	3,54691	13
3484	3,54208	12	3504	3,54456	13	3524	3,54704	12
3485	3,54220	13	3505	3,54469	12	3525	3,54716	12
3486	3,54233	12	3506	3,54481	13	3526	3,54728	13
3487	3,54245	13	3507	3,54494	12	3527	3,54741	12
3488	3,54258	12	3508	3,54506	12	3528	3,54753	12
3489	3,54270	13	3509	3,54518	13	3529	3,54765	12
3490	3,54283	12	3510	3,54531	12	3530	3,54777	13
3491	3,54295	12	3511	3,54543	12	3531	3,54790	12
3492	3,54307	13	3512	3,54555	13	3532	3,54802	12
3493	3,54320	12	3513	3,54568	12	3533	3,54814	13
3494	3,54332	13	3514	3,54580	13	3534	3,54827	12
3495	3,54345	12	3515	3,54593	12	3535	3,54839	12
3496	3,54357	13	3516	3,54605	12	3536	3,54851	13
3497	3,54370	12	3517	3,54617	13	3537	3,54864	12
3498	3,54382	12	3518	3,54630	12	3538	3,54876	12
3499	3,54394	13	3519	3,54642	12	3539	3,54888	12
3500	3,54407	12	3520	3,54654	13	3540	3,54900	13

19*

1 nòmb.	2 Log.	3 d.f	4 nonb.	5 Log.	6 d.t	7 ncmb.	8 Leg.	9 d.t
3541	3,54913	12	3561	3,55157	12	3581	3,55400	13
3542	3,54925	12	3562	3,55169	13	3582	3,55413	12
3543	3,54937	12	3563	3,55182	12	3583	3,55425	12
3544	3,54949	13	3564	3,55194	12	3584	3,55437	12
3545	3,54962	12	3565	3,55206	12	3585	3,55449	12
3546	3,54974	12	3566	3,55218	2	3586	3,55461	12
3547	3,54986	12	3567	3,55230	12	3587	3,55473	12
3548	3,54998	13	3568	3,55242	13	3588	3,55485	12
3549	3,55011	12	3569	3,55255	12	3589	3,55497	12
3550	3,55023	12	3570	3,55267	12	3590	3,55509	13
3551	3,55035	12	3571	3,55279	12	3591	3,55522	12
3552	3,55047	13	3572	3,55291	12	3592	3,55534	12
3553	3,55060	12	3573	3,55303	12	3593	3,55546	12
3554	3,55072	12	3574	3,55315	13	3594	3,55558	12
3555	3,55084	12	3575	3,55328	12	3595	3,55570	12
3556	3,55096	12	3576	3,55340	12	3596	3,55582	12
3557	3,55108	13	3577	3,55352	12	3597	3,55594	12
3558	3,55121	12	3578	3,55364	12	3598	3,55606	12
3559	3,55133	12	3579	3,55376	12	3599	3,55618	12
3560	3,55145	12	3580	3,55388	12	3600	3,55630	12

1 nomb.	2 Log.	3 d.t	4 nomb	5 Log.	6 d.t	7 nomb	8 Log.	9 d.t
3601	3,55642	12	3621	3,55883	12	3641	3,56122	12
3602	3,55654	12	3622	3,55895	12	3642	3,56134	12
3603	3,55666	12	3623	3,55907	12	3643	3,56146	12
3604	3,55678	13	3624	3,55919	12	3644	3,56158	12
3605	3,55691	12	3625	3,55931	12	3645	3,56170	12
3606	3,55703	12	3626	3,55943	12	3646	3,56182	12
3607	3,55715	12	3627	3,55955	12	3647	3,56194	11
3608	3,55727	12	3628	3,55967	12	3648	3,56205	12
3609	3,55739	12	3629	3,55979	12	3649	3,56217	12
3610	3,55751	12	3630	3,55991	12	3650	3,56229	12
3611	3,55763	12	3631	3,56003	12	3651	3,56241	12
3612	3,55775	12	3632	3,56015	12	3652	3,56253	12
3613	3,55787	12	3633	3,56027	11	3653	3,56265	12
3614	3,55799	12	3634	3,56038	12	3654	3,56277	12
3615	3,55811	12	3635	3,56050	12	3655	3,56289	12
3616	3,55823	12	3636	3,56062	12	3656	3,56301	11
3617	3,55835	12	3637	3,56074	12	3657	3,56312	12
3618	3,55847	12	3638	3,56086	12	3658	3,56324	12
3619	3,55859	12	3639	3,56098	12	3659	3,56336	12
3620	3,55871	12	3640	3,56110	12	3660	3,56348	12

1 nomb.	2 Log.	3 d.t	4 nomb	5 Log.	6 d t	7 nomb	8 Log.	9 d.t
3661	3,56360	12	3681	3,56597	11	3701	3,56832	12
3662	3,56372	12	3682	3,56608	12	3702	3,56844	11
3663	3,56384	12	3683	3,56620	12	3703	3,56855	12
3664	3,56396	11	3684	3,56632	12	3704	3,56867	12
3665	3,56407	12	3685	3,56644	12	3705	3,56879	12
3666	3,56419	12	3686	3,56656	11	3706	3,56894	11
3667	3,56431	12	3687	3,56667	12	3707	3,56902	12
3668	3,56443	12	3688	3,56679	12	3708	3,56914	12
3669	3,56455	12	3689	3,56691	12	3709	3,56926	11
3670	3,56467	11	3690	3,56703	11	3710	3,56937	12
3671	3,56478	12	3691	3,56714	12	3711	3,56949	12
3672	3,56490	12	3692	3,56726	12	3712	3,56961	11
3673	3,56502	12	3693	3,56738	12	3713	3,56972	12
3674	3,56514	12	3694	3,56750	11	3714	3,56984	12
3675	3,56526	12	3695	3,56761	12	3715	3,56996	12
3676	3,56538	11	3696	3,56773	12	3716	3,57008	11
3677	3,56549	12	3697	3,56785	12	3717	3,57019	12
3678	3,56561	12	3698	3,56797	11	3718	3,57031	12
3679	3,56573	12	3699	3,56808	12	3719	3,57043	11
3680	3,56585	12	3700	3,56820	12	3720	3,57054	12

1 nomb.	2 Log.	3 d.t	4 nomb	5 Log.	6 d.t	7 nomb.	8 Log	9 d.t
3721	3,57066	12	3741	3,57299	11	3761	3,57530	12
3722	3,57078	11	3742	3,57310	12	3762	3,57542	11
3723	3,57089	12	3743	3,57322	12	3763	3,57553	12
3724	3,57101	12	3744	3,57334	11	3764	3,57565	11
3725	3,57113	11	3745	3,57345	12	3765	3,57576	12
3726	3,57124	12	3746	3,57357	11	3766	3,57588	12
3727	3,58136	12	3747	3,57368	12	3767	3,57600	11
3728	3,57148	11	3748	3,57380	12	3768	3,57611	12
3729	3,57159	12	3749	3,57392	11	3769	3,57623	11
3730	3,57171	12	3750	3,57403	12	3770	3,57634	12
3731	3,57183	11	3751	3,57415	11	3771	3,57646	11
3732	3,57194	12	3752	3,57426	12	3772	3,57657	12
3733	3,57206	11	3753	3,57438	11	3773	3,57669	11
3734	3,57217	12	3754	3,57449	12	3774	3,57680	12
3735	3,57229	12	3755	3,57461	12	3775	3,57692	11
3736	3,57241	11	3756	3,57473	11	3776	3,57703	12
3737	3,57252	12	3757	3,57484	12	3777	3,57715	11
3838	3,57264	12	3758	3,57496	11	3778	3,57726	12
3739	3,57276	11	3759	3,57507	12	3779	3,57738	11
3740	3,57287	12	3760	3,57519	11	3780	3,57749	12

1 nomb.	2 Log.	3 d.t	4 nomb.	5 Log.	6 d.t	7 nomb.	8 Log.	9 d.t
3781	3,57761	11	3801	3,57990	11	3821	3,58218	11
3782	3,57772	12	3802	3.58001	12	3822	3,58229	11
3783	3.57784	11	3803	3,58013	11	3823	3,58240	12
3784	3,57795	12	3804	3,58024	11	3824	3,58252	11
3785	3,57807	11	3805	3 58035	12	3825	3,58263	11
3786	3,57818	12	3806	3.58047	11	3826	3,58274	12
3787	3,57830	11	3807	3,58058	12	3827	3,58286	11
3788	3,57841	11	3808	3.58070	11	3828	3,58297	12
3789	3,57852	12	3809	3,58081	11	3829	3,58309	11
3790	3,57864	11	3810	3,58092	12	3830	3,58320	11
3791	3 57875	12	3811	3 58104	11	3831	3,58331	12
3792	3,57887	11	3812	3,58115	12	3832	3,58343	11
3793	3,57898	12	3813	3,58127	11	3833	3,58354	11
3794	3,57910	11	3814	3,58138	11	3834	3,58365	12
3795	3,57921	12	3815	3,58149	12	3835	3,58377	11
3796	3,57933	11	3816	3,58161	11	3836	3,58388	11
3797	3,57944	11	3817	3 58172	12	3837	3,58399	11
3798	3,57955	12	3818	3,58184	11	3838	3,58410	12
3799	3,57967	11	3819	3.58195	11	3839	3,58422	11
3800	3,57978	12	3820	3,38206	12	3840	3,58433	11

1 nomb	2 Log.	3 d.t	4 nomb.	5 Log.	6 d t	7 nomb.	8 Log.	3 d.t
3841	3,58444	12	3861	3,58670	11	3881	3,58894	12
3842	3,58456	11	3862	3,58681	11	3882	3,58906	11
3843	3,58467	11	3863	3,58692	12	3883	3,58917	11
3844	3,58478	12	3864	3,58704	11	3884	3,58928	11
3845	3,58490	11	3865	3,58715	11	3885	3,58939	11
3846	3,58501	11	3866	3,58726	11	3886	3,58950	11
3847	3,58512	12	3867	3,58737	12	3887	3,58961	12
3848	3,58524	11	3868	3,58749	11	3888	3,58973	11
3849	3,58535	11	3869	3,58760	11	3889	3,58984	11
3850	3,58546	11	3870	3,58771	11	3890	3,58995	11
3851	3,58557	12	3871	3,58782	12	3891	3,59006	11
3852	3,58569	11	3872	3,58794	11	3892	3,59017	11
3853	3,58580	11	3873	3,58805	11	3893	3,59028	12
3854	3,58591	11	3874	3,58816	11	3894	3,59040	11
3855	3,58602	12	3875	3,58827	11	3895	3,59051	11
3856	3,58614	11	3876	3,58838	12	3896	3,59062	11
3857	3,58625	11	3877	3,58850	11	3897	3,59073	11
3858	3,58636	11	3878	3,58861	11	3898	3,59084	11
3859	3,58647	12	3879	3,58872	11	3899	3,59095	11
3860	3,58659	11	3880	3,58883	11	3900	3,59106	12

1 nomb.	2 Log.	3 d.t	4 nomb.	5 Log.	6 d.t	7 nomb.	8 Log.	9 d.t
3901	3,59118	11	3921	3,59340	11	3941	3,59561	11
3902	3,59129	11	3922	3,59351	11	3942	3,59572	11
3903	3,59140	11	3923	3,59362	11	3943	3,59583	11
3904	3,59151	11	3924	3,59373	11	3944	3,59594	11
3905	3,59162	11	3925	3,59384	11	3945	3,59605	11
3906	3,59173	11	3926	3,59395	11	3946	3,59616	11
3907	3,59184	11	3927	3,59406	11	3947	3,59627	11
3908	3,59195	12	3928	3,59417	11	3948	3,59638	11
3909	3,59207	11	3929	3,59428	11	3949	3,59649	11
3910	3,59218	11	3930	3,59439	11	3950	3,59660	11
3911	3,59229	11	3931	3,59450	11	3951	3,59671	11
3912	3,59240	11	3932	3,59461	11	3952	3,59682	11
3913	3,59251	11	3933	3,59472	11	3953	3,59693	11
3914	3,59262	11	3934	3,59483	11	3854	3,59704	11
3915	3,59273	11	3935	3,59494	12	3955	3,59715	11
3916	3,59284	11	3936	3,59506	11	3956	3,59726	11
3917	3,59295	11	3937	3,59517	11	3957	3,59737	11
3918	3,59306	12	3938	3,59528	11	3958	3,59748	11
3919	3,59318	11	3939	3,59539	11	3959	3,59759	11
3920	3,59329	11	3940	3,59550	11	3960	3,59770	10

1 nomb.	2 Log.	3 d.t	4 nomb.	5 Log.	6 d.t	7 nomb.	8 Log.	9 d.t
3961	3,59780	11	3981	3,59999	11	4001	3,60217	11
3962	3,59791	11	3982	3,60010	11	4002	3,60228	11
3963	3,59802	11	3983	3,60021	11	4003	3,60239	10
3964	3,59813	11	3984	3,60032	11	4004	3,60249	11
3965	3,59824	11	3985	3,60043	11	4005	3,60260	11
3966	3,59835	11	3986	3,60054	11	4006	3,60271	11
3967	3,59846	11	3987	3,60065	11	4007	3,60282	11
3968	3,59857	11	3988	3,60076	10	4008	3,60293	11
3969	3,59868	11	3989	3,60086	11	4009	3,60304	10
3970	3,59879	11	3990	3,60097	11	4010	3,60314	11
3971	3,59890	11	3991	3,60108	11	4011	3,60325	11
3972	3,59901	11	3992	3,60119	11	4012	3,60336	11
3973	3,59912	11	3993	3,60130	11	4013	3,60347	11
3974	3,59923	11	3994	3,60141	11	4014	3,60358	11
3975	3,59934	11	3995	3,60152	11	4015	3,60369	10
3976	3,59945	11	3996	3,60163	10	4016	3,60379	11
3977	3,59956	10	3997	3,60173	11	4017	3,60390	11
3978	3,59966	11	3998	3,60184	11	4018	3,60401	11
3979	3,59977	11	3999	3,60195	11	4019	3,60412	11
3980	3,59988	11	4000	3,60206	11	4020	3,60423	10

20

1 nomb.	2 Log.	3 d.t	4 nomb.	5 Log.	6 d.t	7 nomb.	8 Log.	9 d.t
4021	3,60433	11	4041	3,60649	11	4061	3,60863	11
4022	3,60444	11	4042	3,60660	10	4062	3,60874	11
4023	3,60455	11	4043	3,60670	11	4063	3.60885	10
4024	3,60466	11	4044	3,60681	11	4064	3,60895	11
4025	3,60477	10	4045	3,60692	11	4065	3,60906	11
4026	3,60487	11	4046	3,60703	10	4066	3,60917	10
4027	3,60498	11	4047	3,60713	11	4067	3,60927	11
4028	3,60509	11	4048	3,60724	11	4068	3.60938	11
4029	3,60520	11	4049	3,60735	11	4069	3,60949	10
4030	3,60531	10	4050	3,60746	10	4070	3,60959	11
4031	3,60541	11	4051	3,60756	11	4071	3,60970	11
4032	3,60552	11	4052	3,60767	11	4072	3,60981	10
4033	3,60563	11	4053	3,60778	10	4973	3,60991	11
4034	3,60574	10	4054	3,60788	11	4074	3,61002	11
4035	3,60584	11	4055	3,60799	11	4075	3,61013	10
4036	3,60595	11	4056	3,60810	11	4076	3,61023	11
4037	3,60606	11	4057	3,60821	10	4077	3,61034	11
4038	3,60617	10	4058	3,60831	11	4078	3,61045	10
4039	3,60627	11	4059	3,60842	11	4079	3,61055	11
4040	3,60638	11	4060	3,60853	10	4080	3,61066	11

1 nomb.	2 Log.	3 d.t	4 nomb.	5 Log.	6 d.t	7 nomb.	8 Log.	9 d.t
4081	3,61077	10	4101	3,61289	11	4121	3,61500	11
4082	3,61087	11	4102	3,61300	10	4122	3,61511	10
4083	3,61098	11	4103	3,61310	11	4123	3,61521	11
4084	3,61109	10	4104	3,61321	10	4124	3,61532	10
4085	3,61119	11	4105	3,61331	11	4125	3,61542	11
4086	3,61130	10	4106	3,61342	10	4126	3,61553	10
4087	3,61140	11	4107	3,61352	11	4127	3,61563	11
4088	3,61151	11	4108	3,61363	11	4128	3,61574	10
4089	3,61162	10	4109	3,61374	10	4129	3,61584	11
4090	3,61172	11	4110	3,61384	11	4130	3,61595	11
4091	3,61183	11	4111	3,61395	10	4131	3,61606	10
4092	3,61194	10	4112	3,61405	11	4132	3,61616	11
4093	3,61204	11	4113	3,61416	10	4133	3,61627	10
4094	3,61215	10	4114	3,61426	11	4134	3,61637	11
4095	3,61225	11	4115	3,61437	11	4135	3,61648	10
4096	3,61236	11	4116	3,61448	10	4136	3,61658	11
4097	3,61247	10	4117	3,61458	11	4137	3,61669	10
4098	3,61257	11	4118	3,61469	10	4138	3,61679	11
4099	3,61268	10	4119	3,61479	11	4139	3,61690	10
4100	3,61278	11	4120	3,61490	10	4140	3,61700	11

| 1 | 2 | 3 | 4 | 5 | 6 | 7 | 8 | 9 |
nomb.	Log.	d.t	nomb.	Log.	d.t	nomb.	Log.	d.t
4141	3,61711	10	4161	3,61920	10	4181	3,62128	10
4142	3,61721	10	4162	3,61930	11	4182	3,62138	11
4143	3,61731	11	4163	3,61941	10	4183	3,62149	10
4144	3,61742	10	4164	3,61951	11	4184	3,62159	11
4145	3,61752	11	4165	3,61962	10	4185	3,62170	10
4146	3,61763	10	4166	3,61972	10	4186	3,62180	10
4147	3,61773	11	4167	3,61982	11	4187	3,62190	11
4148	3,61784	10	4168	3,61993	10	4188	3,62201	10
4149	3,61794	11	4169	3,62003	11	4189	3,62211	10
4150	3,61805	10	4170	3,62014	10	4190	3,62221	11
4151	3,61815	11	4171	3,62024	10	4191	3,62232	10
4152	3,61826	10	4172	3,62034	11	4192	3,62242	10
4153	3,61836	11	4173	3,62045	10	4193	3,62252	11
4154	3,61847	10	4174	3,62055	11	4194	3,62263	10
4155	3,61857	11	4175	3,62066	10	4195	3,62273	11
4156	3,61868	10	4176	3,62076	10	4196	3,62284	10
4157	3,61878	10	4177	3,62086	11	4197	3,62294	10
4158	3,61888	11	4178	3,62097	10	4198	3,62304	11
4159	3,61899	10	4179	3,62107	11	4199	3,62315	10
4160	3,61909	11	4180	3,62118	10	4200	3,62325	10

1 nomb.	2 Log.	3 d.t	4 nomb.	5 Log.	6 d.t	7 nomb.	8 Log.	9 d.t
4201	3,62335	11	4221	3,62542	10	4241	3,62747	10
4202	3,62346	10	4222	3,62552	10	4242	3,62757	10
4203	3,62356	10	4223	3,62562	10	4243	3,62767	11
4204	3,62366	11	4224	3,62572	11	4244	3,62778	10
4205	3,62377	10	4225	3,62583	10	4245	3,62788	10
4206	3,62387	10	4226	3,62593	10	4246	3,62798	10
4207	3,62397	11	4227	3,62603	10	4247	3,62808	10
4208	3,62408	10	4228	3,62613	11	4248	3,62818	11
4209	3,62418	10	4229	3,62624	10	4249	3,62829	10
4210	3,62428	11	4230	3,62634	10	4250	3,62839	10
4211	3,62439	10	4231	3,62644	11	4251	3,62849	10
4212	3,62449	10	4232	3,62655	10	4252	3,62859	11
4213	3,62459	10	4233	3,62665	10	4253	3,62870	10
4214	3,62469	11	4234	3,62675	10	4254	3,62880	10
4215	3,62480	10	4235	3,62685	11	4255	3,62890	10
4216	3,62490	10	4236	3,62696	10	4256	3,62900	10
4217	3,62500	11	4237	3,62706	10	4257	3,62910	11
4218	3,62511	10	4238	3,62716	10	4258	3,62921	10
4219	3,62521	10	4239	3,62726	11	4259	3,62931	10
4220	3,62531	11	4240	3,62737	10	4260	3,62941	10

1 nomb.	2 Log.	3 d.t	4 nomb.	5 Log.	6 d.t	7 nomb.	8 Log.	9 d.t
4261	3,62951	10	4281	3.63155	10	4301	3,63357	10
4262	3,62961	11	4282	3,63165	10	4302	3,63367	10
4263	3,62972	10	4283	3,63175	10	4303	3,63377	10
4264	3,62982	10	4284	3,63185	10	4304	3,63387	10
4265	3,62992	10	4285	3,63195	10	4305	3,63397	10
4266	3,63002	10	4286	3.63205	10	4306	3,63407	10
4267	3,63012	10	4287	3,63215	10	4307	3,63417	11
4268	3,63022	11	4288	3,63225	11	4308	3,63428	10
4269	3,63033	10	4289	3,63236	10	4309	3,63438	10
4270	3,63043	10	4290	3,63246	10	4310	3,63448	10
4271	3,63053	10	4291	3,63256	10	4311	3,63458	10
4272	3,63063	10	4292	3,63266	10	4312	3,63468	10
4273	3,63073	10	4293	3,63276	10	4313	3,63478	10
4274	3.63083	11	4294	3,63286	10	4314	3,63488	10
4275	3,63094	10	4295	3,63296	10	4315	3,63498	10
4276	3,63104	10	4296	3,63306	11	4316	3,63508	10
4277	3,63114	10	4297	3,63317	10	4317	3,63518	10
4278	3,63124	10	4298	3,63327	10	4318	3,63528	10
4279	3,63134	10	4299	3,63337	10	4319	3,63538	10
4280	3,63144	11	4300	3,63347	10	4320	3,63548	10

1 nomb.	2 Log.	3 d.t	4 nomb	5 Log.	6 d.t	7 nomb.	8 Log.	9 d.t
4321	3,63558	10	4341	3,63759	10	4361	3,63959	10
4322	3,63568	11	4342	3,63769	10	4362	3,63969	10
4323	3,63579	10	4343	3,63779	10	4363	3,63979	9
4324	3,63589	10	4344	3,63789	10	4364	3,63988	10
4325	3,63599	10	4345	3,63799	10	4365	3,63998	10
4326	3,63609	10	4346	3,63809	10	4366	3,64008	10
4327	3,63619	10	4347	3,63819	10	4367	3,64018	10
4328	3,63629	10	4348	3,63829	10	4368	3,64028	10
4329	3,63639	10	4349	3,63839	10	4369	3,64038	10
4330	3,63649	10	4350	3,63849	10	4370	3,64048	10
4331	3,63659	10	4351	3,63859	10	4371	3,64058	10
4332	3,63669	10	4352	3,63869	10	4372	3,64068	10
4333	3,63679	10	4353	3,63879	10	4373	3,64078	10
4334	3,63689	10	4354	3,63889	10	4374	3,64088	10
4335	3,63699	10	4355	3,63899	10	4375	3,64098	10
4336	3,63709	10	4356	3,63909	10	4376	3,64108	10
4337	3,63719	10	4357	3,63919	10	4377	3,64118	10
4338	3,63729	10	4358	3,63929	10	4378	3,64128	9
4339	3,63739	10	4359	3,63939	10	4379	3,64137	10
4340	3,63749	10	4360	3,63949	10	4380	3,64147	10

1 nomb.	2 Log.	3 d.t	4 nomb	5 Log.	6 d.t	7 nomb	8 Log.	9 d.t
4381	3,64157	10	4401	3,64355	10	4421	3,64552	10
4582	3,64167	10	4402	3,64365	10	4422	3,64562	10
4383	3,64177	10	4403	3,64375	10	4423	3,64572	10
4384	3,64187	10	4404	3,64385	10	4424	3,64582	9
4385	3,64197	10	4405	3,64395	9	4425	3,64591	10
4386	3,64207	10	4406	3,64404	10	4426	3,64601	10
4387	3,64217	10	4407	3,64414	10	4427	3,64611	10
4388	3,64227	10	4408	3,64424	10	4428	3,64621	10
4389	3,64237	9	4409	3,64434	10	4429	3,64631	9
4390	3,64246	10	4410	3,64444	10	4430	3,64640	10
4391	3,64256	10	4411	3,64454	10	4431	3,64650	10
4392	3,64266	10	4412	3,64464	9	4432	3,64660	10
4393	3,64276	10	4413	3,64473	10	4433	3,64670	10
4394	3,64286	10	4414	3,64483	10	4434	3,64680	9
4395	3,64296	10	4415	3,64493	10	4435	3,64689	10
4396	3,64306	10	4416	3,64503	10	4436	3,64699	10
4397	3,64316	10	4417	3,64513	10	4437	3,64709	10
4398	3,64326	9	4418	3,64523	9	4438	3,64719	10
4399	3,64335	10	4419	3,64532	10	4439	3,64729	9
4400	3,64345	10	4420	3,64542	10	4440	3,64738	10

1 nomb.	2 Log.	3 d.t	4 nomb.	5 Log.	6 d.t	7 nomb	8 Log.	9 d.t
4441	3,64748	10	4461	3,64943	10	4481	3,65137	10
4442	3,64758	10	4462	3,64953	10	4482	3,65147	10
4443	3,64768	9	4463	3,64963	9	4483	3,65157	10
4444	3,64777	10	4464	3,64972	10	4484	3,65167	9
4445	3,64787	10	4465	3,64982	10	4485	3,65176	10
4446	3,64797	10	4466	3,64992	10	4486	3,65186	10
4447	3,64807	9	4467	3,65002	9	4487	3,65196	9
4448	3,64816	10	4468	3,65011	10	4488	3,65205	10
4449	3,64826	10	4469	3,65021	10	4489	3,65215	10
4450	3,64836	10	4470	3,65031	9	4490	3,65225	9
4451	3,64846	10	4471	3,65040	10	4491	3,65234	10
4452	3,64856	9	4472	3,65050	10	4492	3,65244	10
4453	3,64865	10	4473	3,65060	10	4493	3,65254	9
4454	3,64875	10	4474	3,65070	9	4494	3,65263	10
4455	3,64885	10	4475	3,65079	10	4495	3,65273	10
4456	3,64895	9	4476	3,65089	10	4496	3,65283	9
4457	3,64904	10	4477	3,65099	9	4497	3,65292	10
4458	3,64914	10	4478	3,65108	10	4498	3,65302	10
4459	3,64924	9	4479	3,65118	10	4499	3,65312	9
4460	3,64933	10	4480	3,65128	9	4500	3,65321	10

1 nomb.	2 Log.	3 d.t	4 nomb.	5 Log.	6 d.t	7 nomb.	8 Log.	9 d.t
4501	3,65331	10	4521	3,55523	10	4541	3,65715	10
4502	3,65341	9	4522	3.65533	10	4542	3,65725	9
4503	3,65350	10	4523	3,65543	9	4543	3,65734	10
4504	3,65360	9	4524	3,65552	10	4544	3,65744	9
4505	3,65369	10	4525	3,65562	9	4545	3,65753	10
4506	3,65379	10	4526	3,65571	10	4546	3,65763	9
4507	3,65389	9	4527	3,65581	10	4547	3,65772	10
4508	3,65398	10	4528	3,65591	9	4548	3,65782	10
4509	3,65408	10	4529	3,65600	10	4549	3,65792	9
4510	3,65418	9	4530	3,65610	9	4550	3,65801	10
4511	3 65427	10	4531	3 65619	10	4551	3,65811	9
4512	3,65437	10	4532	3,65629	10	4552	3,65820	10
4513	3,65447	9	4533	3,65639	9	4553	3,65830	9
4514	3,65456	10	4534	3,65648	10	4554	3,65839	10
4515	3,65466	9	4535	3,65658	9	4555	3,65849	9
4516	3,65475	10	4536	3,65667	10	4556	3,65858	10
4517	3,65485	10	4537	3.65677	9	4557	3,65868	9
4518	3,65495	9	4538	3,65686	10	4558	3,65877	10
4519	3,65504	10	4539	3.65696	10	4559	3,65887	9
4520	3,65514	9	4540	3,65706	9	4460	3,65896	10

1 nomb.	2 Log.	3 d.t	4 nomb.	5 Log.	6 d.t	7 nomb.	8 Log.	3 d.t
4561	3,65906	10	4581	3,66096	10	4601	3,66285	10
4562	3,65916	9	4582	3,66106	9	4602	3,66295	9
4563	3,65925	10	4583	3,66115	9	4603	3,66304	10
4564	3,65935	9	4584	3,66124	10	4604	3,66314	9
4565	3,65944	10	4585	3,66134	9	4605	3,66323	9
4566	3,65954	9	4586	3,66143	10	4606	3,66332	10
4567	3,65963	10	4587	3,66153	9	4607	3,66342	9
4568	3,65973	9	4588	3,66162	10	4608	3,66351	10
4569	3,65982	10	4589	3,66172	9	4609	3,66361	9
4570	3,65992	9	4590	3,66181	10	4610	3,66370	10
4571	3,66001	10	4591	3,66191	9	4611	3,66380	9
4572	3,66011	9	4592	3,66200	10	4612	3,66389	9
4573	3,66020	10	4593	3,66210	9	4613	3,66398	10
4574	3,66030	9	4594	3,66219	10	4614	3,66408	9
4575	3,66039	10	4595	3,66229	9	4615	3,66417	10
4576	3,66049	9	4596	3,66238	9	4616	3,66427	9
4577	3,66058	10	4597	3,66247	10	4617	3,66436	9
4578	3,66068	9	4598	3,66257	9	4618	3,66445	10
4579	3,66077	10	4599	3,66266	10	4619	3,66455	9
4580	3,66087	9	4600	3,66276	9	4620	3,66464	10

1 nomb.	2 Log.	3 d.t	4 nomb.	5 Log.	6 d.t	7 nomb.	8 Log.	9 d.t
4621	3,66474	9	4641	3,66661	10	4661	3,66848	9
4622	3,66483	9	4642	3,66671	9	4662	3,66857	10
4623	3,66492	10	4643	3,66680	9	4663	3,66867	9
4624	3,66502	9	4644	3,66689	10	4664	3,66876	9
4625	3,66511	10	4645	3,66699	9	4665	3,66885	9
4626	3,66521	9	4646	3,66708	9	4666	3,66894	10
4627	3,66530	9	4647	3,66717	10	4667	3,66904	9
4628	3,66539	10	4648	3,66727	9	4668	3,66913	9
4629	3,66549	9	4649	3,66736	9	4669	3,66922	10
4630	3,66558	9	4650	3,66745	10	4670	3,66932	9
4631	3,66567	10	4651	3,66755	9	4671	3,66941	9
4632	3,66577	9	4652	3,66764	9	4672	3,66950	10
4633	3,66586	10	4653	3,66773	10	4673	3,66960	9
4634	3,66596	9	4654	3,66783	9	4674	3,66969	9
4635	3,66605	9	4655	3,66792	9	4675	3,66978	9
4636	3,66614	10	4656	3,66801	10	4676	3,66987	10
4637	3,66624	9	4657	3,66811	9	4677	3,66997	9
4638	3,66633	9	4658	3,66820	9	4678	3,67006	9
4639	3,66642	10	4659	3,66829	10	4679	3,67015	10
4640	3,66652	9	4660	3,66839	9	4680	3,67025	9

1 nomb.	2 Log.	3 d.t	4 nomb.	5 Log.	6 d.t	7 nomb.	8 Log.	9 d.t
4681	3,67034	9	4701	3,67219	9	4721	3,67403	10
4682	3,67043	9	4702	3,67228	9	4722	3,67413	9
4683	3,67052	10	4703	3,67237	10	4723	3,67422	9
4684	3,67062	9	4704	3,67247	9	4724	3,67431	9
4685	3,67071	9	4705	3,67256	9	4725	3,67440	9
4686	3,67080	9	4706	3,67265	9	4726	3,67449	10
4687	3,67089	10	4707	3,67274	10	4727	3,67459	9
4688	3,67099	9	4708	3,67284	9	4728	3,67468	9
4689	3,67108	9	4709	3,67293	9	4729	3,67477	9
4690	3,67117	10	4710	3,67302	9	4730	3,67486	9
4691	3,67127	9	4711	3,67311	10	4731	3,67495	9
4692	3,67136	9	4712	3,67321	9	4732	3,67504	10
4693	3,67145	9	4713	3,67330	9	4733	3,67514	9
4694	3,67154	10	4714	3,67339	9	4734	3,67523	9
4695	3,67164	9	4715	3,67348	9	4735	3,67532	9
4696	3,67173	9	4716	3,67357	10	4736	3,67541	9
4697	3,67182	9	4717	3,67367	9	4737	3,67550	10
4698	3,67191	10	4718	3,67376	9	4738	3,67560	9
4699	3,67201	9	4719	3,67385	9	4739	3,67569	9
4700	3,67210	9	4720	3,67394	9	4740	3,67578	9

1 nomb.	2 Log.	3 d.t	4 nomb.	5 Log.	6 d.t	7 nomb.	8 Log.	9 d.t
4741	3,67587	9	4761	3,67770	9	4781	3,67952	9
4742	3,67596	9	4762	3,67779	9	4782	3,67961	9
4743	3,67605	9	4763	3,67788	9	4783	3.67970	9
4744	3,67614	10	4764	3,67797	9	4784	3,67979	9
4745	3,67624	9	4765	3,67806	9	4785	3,67988	9
4746	3,67633	9	4766	3,67815	10	4786	3,67997	9
4747	3,67642	9	4767	3,67825	9	4787	3,68006	9
4748	3,67651	9	4768	3,67834	9	4738	3,68015	9
4749	3,67660	9	4769	3,67843	9	4789	3,68024	10
4750	3,67669	10	4770	3,67852	9	4790	3,68034	9
4751	3,67679	9	4771	3,67861	9	4791	3,68043	9
4752	3,67688	9	4772	3,67870	9	4792	3,68052	9
4753	3,67697	9	4773	3,67879	9	4793	3,68061	9
4754	3,67706	9	4774	3,67888	9	4794	3,68070	9
4755	3,67715	9	4775	3,67897	9	4795	3,68079	9
4756	3,67724	9	4776	3,67906	10	4796	3,68088	9
4757	3,67733	9	4777	3,67916	9	4797	3,68097	9
4758	3,67742	10	4778	3,67925	9	4798	3,68106	9
4759	3,67752	9	4779	3,67934	9	4799	3,68115	9
4760	3,67761	9	4780	3,67943	9	4800	3,68124	9

1 nomb.	2 Log.	3 d.t	4 nomb.	5 Log.	6 d.t	7 nomb.	8 Log.	9 d.t
4801	3,68133	9	4821	3,68314	9	4841	3,68494	8
4802	3,68142	9	4822	3,68323	9	4842	3,68502	9
4803	3,68151	9	4823	3,68332	9	4343	3,68511	9
4804	3,68160	9	4824	3,68341	9	4844	3,68520	9
4805	3,68169	9	4825	3,68350	9	4845	3,68529	9
4806	3,68178	9	4826	3,68359	9	4846	3,68538	9
4807	3,68187	9	4827	3,68368	9	4847	3,68547	9
4808	3,68196	9	4828	3,68377	9	4848	3,68556	9
4809	3,68205	10	4829	3,68386	9	4849	3,68565	9
4810	3,68215	9	4830	3,68395	9	4850	3,68574	9
4811	3,68224	9	4831	3,68404	9	4851	3,68583	9
4812	3,68233	9	4832	3,68413	9	4852	3,68592	9
4813	3,68242	9	4833	3,68422	9	4853	3,68601	9
4814	3,68251	9	4834	3,68431	9	4854	3,68610	9
4815	3,68260	9	4835	3,68440	9	4855	3,68619	9
4816	3,68269	9	4836	3,68449	9	4856	3,68628	9
4817	3,68278	9	4837	3,68458	9	4857	3,68637	9
4818	3,68287	9	4838	3,68467	9	4858	3,68646	9
4819	3,68296	9	4839	3,68476	9	4859	3,68655	9
4820	3,68305	9	4840	3,68485	9	4860	3,68664	9

1 nomb.	2 Log.	3 d.t	4 nomb.	5 Log.	6 d.t	7 nomb	8 Log.	9 d.t
4861	3,68673	8	4881	3,68851	9	4901	3,69028	9
4862	3,68681	9	4882	3,68860	9	4902	3,69037	9
4863	3,68690	9	4883	3,68869	9	4903	3,69046	9
4864	3,68699	9	4884	3,68878	8	4904	3,69055	9
4865	3,68708	9	4885	3,68886	9	4905	3,69064	9
4866	3,68717	9	4886	3,68895	9	4906	3,69073	9
4867	3,68726	9	4887	3,68904	9	4907	3,69082	8
4868	3,68735	9	4888	3,68913	9	4908	3,69090	9
4969	3,68744	9	4889	3,68922	9	4909	3,69099	9
4870	3,68753	9	4890	3 68931	9	4910	3,69108	9
4871	3,68762	9	4891	3,68940	9	4911	3,69117	9
4872	3,68771	9	4892	3,68949	9	4913	3,69126	9
4873	3,68780	9	4893	3,68958	8	4913	3,69135	9
4874	3,68789	8	4894	3,68966	9	4914	3,69144	8
4875	3,68797	9	4895	3,68975	9	4915	3,69152	9
4876	3,68806	9	4896	3,68984	9	4916	3,69161	9
4877	3,68815	9	4897	3,68993	9	4917	3,69170	9
4878	3,68824	9	4898	3,69002	9	4918	3,69179	9
4879	3,68833	9	4899	3,69011	9	4919	3,69188	9
4880	3,68842	9	4900	3,69020	8	4920	3,69197	8

1 nomb.	2 Log.	3 d.t	4 nomb.	5 Log.	6 d.t	7 nomb.	8 Log.	9 d.t
4921	3,69205	9	4941	3,69381	9	4961	3,69557	9
4922	3,69214	9	4942	3,69390	9	4962	3,69566	8
4923	3,69223	9	4943	3,69399	9	4963	3,69574	9
4924	3,69232	9	4944	3,69408	9	4964	3,69583	9
4925	3,69241	8	4945	3,69417	8	4965	3,69592	9
4926	3,69249	9	4946	3,69425	9	4966	3,69601	8
4927	3,69258	9	4947	3,69434	9	4967	3,69609	9
4928	3,69267	9	4948	3,69443	9	4968	3,69618	9
4929	3,69276	9	4949	3,69452	9	4969	3,69627	9
4930	3,69285	9	4950	3,69461	8	4970	3,69636	8
4931	3,69294	8	4951	3,69469	9	4971	3,69644	9
4932	3,69302	9	4952	3,69478	9	4972	3,69653	9
4933	3,69311	9	4953	3,69487	9	4973	3,69662	9
4934	3,69320	9	4954	3,69496	8	4974	3,69671	8
4935	3,69329	9	4955	3,69504	9	4975	3,69679	9
4936	3,69338	8	4956	3,69513	9	4976	3,69688	9
4937	3,69346	9	4957	3,69522	9	4977	3,69697	8
4938	3,69355	9	4958	3,69531	8	4978	3,69705	9
4939	3,69364	9	4959	3,69539	9	4979	3,69714	9
4940	3,69373	8	4960	3,69548	9	4980	3,69723	9

1 nomb.	2 Log.	3 d.t	4 nomb.	5 Log.	6 d.t	7 nomb.	8 Log.	9 d.t
4981	3,69732	8	5001	3,69906	8	5021	3,70079	9
4982	3,69740	9	5002	3,69914	9	5022	3,70088	8
4983	3,69749	9	5003	3,69923	9	5023	3,70096	9
4984	3,69758	9	5004	3,69932	8	5024	3,70105	9
4985	3,69767	8	5005	3,69940	9	5025	3,70114	8
4986	3,69775	9	5006	3,69949	9	5026	3,70122	9
4987	3,69784	9	5007	3,69958	8	5027	3,70131	9
4988	3,69793	8	5008	3,69966	9	5028	3,70140	8
4989	3,69801	9	5009	3,69975	9	5029	3,70148	9
4990	3,69810	9	5010	3,69984	8	5030	3,70157	8
4991	3,69819	8	5011	3,69992	9	5031	3,70165	9
4992	3,69827	9	5012	3,70001	9	5032	3,70174	9
4993	3,69836	9	5013	3,70010	8	5033	3,70183	8
4994	3,69845	9	5014	3,70018	9	5034	3,70191	9
4995	3,69854	8	5015	3,70027	9	5035	3,70200	9
4996	3,69862	9	5016	3,70036	8	5036	3,70209	8
4997	3,69871	9	5017	3,70044	9	5037	3,70217	9
4998	3,69880	8	5018	3,70053	9	5038	3,70226	8
4999	3,69888	9	5019	3,70062	8	5039	3,70234	9
5000	3,69897	9	5020	3,70070	9	5040	3,70243	9

1 nomb.	2 Log.	3 d.t	4 nomb.	5 Log.	6 d.t	7 nomb.	8 Log.	9 d.t
5041	3.70252	8	5061	3.70424	8	5081	3,70595	8
5042	3,70260	9	5062	3,70432	9	5082	3,70603	9
5043	3,70269	9	5063	3,70441	8	5083	3.70612	9
5944	3,70278	8	5064	3,70449	9	5084	3.70621	8
5045	3,70286	9	5065	3,70458	9	5085	3,70629	9
5046	3,70295	8	5066	3,70467	8	5086	3,70638	8
5047	3,70303	9	5067	3,70475	9	5087	3,70646	9
5048	3.70312	9	5068	3,70484	8	5088	3,70655	8
5049	3,70321	8	5069	3,70492	9	5089	3,70663	9
5050	3,70329	9	5070	3,70501	8	5090	3,70672	8
5051	3,70338	8	5071	3,70509	9	5091	3,70680	9
5052	3,70346	9	5072	3,70518	8	5092	3.70689	8
5053	3,70355	9	5073	3,70526	9	5093	3.70697	9
5054	3,70364	8	5074	3,70535	9	5094	3,70706	8
5055	3,70372	9	5075	3,70544	8	5095	3,70714	9
5056	3,70381	8	5076	3,70552	9	5096	3,70723	8
5057	3.70389	9	5077	3,70561	8	5097	3,70731	9
5058	3,70398	8	5078	3,70569	9	5098	3,70740	9
5059	3,70406	9	5079	3,70578	8	5099	3,70749	8
5060	3,70415	9	5080	3,70586	9	5100	3,70757	8

1 nomb.	2 Log.	3 d.t	4 nomb	5 Log.	6 d.t	7 nomb	8 Log.	9 d.t
5101	3,70766	8	5121	3,70935	9	5141	3,71105	8
5102	3,70774	9	5122	3,70944	8	5142	3,71113	9
5103	3,70783	8	5123	3,70952	9	5143	3,71122	8
5104	3,70791	9	5124	3,70961	8	5144	3,71130	9
5105	3,70800	8	5125	3,70969	9	5145	3,71139	8
5106	3,70808	9	5126	3,70978	8	5146	3,71147	8
5107	3,70817	8	5127	3,70986	9	5147	3,71155	9
5108	3,70825	9	5128	3,70995	8	5148	3,71164	8
5109	3,70834	8	5129	3,71003	9	5149	3,71172	9
5110	3,70842	9	5130	3,71012	8	5150	3,71181	8
5111	3,70851	8	5131	3,71020	9	5151	3,71189	9
5112	3,70859	9	5132	3,71029	8	5152	3,71198	8
5113	3,70868	8	5133	3,71037	9	5153	3,71206	8
5114	3,70876	9	5134	3,71046	8	5154	3,71214	9
5115	3,70885	8	5135	3,71054	9	5155	3,71223	8
5116	3,70893	9	5136	3,71063	8	5156	3,71231	9
5117	3,70902	8	5137	3,71071	8	5157	3,71240	8
5118	3,70910	9	5138	3,71079	9	5158	3,71248	9
5119	3,70919	8	5139	3,71088	8	5159	3,71257	8
5120	3,70927	8	5140	3,71096	9	5160	3,71265	8

1 nomb.	2 Log.	3 d.t	4 nomb.	5 Log.	6 d.t	7 nomb	8 Log.	9 d.t
5161	3,71273	9	5181	3,71441	9	5201	3,71609	8
5162	3,71282	8	5182	3,71450	8	5202	3,71617	8
5163	3,71290	9	5183	3,71458	8	5203	3,71625	9
5164	3,71299	8	5184	3,71466	9	5204	3,71634	8
5165	3,71307	8	5185	3,71475	8	5205	3,71642	8
5166	3,71315	9	5186	3,71483	9	5206	3,71650	9
5167	3,71324	8	5187	3,71492	8	5207	3,71659	8
5168	3,71332	9	5188	3,71500	8	5208	3,71667	8
5169	3,71341	8	5189	3,71508	9	5209	3,71675	9
5170	3,71349	8	5190	3,71517	8	5210	3,71684	8
5171	3,71357	9	5191	3,71525	8	5211	3,71692	8
5172	3,71366	8	5192	3,71533	9	5212	3,71700	9
5173	3,71374	9	5193	3,71542	8	5213	3,71709	8
5174	3,71383	8	5194	3,71550	9	5214	3,71717	8
5175	3,71391	8	5195	3,71559	8	5215	3,71725	9
5176	3,71399	9	5196	3,71567	8	5216	3,71734	8
5177	3,71408	8	5197	3,71575	9	5217	3,71742	8
5178	3,71416	9	5198	3,71584	8	5218	3,71750	9
5179	3,71425	8	5199	3,71592	8	5219	3,71759	8
5180	3,71433	8	5200	3,71600	9	5220	3,71767	8

1 nomb.	2 Log.	3 d.t	4 nomb.	5 Log.	6 d.t	7 nomb.	8 Log.	9 d.t
5221	3,71775	9	5241	3,71941	9	5261	3,72107	8
5222	3,71784	8	5242	3,71950	8	5262	3,72115	8
5223	3,71792	8	5243	3,71958	8	5263	3,72123	9
5224	3,71800	9	5244	3,71966	9	5264	3,72132	8
5225	3,71809	8	5245	3,71975	8	5265	3,72140	8
5226	3,71817	8	5246	3,71983	8	5266	3,72148	8
5227	3,71825	9	5247	3,71991	8	5267	3,72156	9
5228	3,71834	8	5248	3,71999	9	5268	3,72165	8
5229	3,71842	8	5249	3,72008	8	5269	3,72173	8
5230	3,71850	8	5250	3,72016	8	5270	3,72181	8
5231	3 71858	9	5251	3,72024	8	5271	3,72189	9
5232	3,71867	8	5252	3,72032	9	5272	3,72198	8
5233	3,71875	8	5253	3,72041	8	5273	3,72206	8
5234	3,71883	9	5254	3,72049	8	5274	3,72214	8
5235	3,71892	8	5255	3,72057	9	5275	3,72222	8
5236	3,71900	8	5256	3,72066	8	5276	3,72230	9
5237	3,71908	9	5257	3,72074	8	5277	3,72239	8
5238	3,71917	8	5258	3,72082	8	5278	3,72247	8
5239	3,71925	8	5259	3,72090	9	5279	3,72255	8
5240	3,71933	8	5260	3,72099	8	5280	3,72263	9

1 nomb	2 Log.	3 d.t	4 nomb.	5 Log.	6 d.t	7 nomb.	8 Log.	9 d.t
5281	3,72272	8	5301	3,72436	8	5321	3,72599	8
5282	3,72280	8	5302	3,72444	8	5322	3,72607	9
5283	3,72288	8	5303	3,72452	8	5323	3,72616	8
5284	3,72296	8	5304	3,72460	9	5324	3,72624	8
5285	3,72304	9	5305	3,72469	8	5325	3,72632	8
5286	3,72313	8	5306	3,72477	8	5326	3,72640	8
5287	3,72321	8	5307	3,72485	8	5327	3,72648	8
5288	3,72329	8	5308	3,72493	8	5328	3,72656	9
5289	3,72337	9	5309	3,72501	8	5329	3,72665	8
5290	3,72346	8	5310	3,72509	9	5330	3,72673	8
5291	3,72354	8	5311	3,72518	8	5331	3,72681	8
5292	3,72362	8	5312	3,72526	8	5332	3,72689	8
5293	3,72370	8	5313	3,72534	8	5333	3,72677	8
5294	3,72378	9	5314	3,72542	8	5334	3,72705	8
5295	3,72387	8	5315	3,72550	8	5335	3,72713	9
5296	3,72395	8	5316	3,72558	9	5336	3,72722	8
5297	3,72403	8	5317	3,72567	8	5337	3,72730	8
5298	3,72411	8	5318	3,72575	8	5338	3,72738	8
5299	3,72419	9	5319	3,72583	8	5339	3,72746	8
5300	3,72428	8	5320	3,72591	8	5340	3,72754	8

1 nomb.	2 Log.	3 d.t	4 nomb.	5 Log.	6 d.t	7 nomb.	8 Log.	9 d.t
5341	3,72762	8	5361	3,72925	8	5381	3,73086	8
5342	3,72770	9	5362	3,72933	8	5382	3,73094	8
5343	3,72779	8	5363	3,72941	8	5383	3,73102	9
5344	3,72787	8	5364	3,72949	8	5384	3,73111	8
5345	3,72795	8	5365	3,72957	8	5385	3,73119	8
5346	3,72803	8	5366	3,72965	8	5386	3,73127	8
5347	3,72811	8	5367	3,72973	8	5387	3,73135	8
5348	3,72819	8	5368	3,72981	8	5388	3,73143	8
5349	3,72827	8	5369	3,72989	8	5389	3,73151	8
5350	3,72835	8	5370	3,72997	9	5390	3,73159	8
5351	3,72843	9	5371	3,73006	8	5391	3,73167	8
5352	3,72852	8	5372	3,73014	8	5392	3,73175	8
5353	3,72860	8	5373	3,73022	8	5393	3,73183	8
5354	3,72868	8	5374	3,73030	8	5394	3,73191	8
5355	3,72876	8	5375	3,73038	8	5395	3,73199	8
5356	3,72884	8	5376	3,73046	8	5396	3,73207	8
5357	3,72892	8	5377	3,73054	8	5397	3,73215	8
5358	3,72900	8	5378	3,73062	8	5398	3,73223	8
5359	3,72908	8	5379	3,73070	8	5399	3,73231	8
5360	3,72916	9	5380	3,73078	8	5400	3,73239	8

1	2	3	4	5	6	7	8	9
nombre	Log.	d.t	nombre	Log.	d.t	nombre	Log.	d.t
5401	3,73247	8	5421	3,73408	8	5441	3,73568	8
5402	3,73255	8	5422	3,73416	8	5442	3,73576	8
5403	3,73263	9	5423	3,73424	8	5443	3,73584	8
5404	3,73272	8	5424	3,73432	8	5444	3,73592	8
5405	3,73280	8	5425	3,73440	8	5445	3,73600	8
5406	3,73288	8	5426	3,73448	8	5446	3,73608	8
5407	3,73296	8	5427	3,73456	8	5447	3,73616	8
5408	3,73304	8	5428	3,73464	8	5448	3,73624	8
5409	3,73312	8	5429	3,73472	8	5449	3,73632	8
5410	3,73320	8	5430	3,73480	8	5450	3,73640	8
5411	3,73328	8	5431	3,73488	8	5451	3,73648	8
5412	3,73336	8	5432	3,73496	8	5452	3,73656	8
5413	3,73344	8	5433	3,73504	8	5453	3,73664	8
5414	3,73352	8	5434	3,73512	8	5454	3,73672	7
5415	3,73360	8	5435	3,73520	8	5455	3,73679	8
5416	3,73368	8	5436	3,73528	8	5456	3,73687	8
5417	3,73376	8	5437	3,73536	8	5457	3,73695	8
5418	3,73384	8	5438	3,73544	8	5458	3,73703	8
5419	3,73392	8	5439	3,73552	8	5459	3,73711	8
5420	3,73400	8	5440	3,73560	8	5460	3,73719	8

1 nomb.	2 Log.	3 d.t	4 nomb.	5 Log.	6 d.t	7 nomb.	8 Log.	9 d.t
5461	3,73727	8	5481	3,73886	8	5501	3,74044	8
5462	3,73735	8	5482	3,73894	8	5502	3,74052	8
5463	3,73743	8	5483	3,73902	8	5503	3,74060	8
5464	3,73751	8	5484	3,73910	8	5504	3,74068	8
5465	3,73759	8	5485	3,73918	8	5505	3,74076	8
5466	3,73767	8	5486	3,73926	7	5506	3,74084	8
5467	3,73775	8	5487	3,73933	8	5507	3,74092	7
5468	3,73783	8	5488	3,73941	8	5508	3,74099	8
5469	3,73791	8	5489	3,73949	8	5509	3,74107	8
5470	3,73799	8	5490	3,73957	8	5510	3,74115	8
5471	3,73807	8	5491	3,73965	8	5511	3,74123	8
5472	3,73815	8	5492	3,73973	8	5512	3,74131	8
5473	3,73823	7	5493	3,73981	8	5513	3,74139	8
5474	3,73830	8	5494	3,73989	8	5514	3,74147	8
5475	3,73838	8	5495	3,73997	8	5515	3,74155	7
5476	3,73846	8	5496	3,74005	8	5516	3,74162	8
5477	3,73854	8	5497	3,74013	7	5517	3,74170	8
5478	3,73862	8	5498	3,74020	8	5518	3,74178	8
5479	3,73870	8	5499	3,74028	8	5519	3,74186	8
5480	3,73878	8	5500	3,74036	8	5520	3,74194	8

1 nomb.	2 Log.	3 d.t	4 nomb.	5 Log.	6 d.t	7 nomb.	8 Log.	9 d.t
5521	3,74202	8	5541	3,74359	8	5561	3,74515	8
5522	3,74210	8	5542	3,74367	7	5562	3,74523	8
5523	3,74218	7	5543	3,74374	8	5563	3,74531	8
5524	3,74225	8	5544	3,74382	8	5564	3,74539	8
5525	3,74233	8	5545	3,74390	8	5565	3,74547	7
5526	3,74241	8	5546	3,74398	8	5566	3,74554	8
5527	3,74249	8	5547	3,74406	8	5567	3,74562	8
5528	3,74257	8	5548	3,74414	7	5568	3,74570	8
5529	3,74265	8	5549	3,74421	8	5569	3,74578	8
5530	3,74273	7	5550	3,74429	8	5570	3,74586	7
5531	3,74280	8	5551	3,74437	8	5571	3,74593	8
5532	3,74288	8	5552	3,74445	8	5572	3,74601	8
5533	3,74296	8	5553	3,74453	8	5573	3,74609	8
5534	3,74304	8	5554	3,74461	7	5574	3,74617	7
5535	3,74312	8	5555	3,74468	8	5575	3,74624	8
5536	3,74320	7	5556	3,74476	8	5576	3,74632	8
5537	3,74327	8	5557	3,74484	8	5577	3,74640	8
5538	3,74335	8	5558	3,74492	8	5578	3,74648	8
5539	3,74343	8	5559	3,74500	7	5579	3,74656	7
5540	3,74351	8	5560	3,74507	8	5580	3,74663	8

1	2	3	4	5	6	7	8	9
nomb.	Log.	d.t	nomb.	Log.	d.t	nomb	Log.	d.t
5581	3,74671	8	5601	3,74827	7	5621	3,74981	8
5582	3,74679	8	5602	3.74834	8	5622	3,74989	8
5583	3,74687	8	5603	3,74842	8	5623	3,74997	8
5584	3,74695	7	5604	3,74850	8	5624	3,75005	7
5585	3,74702	8	5605	3,74858	7	5625	3,75012	8
5586	3,74710	8	5606	3,74865	8	5626	3,75020	8
5587	3,74718	8	5607	3,74873	8	5627	3,75028	7
5588	3,74726	7	5608	3,74881	8	5628	3,75035	8
5589	3,74733	8	5609	3,74889	7	5629	3,75043	8
5590	3,74741	8	5610	3 74896	8	5630	3,75051	8
5591	3,74749	8	5611	3,74904	8	5631	3,75059	7
5592	3,74757	7	5612	3,74912	8	5632	3,75066	8
5593	3,74764	8	5613	3,74920	7	5633	3,75074	8
5594	3,74772	8	5614	3,74927	8	5634	3,75082	7
5595	3,74780	8	5615	3,74935	8	5635	3,75089	8
5596	3,74788	8	5616	3,74943	7	5636	3,75097	8
5597	3,74796	7	5617	3,74950	8	5637	3,75105	8
5598	3,74803	8	5618	3,74958	8	5638	3,75113	7
5599	3,74811	8	5619	3,74966	8	5639	3,75120	8
5600	3,74819	8	5620	3,74974	7	5640	3,75128	8

1 nomb.	2 Log.	3 d.t	4 nomb.	5 Log.	6 d.t	7 nomb.	8 Log.	9 d.t
5641	3,75136	7	5661	3,75289	8	5681	3,75442	8
5642	3,75143	8	5662	3,75297	8	5682	3,75450	8
5643	3,75151	8	5663	3,75305	7	5683	3,75458	7
5644	3,75159	7	5664	3,75312	8	5684	3,75465	8
5645	3,75166	8	5665	3,75320	8	5685	3,75473	8
5646	3,75174	8	5666	3,75328	7	5686	3,75481	7
5647	3,75182	7	5667	3,75335	8	5687	3,75488	8
5648	3,75189	8	5668	3,75343	8	5688	3,75496	8
5649	3,75197	8	5669	3,75351	7	5689	3,75504	7
5650	3,75205	8	5670	3,75358	8	5690	3,75511	8
5651	3,75213	7	5671	3,75366	8	5691	3,75519	7
5652	3,75220	8	5672	3,75374	7	5692	3,75526	8
5653	3,75228	8	5673	3,75381	8	5693	3,75534	8
5654	3,75236	7	5674	3,75389	8	5694	3,75542	7
5655	3,75243	8	5675	3,75397	7	5695	3,75549	8
5656	3,75251	8	5676	3,75404	8	5696	3,75557	8
5657	3,75259	7	5677	3,75412	8	5697	3,75565	7
5658	3,75266	8	5678	3,75420	7	5698	3,75572	8
5659	3,75274	8	5679	3,75427	8	5699	3,75580	7
5660	3,75282	7	5680	3,75435	7	5700	3,75587	8

22*

1 nomb.	2 Log.	3 d.t	4 nomb.	5 Log.	6 d.t	7 nomb.	8 Log.	9 d.t
5701	3,75595	8	5721	3,75747	8	5741	3,75899	7
5702	3,75603	7	5722	3,75755	7	5742	3,75906	8
5703	3,75610	8	5723	3,75762	8	5743	3,75914	7
5704	3,75618	8	5724	3,75770	8	5744	3,75921	8
5705	3,75626	7	5725	3,75778	7	5745	3,75929	8
5706	3,75633	8	5726	3,75785	8	5746	3,75937	7
5707	3,75641	7	5727	3,75793	7	5747	3,75944	8
5708	3,75648	8	5728	3,75800	8	5748	3,75952	7
5709	3,75656	8	5729	3,75808	7	4749	3,75959	8
5710	3,75664	7	5730	3,75815	8	5750	3,75967	7
5711	3,75671	8	5731	3,75823	8	5751	3,75974	8
5712	3,75679	7	5732	3,75831	7	5752	3,75982	7
5713	3,75686	8	5733	3,75838	8	5753	3,75989	8
5714	3,75694	8	5734	3,75846	7	5754	3,75997	8
5715	3,75702	7	5735	3,75853	8	5755	3,76005	7
5716	3,75709	8	5736	3,75861	7	5756	3,76012	8
5717	3,75717	7	5737	3,75868	8	5757	3,76020	7
5718	3,75724	8	5738	3,75876	8	5758	3,76027	8
5719	3,75732	8	5739	3,75884	7	5759	3,76035	7
5720	3,75740	7	5740	3,75891	8	5760	3,76042	8

1 nomb.	2 Log.	3 d.t	4 nomb	5 Log.	6 d.t	7 nomb.	8 Log.	9 d.t
5761	3,76050	7	5781	3.76200	8	5801	3,76350	8
5762	3,76057	8	5782	3,76208	7	5802	3,76358	7
5763	3,76065	7	5783	3,76215	8	5803	3.76365	8
5764	3,76072	8	5784	3,76223	7	5804	3.76373	7
5765	3,76080	7	5785	3,76230	8	5805	3,76380	8
5766	3,76087	8	5786	3,76238	7	5806	3,76388	7
5767	3,76095	8	5787	3,76245	8	5807	3,76395	8
5768	3,76103	7	5788	3,76253	7	5808	3,76403	7
5769	3,76110	8	5789	3,76260	8	5809	3,76410	8
5770	3,76118	7	5790	3,76268	7	5810	3,76418	7
5771	3,76125	8	5791	3,76275	8	5811	3,76425	8
5772	3,76133	7	5792	3,76283	7	5812	3,76433	7
5773	3,76140	8	5793	3,76290	8	5813	3.76440	8
5774	3,76148	7	5794	3,76298	7	5814	3,76448	7
5775	3,76155	8	5795	3,76305	8	5815	3,76455	7
5776	3,76163	7	5796	3,76313	7	5816	3,76462	8
5777	3.76170	8	5797	3,76320	8	5817	3,76470	7
5778	3,76178	7	5798	3,76328	7	5818	3,76477	8
5779	3,76185	8	5799	3,76335	8	5819	3,76485	7
5780	3,76193	7	5800	3,76343	7	5820	3,76492	8

1 nomb.	2 Log.	3 d.t	4 nomb.	5 Log.	6 d.t	7 nomb	8 Log.	9 d.t
5821	3,76500	7	5841	3,76649	7	5861	3,76797	8
5822	3,76507	8	5842	3,76656	8	5862	3,76805	7
5823	3,76515	7	5843	3,76664	7	5863	3,76812	7
5824	3,76522	8	5844	3,76671	7	5864	3,76819	8
5825	3,76530	7	5845	3,76678	8	5865	3,76827	7
5826	3,76537	8	5846	3,76686	7	5866	3,76834	8
5827	3,76545	7	5847	3,76693	8	5867	3,76842	7
5828	3,76552	7	5848	3,76701	7	5868	3,76849	7
5829	3,76559	8	5849	3,76708	8	5869	3,76856	8
5830	3,76567	7	5850	3,76716	7	5870	3,76864	7
5831	3,76574	8	5851	3,76723	7	5871	3,76871	8
5832	3,76582	7	5852	3,76730	8	5872	3,76879	7
5833	3,76589	8	5853	3,76738	7	5873	3,76886	7
5834	3,76597	7	5854	3,76745	8	5874	3,76893	8
5835	3,76604	8	5855	3,76753	7	5875	3,76901	7
5836	3,76612	7	5856	3,76760	8	5876	3,76908	8
5837	3,76619	7	5857	3,76768	7	5877	3,76916	7
5838	3,76626	8	5858	3,76775	7	5878	3,76923	7
5839	3,76634	7	5859	3,76782	8	5879	3,76930	8
5840	3,76641	8	5860	3,76790	7	5880	3,76938	7

1 nomb.	2 Log.	3 d.t	4 nomb.	5 Log.	6 d.t	7 nomb	8 Log.	9 d.t
5881	3,76945	8	5901	3,77093	7	5921	3,77240	7
5882	3,76953	7	5902	3,77100	7	5922	3,77247	7
5883	3,76960	7	5903	3,77107	8	5923	3,77254	8
5884	3,76967	8	5904	3,77115	7	5924	3,77262	7
5885	3,76975	7	5905	3,77122	7	5925	3,77269	7
5886	3,76982	7	5906	3,77129	8	5926	3,77276	7
5887	3,76989	8	5907	3,77137	7	5927	3,77283	8
5888	3,76997	7	5908	3,77144	7	5928	3,77291	7
5889	3,77004	8	5909	3,77151	8	5929	3,77298	7
5890	3,77012	7	5910	3,77159	7	5930	3,77305	8
5891	3,77019	7	5911	3,77166	7	5931	3,77313	7
5892	3,77026	8	5912	3,77173	8	5932	3,77320	7
5893	3,77034	7	5913	3,77181	7	5933	3,77327	8
5894	3,77041	7	5914	3,77188	7	5934	3,77335	7
5895	3,77048	8	5915	3,77195	8	5935	3,77342	7
5896	3,77056	7	5916	3,77203	7	5936	3,77349	8
5897	3,77063	7	5917	3,77210	7	5937	3,77357	7
5898	3,77070	8	5918	3,77217	8	5938	3,77364	7
5899	3,77078	7	5919	3,77225	7	5939	3,77371	8
5900	3,77085	8	5920	3,77232	8	5940	3,77379	7

1 nomb.	2 Log.	3 d.t	4 nomb.	5 Log.	6 d.t	7 nomb.	8 Log.	9 d.t
5941	3,77386	7	5961	3,77532	7	5981	3,77677	8
5942	3,77393	8	5962	3.77539	7	5982	3,77685	7
5943	3,77401	7	5963	3,77546	8	5983	3,77692	7
5944	3,77408	7	5964	3,77554	7	5984	3,77699	7
5945	3,77415	7	5965	3.77561	7	5985	3,77706	8
5946	3,77422	8	5966	3,77568	8	5986	3,77714	7
5947	3,77430	7	5967	3,77576	7	5987	3,77721	7
5948	3,77437	7	5968	3,77583	7	5988	3,77728	7
5949	3,77444	8	5969	3,77590	7	5989	3,77735	8
5950	3,77452	7	5970	3,77597	8	5990	3,77743	7
5951	3 77459	7	5971	3.77605	7	5991	3,77750	7
5952	3,77466	8	5972	3,77612	7	5992	3,77757	7
5953	3,77474	7	5973	3,77619	8	5993	3,77764	8
5954	3,77481	7	5974	3,77627	7	5994	3,77772	7
5955	3,77488	7	5975	3,77634	7	5995	3,77779	7
5956	3,77495	8	5976	3,77641	7	5996	3,77786	7
5957	3,77503	7	5977	3.77648	8	5997	3,77795	8
5958	3,77510	7	5978	3,77656	7	5998	3,77801	7
5959	3,77517	8	5979	3.77663	7	5999	3,77808	7
5960	3,77525	7	5980	3,77670	7	6000	3,77815	7

1 nomb.	2 Log.	3 d.t	4 nomb.	5 Log.	6 d.t	7 nomb.	8 Log.	9 d.t
6001	3,77822	8	6021	3,77967	7	6041	3,78111	7
6002	3,77830	7	6022	3,77974	7	6042	3,78118	7
6003	3,77837	7	6023	3,77981	7	6043	3,78125	7
6004	3,77844	7	6024	3,77988	8	6044	3,78132	8
6005	3,77851	8	6025	3,77996	7	6045	3,78140	7
6006	3,77859	7	6026	3,78003	7	6046	3,78147	7
6007	3,77866	7	6027	3,78010	7	6047	3,78154	7
6008	3,77873	7	6028	3,78017	8	6048	3,78161	7
6009	3,77880	7	6029	3,78025	7	6049	3,78168	8
6010	3,77887	8	6030	3,78032	7	6050	3,78176	7
6011	3,77895	7	6031	3,78039	7	6051	3,78183	7
6012	3,77902	7	6032	3,78046	7	6052	3,78190	7
6013	3,77909	7	6033	3,78053	8	6053	3,78197	7
6014	3,77916	8	6834	3,78061	7	6054	3,78204	7
6015	3,77924	7	6035	3,78068	7	6055	3,78211	8
6016	3,77931	7	6036	3,78075	7	6056	3,78219	7
6017	3,77938	7	6037	3,78082	7	6057	3,78226	7
6018	3,77945	7	6038	3,78089	8	6058	3,78233	7
6019	3,77952	8	6039	3,78097	7	6059	3,78240	7
6020	3,77960	7	6040	3,78104	7	6060	3,78247	7

1 nomb.	2 Log.	3 d.t	4 nomb.	5. Log.	6 d.t	7 nomb.	8 Log.	9 d.t
6061	3,78254	8	6081	3,78398	7	6101	3,78540	7
6062	3,78262	7	6082	3,78405	7	6102	3,78547	7
6063	3,78269	7	6083	3,78412	7	6103	3,78554	7
6064	3,78276	7	6084	3,78419	7	6104	3,78561	8
6065	3,78283	7	6085	3,78426	7	6105	3,78569	7
6066	3,78290	7	6086	3,78433	7	6106	3,78576	7
6067	3,78297	8	6087	3,78440	7	6107	3,78583	7
6068	3,78305	7	6088	3,78447	8	6108	3,78590	7
6069	3,78312	7	6089	3,78455	7	6109	3,78597	7
6070	3,78319	7	6090	3,78462	7	6110	3,78604	7
6071	3,78326	7	6091	3,78469	7	6111	3,78611	7
6072	3,78333	7	6092	3,78476	7	6112	3,78618	7
6073	3,78340	7	6093	3,78483	7	6113	3,78625	8
6074	3,78347	8	6094	3,78490	7	6114	3,78633	7
6075	3,78355	7	6095	3,78497	7	6115	3,78640	7
6076	3,78362	7	6096	3,78504	8	6116	3,78647	7
6077	3,78369	7	6097	3,78512	7	6117	3,78654	7
6078	3,78376	7	6098	3,78519	7	6118	3,78661	7
6079	3,78383	7	6099	3,78526	7	6119	3,78668	7
6080	3,78390	8	6100	3,78533	7	6120	3,78675	7

1 nombre	2 Log.	3 d.t	4 nombre	5 Log.	6 d.t	7 nombre	8 Log.	9 d.t
6121	3,78682	7	6141	3,78824	7	6161	3,78965	7
6122	3,78689	7	6142	3,78831	7	6162	3,78972	7
6123	3,78696	8	6143	3,78838	7	6163	3,78979	7
6124	3,78704	7	6144	3,78845	7	6164	3,78986	7
6125	3,78711	7	6145	3,78852	7	6165	3,78993	7
6126	3,78718	7	6146	3,78859	7	6166	3,79000	7
6127	3,78725	7	6147	3,78866	7	6167	3,79007	7
6128	3,78732	7	6148	3,78873	7	6168	3,79014	7
6129	3,78739	7	6149	3,78880	8	6169	3,79021	8
6130	3,78746	7	6150	3,78888	7	6170	3,79029	7
6131	3,78753	7	6151	3,78895	7	6171	3,79036	7
6132	3,78760	7	6152	3,78902	7	6172	3,79043	7
6133	3,78767	7	6153	3,78909	7	6173	3,79050	7
6134	3,78774	7	6154	3,78916	7	6174	3,79057	7
6135	3,78781	8	6155	3,78923	7	6175	3,79064	7
6136	3,78789	7	6156	3,78930	7	6176	3,79071	7
6137	3,78796	7	6157	3,78937	7	6177	3,79078	7
6138	3,78803	7	6158	3,78944	7	6178	3,79085	7
6139	3,78810	7	6159	3,78951	7	6179	3,79092	7
6140	3,78817	7	6160	3,78958	7	6180	3,79099	7

1 nomb.	2 Log.	3 d.t	4 nomb.	5 Log.	6 d.t	7 nomb.	8 Log.	9 d t
6181	3,79106	7	6201	3,79246	7	6221	3,79386	7
6182	3,79113	7	6202	3,79253	7	6222	3,79393	7
6183	3,79120	7	6203	3,79260	7	6223	3,79400	7
6184	3 79127	7	6204	3,79267	7	6224	3,79407	7
6185	3,79134	7	6205	3,79274	7	6225	3,79414	7
6186	3,79141	7	6206	3,79281	7	6226	3,79421	7
6187	3,79148	7	6207	3,79288	7	6227	3,79428	7
6188	3,79155	7	6208	3,79295	7	6228	3,79435	7
6189	3,79162	7	6209	3,79302	7	6229	3,79442	7
6190	3,79169	7	6210	3,79309	7	6230	3,79449	7
6191	3,79176	7	6211	3,79316	7	6231	3,79456	7
6192	3,79183	7	6212	3,79323	7	6232	3,79463	7
6193	3,79190	7	6213	3,79330	7	6233	3,79470	7
6194	3,79197	7	6214	3,79337	7	6234	3,79477	7
6195	3,79204	7	6215	3,79344	7	6235	3,79484	7
6196	3,79211	7	6216	3,79351	7	6236	3,79491	7
6197	3,79218	7	6217	3,79358	7	6237	3,79498	7
6198	3,79225	7	6218	3,79365	7	6238	3,79505	6
6199	3,79232	7	6219	3,79372	7	6239	3,79511	7
6200	3,79239	7	6220	3,79379	7	6240	3,79518	7

1 nomb.	2 Log.	3 d.t	4 nomb.	5 Log.	6 d.t	7 nomb.	8 Log.	9 d.t
6241	3,79525	7	6261	3,79664	7	6281	3,79803	7
6242	3,79532	7	6262	3,79671	7	6282	3,79810	7
6243	3,79539	7	6263	3,79678	7	6283	3,79817	7
6244	3,79546	7	6264	3,79685	7	6284	3,79824	7
6245	3,79553	7	6265	3,79692	7	6285	3,79831	6
6246	3,79560	7	6266	3,79699	7	6286	3,79837	7
6247	3,79567	7	6267	3,79706	7	6287	3,79844	7
6248	3,79574	7	6268	3,79713	7	6288	3,79851	7
6249	3,79581	7	6269	3,79720	7	6289	3,79858	7
6250	3,79588	7	6270	3,79727	7	6290	3,79865	7
6251	3,79595	7	6271	3,79734	7	6291	3,79872	7
6252	3,79602	7	6272	3,79741	7	6292	3,79879	7
6253	3,79609	7	6273	3,79748	6	6293	3,79886	7
6254	3,79616	7	6274	3,79754	7	6294	3,79893	7
6255	3,79623	7	6275	3,79761	7	6295	3,79900	6
6256	3,79630	7	6276	3,79768	7	6296	3,79906	7
6257	3,79637	7	6277	3,79775	7	6297	3,79913	7
6258	3,79644	6	6278	3,79782	7	6298	3,79920	7
6259	3,79650	7	6279	3,79789	7	6299	3,79927	7
6260	3,79657	7	6280	3,79796	7	6300	3,79934	7

1 nomb.	2 Log.	3 d.t	4 nomb.	5 Log.	6 d.t	7 nomb.	8 Log.	9 d.t
6301	3,79944	7	6321	3,80079	6	6341	3,80216	7
6302	3,79948	7	6322	3.80085	7	5342	3,80223	6
6303	3,79955	7	6323	3,80092	7	6343	3,80229	7
6304	3,79962	7	6324	3,80099	7	6344	3,80236	7
6305	3,79969	6	6325	3,80106	7	6345	3,80243	7
6306	3,79975	7	6326	3,80113	7	6346	3,80250	7
6307	3,79982	7	6327	3,80120	7	6347	3,80257	7
6308	3,79989	7	6328	3,80127	7	6348	3,80264	7
6309	3,79996	7	6329	3,80134	6	6349	3,80271	6
6310	3,80003	7	6330	3,80140	7	6350	3,80277	7
6311	3,80010	7	6331	3.80147	7	6351	3.80284	7
6312	3,80017	7	6332	3,80154	7	6352	3,80291	7
6313	3,80024	6	6333	3,80161	7	6353	3.80298	7
6314	3,80030	7	6334	3,80168	7	6354	3,80305	7
6315	3,80037	7	6335	3,80175	7	6355	3,80312	6
6316	3,80044	7	6336	3,80182	6	6356	3,80318	7
6317	3,80051	7	6337	3,80188	7	6357	3,80325	7
6318	3,80058	7	6338	3,80195	7	6358	3,80332	7
6319	3,80065	7	6339	3,80202	7	6359	3,80339	7
6320	3,80072	7	6340	3,80209	7	6360	3,80346	7

1 nomb.	2 Log.	3 d.t	4 nomb.	5 Log.	6 d.t	7 nomb.	8 Log.	9 d.t
6361	3,80353	6	6381	3,80489	7	6401	3,80625	7
6362	3,80359	7	6382	3,80496	6	6402	3,80632	6
6363	3,80366	7	6383	3,80502	7	6403	3,80638	7
6364	3,80373	7	6384	3,80509	7	6404	3,80645	7
6365	3,80380	7	6385	3,80516	7	6405	3,80652	7
6366	3,80387	6	6386	3,80523	7	6406	3,80659	6
6367	3,80393	7	6387	3,80530	6	6407	3,80665	7
6368	3,80400	7	6388	3,80536	7	6408	3,80672	7
6369	3,80407	7	6389	3,80543	7	6409	3,80679	7
6370	3,80414	7	6390	3,80550	7	6410	3,80686	7
6371	3,80421	7	6391	3,80557	7	6411	3,80693	6
6372	3,80428	6	6392	3,80564	6	6412	3,80699	7
6373	3,80434	7	6393	3,80570	7	6413	3,80706	7
6374	3,80441	7	6394	3,80577	7	6414	3,80713	7
6375	3,80448	7	6395	3,80584	7	6415	3,80720	6
6376	3,80455	7	6396	3,80591	7	6416	3,80726	7
6377	3,80462	6	6397	3,80598	6	6417	3,80733	7
6378	3,80468	7	6398	3,80604	7	6418	3,80740	7
6379	3,80475	7	6399	3,80611	7	6419	3,80747	7
6380	3,80482	7	6400	3,80618	7	6420	3,80754	6

1 nomb.	2 Log.	3 d.t	4 nomb.	5 Log.	6 d.t	7 ncmb.	8 Log.	9 d.t
6421	3,80760	7	6441	3.80895	7	6461	3,81030	7
6422	3,80767	7	6442	3,80902	7	6462	3,81037	6
6423	3,80774	7	6443	3,80909	7	6463	3,81043	7
6424	3,80781	6	6444	3,80916	6	6464	3,81050	7
6425	3,80787	7	6445	3,80922	7	6465	3,81057	7
6426	3,80794	7	6446	3.80929	7	6466	3,81064	6
6427	3,80801	7	6447	3,80936	7	6467	3,81070	7
6428	3,80808	6	6448	3,80943	6	6468	3,81077	7
6429	3,80814	7	6449	3,80949	7	6469	3,81084	6
6430	3,80821	7	6450	3,80956	7	6470	3,81090	7
6431	3,80828	7	6451	3,80963	6	6471	3,81097	7
6432	3,80835	6	6452	3,80969	7	6472	3,81104	7
6433	3,80841	7	6453	3,80976	7	6473	3,81111	6
6434	3.80848	7	6454	3,80983	7	6474	3,81117	7
6435	3,80855	7	6455	3,80990	6	6475	3,81124	7
6436	3,80862	6	6456	3,80996	7	6476	3,81131	6
6437	3,80868	7	6457	3,81003	7	6477	3,81137	7
6438	3,80875	7	6458	3,81010	7	6478	3,81144	7
6439	3,80882	7	6459	3,81017	6	6479	3,81151	7
6440	3,80889	6	6460	3,81023	7	6480	3,81158	6

1 nomb.	2 Log.	3 d.t	4 nomb	5 Log.	6 d.t	7 nomb.	8 Log.	9 d.t
6481	3.81164	7	6501	3,81298	7	6521	3,81431	7
6482	3,81171	7	6502	3,81305	6	6522	3,81438	7
6483	3,81178	6	6503	3,81311	7	6523	3,81445	6
6484	3,81184	7	6504	3,81318	7	6524	3,81451	7
6485	3,81191	7	6505	3,81325	6	6525	3,81458	7
6486	3,81198	6	6506	3,81331	7	6526	3,81465	6
6487	3,81204	7	6507	3,81338	7	6527	3,81471	7
6488	3,81211	7	6508	3,81345	6	6528	3,81478	7
6489	3,81218	6	6509	3,81351	7	6529	3,81485	6
6490	3,81224	7	6510	3,81358	7	6530	3,81491	7
6491	3,81231	7	6511	3,81365	6	6531	3,81498	7
6492	3,81238	7	6512	3,81371	7	6532	3,81505	6
6493	3,81245	6	6513	3,81378	7	6533	3.81511	7
6494	3,81251	7	6514	3,81385	6	6534	3,81518	7
6495	3,81258	7	6515	3,81391	7	6535	3,81525	6
6496	3,81265	6	6516	3,81398	7	6536	3,81531	7
6497	3,81271	7	6517	3,81405	6	6537	3,81538	6
6498	3,81278	7	6518	3,81411	7	6538	3,81544	7
6499	3,81285	6	6519	3,81418	7	6539	3,81551	7
6500	3,81291	7	6520	3,81425	6	6540	3,81558	6

1 nomb.	2 Log.	3 d.t	4 nomb.	5 Log.	6 d.t	7 nomb	8 Log.	9 d.t
6541	3,81564	7	6561	3,81697	7	6581	3,81829	7
6542	3,81571	7	6562	3,81704	6	6582	3,81836	6
6543	3,81578	6	6563	3,81710	7	6583	3,81842	7
6544	3,81584	7	6564	3,81717	6	6584	3,81849	7
6545	3,81591	7	6565	3,81723	7	6585	3,81856	6
6546	3,81598	6	6566	3,81730	7	6586	3,81862	7
6547	3,81604	7	6567	3,81737	6	6587	3,81869	6
6548	3,81611	6	6568	3,81743	7	6588	3,81875	7
6549	3,81617	7	6569	3,81750	7	6589	3,81882	7
6550	3,81624	7	6570	3,81757	6	6590	3,81889	6
6551	3,81631	6	6571	3,81763	7	6591	3,81895	7
6552	3,81637	7	6572	3,81770	6	6592	3,81902	6
6553	3,81644	7	6573	3,81776	7	6593	3,81908	7
6554	3,81651	6	6574	3,81783	7	6594	3,81915	6
6555	3,81657	7	6575	3,81790	6	6595	3,81921	7
6556	3,81664	7	6576	3,81796	7	6596	3,81928	7
6557	3,81671	6	6577	3,81803	6	6597	3,81935	6
6558	3,81677	7	6578	3,81809	7	6598	3,81941	7
6559	3,81684	6	6579	3,81816	7	6599	3,81948	6
6560	3,81690	7	6580	3,81823	6	6600	3,81954	7

1 nomb.	2 Log.	3 d.t	4 nomb.	5 Log.	6 d.t	7 nomb	8 Log.	9 d.t
6601	3,81961	7	6621	3,82092	7	6641	3,82223	7
6602	3,81968	6	6622	3,82099	6	6642	3,82230	6
6603	3,81974	7	6623	3,82105	7	6643	3,82236	7
6604	3,81981	6	6624	3,82112	7	6644	3,82243	6
6605	3,81987	7	6625	3,82119	6	6645	3,82249	7
6606	3,81994	6	6626	3,82125	7	6646	3,82256	7
6607	3,82000	7	6627	3,82132	6	6647	3,82263	6
6608	3,82007	7	6628	3,82138	7	6648	3,82269	7
6609	3,82014	6	6629	3,82145	6	6649	3,82276	6
6610	3,82020	7	6630	3,82151	7	6650	3,82282	7
6611	3,82027	6	6631	3,82158	6	6651	3,82289	6
6612	3,82033	7	6632	3,82164	7	6652	3,82295	7
6613	3,82040	6	6633	3,82171	7	6653	3,82302	6
6614	3,82046	7	6634	3,82178	6	6654	3,82308	7
6615	3,82053	7	6635	3,82184	7	6655	3,82315	6
6616	3,82060	6	6636	3,82191	6	6656	3,82321	7
6617	3,82066	7	6637	3,82197	7	6657	3,82328	6
6618	3,82073	6	6638	3,82204	6	6658	3,82334	7
6619	3,82079	7	6639	3,82210	7	6659	3,82341	6
6620	3,82086	6	6640	3,82217	6	6660	3,82347	7

1 nomb.	2 Log.	3 d.t	4 nomb.	5 Log.	6 d.t	7 nomb.	8 Log.	9 d.t
6661	3,82354	6	6681	3,82484	7	6701	3,82614	6
6662	3,82360	7	6682	3,82491	6	6702	3,82620	7
6663	3,82367	6	6683	3,82497	7	6703	3,82627	6
6664	3,82373	7	6684	3,82504	6	6704	3,82633	7
6665	3,82380	7	6685	3,82510	7	6705	3,82640	6
6666	3,82387	6	6686	3,82517	6	6706	3,82646	7
6667	3,82393	7	6687	3,82523	7	6707	3,82653	6
6668	3,82400	6	6688	3,82530	6	6708	3,82659	7
6669	3,82406	7	6689	3,82536	7	6709	3,82666	6
6670	3,82413	6	6690	3,82543	6	6710	3,82672	7
6671	3,82419	7	6691	3,82549	7	6711	3,82679	6
6672	3,82426	6	6692	3,82556	6	6712	3,82685	7
6673	3,82432	7	6693	3,82562	7	6713	3,82692	6
6674	3,82439	6	6694	3,82569	6	6714	3,82698	7
6675	3,82445	7	6695	3,82575	7	6715	3,82705	6
6676	3,82452	6	6696	3,82582	6	6716	3,82711	7
6677	3,82458	7	6697	3,82588	7	6717	3,82718	6
6678	3,82465	6	6698	3,82595	6	6718	3,82724	6
6679	3,82471	7	6699	3,82601	6	6719	3,82730	7
6680	3,82478	6	6700	3,82607	7	6720	3,82737	6

1 nomb.	2 Log.	3 d.t	4 nomb.	5 Log.	6 d.t	7 nomb.	8 Log.	9 d.t
6721	3,82743	7	6741	3,82872	7	6761	3,83001	7
6722	3,82750	6	6742	3,82879	6	6762	3,83008	6
6723	3,82756	7	6743	3,82885	7	6763	3,83014	6
6724	3,82763	6	6744	3,82892	6	6764	3,83020	7
6725	3,82769	7	6745	3,82898	7	6765	3,83027	6
6726	3,82776	6	6746	3,82905	6	6766	3,83033	7
6727	3,82782	7	6747	3,82911	7	6767	3,83040	6
6728	3,82789	6	6748	3,82918	6	6768	3,83046	6
6729	3,82795	7	6749	3,82924	6	6769	3,83052	7
6730	3,82802	6	6750	3,82930	7	6770	3,83059	6
6731	3,82808	6	6751	3,82937	6	6771	3,83065	7
6732	3,82814	7	6752	3,82943	7	6772	3,83072	6
6733	3,82821	6	6753	3,82950	6	6773	3,83078	7
6734	3,82827	7	6754	3,82956	7	6774	3,83085	6
6735	3,82834	6	6755	3,82963	6	6775	3,83091	6
6736	3,82840	7	6756	3,82969	6	6776	3,83097	7
6737	3,82847	6	6757	3,82975	7	6777	3,83104	6
6738	3,82853	7	6758	3,82982	6	6778	3,83110	7
6739	3,82860	6	6759	3,82988	7	6779	3,83117	6
6740	3,82866	6	6760	3,82995	6	6780	3,83123	6

1 nomb.	2 Log.	3 d.t	4 nomb.	5 Log.	6 d.t	7 nomb.	8 Log.	9 d.t
6781	3,83129	7	6801	3,83257	7	6821	3,83385	6
6782	3,83136	6	6802	3,83264	6	6822	3,83391	7
6783	3,83142	7	6803	3,83270	6	6823	3,83398	6
6784	3,83149	6	6804	3,83276	7	6824	3,83404	6
6785	3,83155	6	6805	3,83283	6	6825	3,83410	7
6786	3,83161	7	6806	3,83289	7	6826	3,83417	6
6787	3,83168	6	6807	3,83296	6	6827	3,83423	6
6788	3,83174	7	6808	3,83302	6	6828	3,83429	7
6789	3,83181	6	6809	3,83308	7	6829	3,83436	6
6790	3,83187	6	6810	3,83315	6	6830	3,83442	6
6791	3,83193	7	6811	3,83321	6	6831	3,83448	7
6792	3,83200	6	6812	3,83327	7	6832	3,83455	6
6793	3,83206	7	6813	3,83334	6	6833	3,83461	6
6794	3,83213	6	6814	3,83340	7	6834	3,83467	7
6795	3,83219	6	6815	3,83347	6	6835	3,83474	6
6796	3,83225	7	6816	3,83353	6	6836	3,83480	7
6797	3,83232	6	6817	3,83359	7	6837	3,83487	6
6798	3,83238	7	6818	3,83366	6	6838	3,83493	6
6799	3,83245	6	6819	3,83372	6	6839	3,83499	7
6800	3,83251	6	6820	3,83378	7	6840	3,83506	6

1 nombre	2 Log.	3 d.t	4 nombre	5 Log.	6 d.t	7 nombre	8 Log.	9 d.t
6841	3,83512	6	6861	3,83639	6	6881	3,83765	6
6842	3,83518	7	6862	3,83645	6	6882	3,83771	7
6843	3,83525	6	6863	3,83651	7	6883	3,83778	6
6844	3,83531	6	6864	3,83658	6	6884	3,83784	6
6845	3,83537	7	6865	3,83664	6	6885	3,83790	7
6846	3,83544	6	6866	3,83670	7	6886	3,83797	6
6847	3,83550	6	6867	3,83677	6	6887	3,83803	6
6848	3,83556	7	6868	3,83683	6	6888	3,83809	7
6849	3,83563	6	6869	3,83689	7	6889	3,83816	6
6850	3,83569	6	6870	3,83696	6	6890	3,83822	6
6851	3,83575	7	6871	3,83702	6	6891	3,83828	7
6852	3,83582	6	6872	3,83708	7	6892	3,83835	6
6853	3,83588	6	6873	3,83715	6	6893	3,83841	6
6854	3,83594	7	6874	3,83721	6	6894	3,83847	6
6855	3,83601	6	6875	3,83727	7	6895	3,83853	7
6856	3,83607	6	6876	3,83734	6	6896	3,83860	6
6857	3,83613	7	6877	3,83740	6	6897	3,83866	6
6858	3,83620	6	6878	3,83746	7	6898	3,83872	7
6859	3,83626	6	6879	3,83753	6	6899	3,83879	6
6860	3,83632	7	6880	3,83759	6	6900	3,83885	6

1 nomb.	2 Log.	3 d.t	4 nomb.	5 Log.	6 d.t	7 nomb.	8 Log.	9 d.t
6901	3,83891	6	6921	3,84017	6	6941	3,84142	6
6902	3,83897	7	6922	3,84023	6	6942	3,84148	7
6903	3,83904	6	6923	3,84029	7	6943	3,84155	6
6904	3,83910	6	6924	3,84036	6	6944	3,84161	6
6905	3,83916	7	6925	3,84042	6	6945	3,84167	6
6906	3,83923	6	6926	3,84048	7	6946	3,84173	7
6907	3,83929	6	6927	3,84055	6	6947	3,84180	6
6908	3,83935	7	6928	3,84061	6	6948	3,84186	6
6909	3,83942	6	6929	3,84067	6	6949	3,84192	6
6910	3,83948	6	6930	3,84073	7	6950	3,84198	7
6911	3,83954	6	6931	3,84080	6	6951	3,84205	6
6912	3,83960	7	6932	3,84086	6	6952	3,84211	6
6913	3,83967	6	6933	3,84092	6	6953	3,84217	6
6914	3,83973	6	6934	3,84098	7	6954	3,84223	7
6915	3,83979	6	6935	3,84105	6	6955	3,84230	6
6916	3,83985	7	6936	3,84111	6	6956	3,84236	6
6917	3,83992	6	6937	3,84117	6	6957	3,84242	6
6918	3,83998	6	6938	3,84123	7	6958	3,84248	7
6919	3,84004	7	6939	3,84130	6	6959	3,84255	6
6920	3,84011	6	6940	3,84136	6	6960	3,84261	6

1 nomb.	2 Log.	3 d.t	4 nomb.	5 Log.	6 d.t	7 nomb.	8 Log.	9 d.t
6961	3,84267	6	6981	3,84392	6	7001	3,84516	6
6962	3,84273	7	6982	3,84398	6	7002	3,84522	6
6963	3,84280	6	6983	3,84404	6	7003	3,84528	7
6964	3,84286	6	6984	3,84410	7	7004	3,84535	6
6965	3,84292	6	6985	3,84417	6	7005	3,84541	6
6966	3,84298	7	6986	3,84423	6	7006	3,84547	6
6967	3,84305	6	6987	3,84429	6	7007	3,84553	6
6968	3,84311	6	6988	3,84435	7	7008	3,84559	7
6969	3,84317	6	6989	3,84442	6	7009	3,84566	6
6970	3,84323	7	6990	3,84448	6	7010	3,84572	6
6971	3,84330	6	6991	3,84454	6	7011	3,84578	6
6972	3,84336	6	6992	3,84460	6	7012	3,84584	6
6973	3,84342	6	6993	3,84466	7	7013	3,84590	7
6974	3,84348	6	6994	3,84473	6	7014	3,84597	6
6975	3,84354	7	6995	3,84479	6	7015	3,84603	6
6976	3,84361	6	6996	3,84485	6	7016	3,84609	6
6977	3,84367	6	6997	3,84491	6	7017	3,84615	6
6978	3,84373	6	6998	3,84497	7	7018	3,84621	7
6979	3,84379	7	6999	3,84504	6	7019	3,84628	6
6980	3,84386	6	7000	3,84510	6	7020	3,84634	6

1 nomb.	2 Log.	3 d.t	4 nomb.	5 Log.	6 d.t	7 nomb.	8 Log.	9 d.t
7021	3,84640	6	7041	3,84763	6	7061	3,84887	6
7022	3,84646	6	7042	3.84770	7	7062	3,84893	6
7023	3,84652	6	7043	3,84776	6	7063	3,84899	6
7024	3,84658	7	7044	3,84782	6	7064	3,84905	6
7025	3,84665	6	7045	3,84788	6	7065	3,84911	6
7026	3,84671	6	7046	3,84794	6	7066	3,84917	7
7027	3,84677	6	7047	3,84800	7	7067	3,84924	6
7028	3,84683	6	7048	3,84807	6	7068	3,84930	6
7029	3,84689	7	7049	3,84813	6	7069	3,84936	6
7030	3,84696	6	7050	3,84819	6	7070	3,84942	6
7031	3,84702	6	7051	3.84825	6	7071	3,84948	6
7032	3,84708	6	7052	3,84831	6	7072	3,84954	6
7033	3,84714	6	7053	3,84837	7	7073	3,84960	7
7034	3,84720	6	7054	3,84844	6	7074	3,84967	6
7035	3,84726	7	7055	3,84850	6	7075	3,84973	6
7036	3,84733	6	7056	3,84856	6	7076	3,84979	6
7037	3,84739	6	7057	3,84862	6	7077	3,84985	6
7038	3,84745	6	7058	3,84868	6	7078	3,84991	6
7039	3,94751	6	7059	3,84874	6	7079	3,84997	6
7040	3,84757	6	7060	3,84880	7	7080	3,85003	6

1 nomb.	2 Log.	3 d.t	4 nomb.	5 Log.	6 d.t	7 nomb.	8 Log.	9 d.t
7081	3,85009	7	7101	3,85132	6	7121	3,85254	6
7082	3,85016	6	7102	3,85138	6	7122	3,85260	6
7083	3,85022	6	7103	3,85144	6	7123	3,85266	6
7084	3,85028	6	7104	3,85150	6	7124	3,85272	6
7085	3,85034	6	7105	3,85156	7	7125	3,85278	7
7086	3,85040	6	7106	3,85163	6	7126	3,85285	6
7087	3,85046	6	7107	3,85169	6	7127	3,85291	6
7088	3,85052	6	7108	3,85175	6	7128	3,85297	6
7089	3,85058	7	7109	3,85181	6	7129	3,85303	6
7090	3,85065	6	7110	3,85187	6	7130	3,85309	6
7091	3,85071	6	7111	3,85193	6	7131	3,85315	6
7092	3,85077	6	7112	3,85199	6	7132	3,85321	6
7093	3,85083	6	7113	3,85205	6	7133	3,85327	6
7094	3,85089	6	7114	3,85211	6	7134	3,85333	6
7095	3,85095	6	7115	3,85217	7	7135	3,85339	6
7096	3,85101	6	7116	3,85224	6	7136	3,85345	7
7097	3,85107	7	7117	3,85230	6	7137	3,85352	6
7098	3,85114	6	7118	3,85336	6	7138	3,85358	6
7099	3,85120	6	7119	3,85242	6	7139	3,85364	6
7100	3,85126	6	7120	3,85248	6	7140	3,85370	6

24*

1 nomb.	2 Log.	3 d.t	4 nomb.	5 Log.	6 d.t	7 nomb.	8 Log.	9 d.t
7141	3,85376	6	7161	3,85497	6	7181	3,85618	7
7142	3,85382	6	7162	3,85503	6	7182	3,85625	6
7143	3,85388	6	7163	3,85509	7	7183	3,85631	6
7144	3,85394	6	7164	3,85516	6	7184	3,85637	6
7145	3,85400	6	7165	3,85522	6	7185	3,85643	6
7146	3,85406	6	7166	3,85528	6	7186	3,85649	6
7147	3,85412	6	7167	3,85534	6	7187	3,85655	6
7148	3,85418	7	7168	3,85540	6	7188	3,85661	6
7149	3,85425	6	7169	3,85546	6	7189	3,85667	6
7150	3,85431	6	7170	3,85552	6	7190	3,85673	6
7151	3,85437	6	7171	3,85558	6	7191	3,85679	6
7152	3,85443	6	7172	3,85564	6	7192	3,85685	6
7153	3,85449	6	7173	3,85570	6	7193	3,85691	6
7154	3,85455	6	7174	3,85576	6	7194	3,85697	6
7155	3,85461	6	7175	3,85582	6	7195	3,85703	6
7156	3,85467	6	7176	3,85588	6	7196	3,85709	6
7157	3,85473	6	7177	3,85594	6	7197	3,85715	6
7158	3,85479	6	7178	3,85600	6	7198	3,85721	6
7159	3,85485	6	7179	3,85606	6	7199	3,85727	6
7160	3,85491	6	7180	3,85612	6	7200	3,85733	6

| 1 | 2 | 3 | 4 | 5 | 6 | 7 | 8 | 9 |
nomb.	Log.	d.t	nomb.	Log.	d.t	nomb.	Log.	d.t
7201	3,85739	6	7221	3,85860	6	7241	3,85980	6
7202	3,85745	6	7222	3,85866	6	7242	3,85986	6
7203	3,85751	6	7223	3,85872	6	7243	3,85992	6
7204	3,85757	6	7224	3,85878	6	7244	3,85998	6
7205	3,85763	6	7225	3,85884	6	7245	3,86004	6
7206	3,85769	6	7226	3,85890	6	7246	3,86010	6
7207	3,85775	6	7227	3,85896	6	7247	3,86016	6
7208	3,85781	7	7228	3,85902	6	7248	3,86022	6
7209	3,85788	6	7229	3,85908	6	7249	3,86028	6
7210	3,85794	6	7230	3,85914	6	7250	3,86034	6
7211	3,85800	6	7231	3,85920	6	7251	3,86040	6
7212	3,85806	6	7232	3,85926	6	7252	3,86046	6
7213	3,85812	6	7233	3,85932	6	7253	3,86052	6
7214	3,85818	6	7234	3,85938	6	7254	3,86058	6
7215	3,85824	6	7235	3,85944	6	7255	3,86064	6
7216	3,85830	6	7236	3,85950	6	7256	3,86070	6
7217	3,85836	6	7237	3,85956	6	7257	3,86076	6
7218	3,85842	6	7238	3,85962	6	7258	3,86082	6
7219	3,85848	6	7239	3,85968	6	7259	3,86088	6
7220	3,85854	6	7240	3,85974	6	7260	3,86094	6

1 nomb.	2 Log.	3 d.t	4 nomb	5 Log.	6 d.t	7 nomb.	8 Log.	9 d.t
7261	3,86100	6	7281	3,86219	6	7301	3,86338	6
7262	3,86106	6	7282	3,86225	6	7302	3,86344	6
7263	3,86112	6	7283	3,86231	6	7303	3,86350	6
7264	3,86118	6	7284	3,86237	6	7304	3,86356	6
7265	3,86124	6	7285	3,86243	6	7305	3,86362	6
7266	3,86130	6	7286	3,86249	6	7306	3,86368	6
7267	3,86136	5	7287	3,86255	6	7307	3,86374	6
7268	3,86141	6	7288	3,86261	6	7308	3,86380	6
7269	3,86147	6	7289	3,86267	6	7309	3,86386	6
7270	3,86153	6	7290	3,86273	6	7310	3,86392	6
7271	3,86159	6	7291	3,86279	6	7311	3,86398	6
7272	3,86165	6	7292	3,86285	6	7312	3,86404	6
7273	3,86171	6	7293	3,86291	6	7313	3,86410	5
7274	3,86177	6	7294	3,86297	6	7314	3,86415	6
7275	3,86183	6	7295	3,86303	5	7315	3,86421	6
7276	3,86189	6	7296	3,86308	6	7316	3,86427	6
7277	3,86195	6	7297	3,86314	6	7317	3,86433	6
7278	3,86201	6	7298	3,86320	6	7318	3,86439	6
7279	3,86207	6	7299	3,86326	6	7319	3,86445	6
7280	3,86213	6	7300	3,86332	6	7320	3,86451	6

1 nomb.	2 Log.	3 d.t	4 nomb.	5 Log.	6 d.t	7 nomb.	8 Log.	9 d.t
7321	3,86457	6	7341	3,86576	5	7361	3,86694	6
7322	3,86463	6	7342	3,86581	6	7362	3,86700	5
7323	3,86469	6	7343	3,86587	6	7363	3,86705	6
7324	3,86475	6	7344	3,86593	6	7364	3,86711	6
7325	3,86481	6	7345	3,86599	6	7365	3,86717	6
7326	3,86487	6	7346	3,86605	6	7366	3,86723	6
7327	3,86493	6	7347	3,86611	6	7367	3,86729	6
7328	3,86499	5	7348	3,86617	6	7368	3,86735	6
7329	3,86504	6	7349	3,86623	6	7369	3,86741	6
7330	3,86510	6	7350	3,86629	6	7370	3,86747	6
7331	3,86516	6	7351	3,86635	6	7371	3,86753	6
7332	3,86522	6	7352	3,86641	5	7372	3.86759	5
7333	3,86528	6	7353	3,86646	6	7373	3,86764	6
7334	3,86534	6	7354	3,86652	6	7374	3,86770	6
7335	3,86540	6	7355	3,86658	6	7375	3,86776	6
7336	3,86546	6	7356	3,86664	6	7376	3,86782	6
7337	3,86552	6	7357	3,86670	6	7377	3,86788	6
7338	3,86558	6	7358	3,86676	6	7378	3,86794	6
7339	3,86564	6	7359	3,86682	6	7379	3,86800	6
7340	3,86540	6	7360	3,86688	6	7380	3,86806	6

1 nomb.	2 Log.	3 d.t	4 nomb.	5 Log.	6 d.t	7 nomb.	8 Log.	9 d.t
7381	3,86812	5	7401	3,86929	6	7421	3,87046	6
7382	3,86817	6	7402	3,86935	6	7422	3,87052	6
7383	3,86823	6	7403	3,86941	6	7423	3,87058	6
7384	3,86829	6	7404	3,86947	6	7424	3,87064	6
7385	3,86835	6	7405	3,86953	5	7425	3,87070	5
7386	3,86841	6	7406	3,86958	6	7426	3,87075	6
7387	3,86847	6	7407	3,86964	6	7427	3,87081	6
7388	3,86853	6	7408	3,86970	6	7428	3,87087	6
7389	3,86859	5	7409	3,86976	6	7429	3,87093	6
7390	3,86864	6	7410	3,86982	6	7430	3,87099	6
7391	3,86870	6	7411	3,86988	6	7431	3,87105	6
7392	3,86876	6	7412	3,86994	5	7432	3,87111	5
7393	3,86882	6	7413	3,86999	6	7433	3,87116	6
7394	3,86888	6	7414	3,87005	6	7434	3,87122	6
7395	3,86894	6	7415	3,87011	6	7435	3,87128	6
7396	3,86900	6	7416	3,87017	6	7436	3,87134	6
7397	3,86906	5	7417	3,87023	6	7437	3,87140	6
7398	3,86911	6	7418	3,87029	6	7438	3,87146	5
7399	3,86917	6	7419	3,87035	5	7439	3,87151	6
7400	3,86923	6	7420	3,87040	6	7440	3,87157	6

1 nomb.	2 Log.	3 d.t	4 nomb.	5 Log.	6 d.t	7 nomb.	8 Log.	9 d.t
7441	3,87163	6	7461	3,87280	6	7481	3,87396	6
7442	3,87169	6	7462	3,87286	5	7482	3,87402	6
7443	3,87175	6	7463	3,87291	6	7483	3,87408	5
7444	3,87181	5	7464	3,87297	6	7484	3,87413	6
7445	3,87186	6	7465	3,87303	6	7485	3,87419	6
7446	3,87192	6	7466	3,87309	6	7486	3,87425	6
7447	3,87198	6	7467	3,87315	5	7487	3,87431	6
7448	3,87204	6	7468	3,87320	6	7488	3,87437	5
7449	3,87210	6	7469	3,87326	6	7489	3,87442	6
7450	3,87216	5	7470	3,87332	6	7490	3,87448	6
7451	3,87221	6	7471	3,87338	6	7491	3,87454	6
7452	3,87227	6	7472	3,87344	5	7492	3,87460	6
7453	3,87233	6	7473	3,87349	6	7493	3,87466	5
7454	3,87239	6	7474	3,87355	6	7494	3,87471	6
7455	3,87245	6	7475	3,87361	6	7495	3,87477	6
7456	3,87251	5	7476	3,87367	6	7496	3,87483	6
7457	3,87256	6	7477	3,87373	6	7497	3,87489	6
7458	3,87262	6	7478	3,87379	5	7498	3,87495	5
7459	3,87268	6	7479	3,87384	6	7499	3,87500	6
7460	3,87274	6	7480	3,87390	6	7500	3,87506	6

1 nomb	2 Log.	3 d.t	4 nomb.	5 Log.	6 d.t	7 nomb.	8 Log.	9 d.t
7501	3,87512	6	7521	3,87628	5	7541	3,87743	6
7502	3,87518	5	7522	3,87633	6	7542	3,87749	5
7503	3,87523	6	7523	3,87639	6	7543	3,87754	6
7504	3,87529	6	7524	3,87645	6	7544	3,87760	6
7505	3,87535	6	7525	3,87651	5	7545	3,87766	6
7506	3,87541	6	7526	3,87656	6	7546	3,87772	5
7507	3,87547	5	7527	3,87662	6	7547	3,87777	6
7508	3,87552	6	7528	3,87668	6	7548	3,87783	6
7509	3,87558	6	7529	3,87674	5	7549	3,87789	6
7510	3,87564	6	7530	3,87679	6	7550	3,87795	5
7511	3,87570	6	7531	3,87685	6	7551	3,87800	6
7512	3,87576	5	7532	3,87691	6	7552	3,87806	6
7513	3,87581	6	7533	3,87697	6	7553	3,87812	6
7514	3,87587	6	7534	3,87703	5	7554	3,87818	5
7515	3,87593	6	7535	3,87708	6	7555	3,87823	6
7516	3,87599	5	7536	3,87714	6	7556	3,87829	6
7517	3,87604	6	7537	3,87720	6	7557	3,87835	6
7518	3,87610	6	7538	3,87726	5	7558	3,87841	5
7519	3,87616	6	7539	3,87731	6	7559	3,87846	6
7520	3,87622	6	7540	3,87737	6	7560	3,87852	6

1 nombre	2 Log.	3 d.t	4 nombre	5 Log.	6 d.t	7 nombre	8 Log.	9 d.t
7561	3,87858	6	7581	3,87973	5	7601	3,88087	6
7562	3,87864	5	7582	3,87978	6	7602	3,88093	5
7563	3,87869	6	7583	3,87984	6	7603	3,88098	6
7564	3,87875	6	7584	3,87990	6	7604	3,88104	6
7565	3,87881	6	7585	3,87996	5	7605	3,88110	6
7566	3,87887	5	7586	3,88001	6	7606	3,88116	5
7567	3,87892	6	7587	3,88007	6	7607	3,88121	6
7568	3,87898	6	7588	3,88013	5	7608	3,88127	6
7569	3,87904	6	7589	3,88018	6	7609	3,88133	5
7570	3,87910	5	7590	3,88024	6	7610	3,88138	6
7571	3,87915	6	7591	3,88030	6	7611	3,88144	6
7572	3,87924	6	7592	3,88036	5	7612	3,88150	6
7573	3,87927	6	7593	3,88041	6	7613	3,88156	5
7574	3,87933	5	7594	3,88047	6	7614	3,88161	6
7575	3,87938	6	7595	3,88053	5	7615	3,88167	6
7576	3,87944	6	7596	3,88058	6	7616	3,88173	5
7577	3,87950	5	7597	3,88064	6	7617	3,88178	6
7578	3,87955	6	7598	3,88070	6	7618	3,88184	6
7579	3,87961	6	7599	3,88076	5	7619	3,88190	5
7580	3,87967	6	7600	3,88081	6	7620	3,88195	6

1 nomb.	2 Log.	3 d.t	4 nomb.	5 Log.	6 d.t	7 nomb.	8 Log.	9 d.t
7621	3,88201	6	7641	3,88315	6	7661	3,88429	5
7622	3,88207	6	7642	3,88321	5	7662	3,88434	6
7623	3,88213	5	7643	3,88326	6	7663	3,88440	6
7624	3,88218	6	7644	3,88332	6	7664	3,88446	5
7625	3,88224	6	7645	3,88338	5	7665	3,88451	6
7626	3,88230	6	7646	3,88343	6	7666	3,88457	6
7627	3,88235	6	7647	3,88349	6	7667	3,88463	5
7628	3,88241	5	7648	3,88355	5	7668	3,88468	6
7629	3,88247	6	7649	3,88360	6	7669	3,88474	6
7630	3,88252	6	7650	3,88366	6	7670	3,88480	5
7631	3,88258	5	7651	3,88372	5	7671	3,88485	6
7632	3,88264	6	7652	3,88377	6	7672	3,88491	6
7633	3,88270	6	7653	3,88383	6	7673	3,88497	5
7634	3,88275	6	7654	3,88389	6	7674	3,88502	6
7635	3,88281	5	7655	3,88395	5	7675	3,88508	5
7636	3,88287	6	7656	3,88400	6	7676	3,88513	6
7637	3,88292	6	7657	3,88406	6	7677	3,88519	6
7638	3,88298	5	7658	3,88412	5	7678	3,88525	5
7639	3,88304	6	7659	3,88417	6	7679	3,88530	6
7640	3,88309	6	7660	3,88423	6	7680	3,88536	6

1 nomb.	2 Log.	3 d.t	4 nomb.	5 Log.	6 d.t	7 nomb.	8 Log.	9 d.t
7681	3,88542	5	7701	3,88655	5	7721	3,88767	6
7682	3,88547	6	7702	3,88660	6	7722	3,88773	6
7683	3,88553	6	7703	3,88666	6	7723	3,88779	5
7684	3,88559	5	7704	3,88672	5	7724	3,88784	6
7685	3,88564	6	7705	3,88677	6	7725	3,88790	5
7686	3,88570	6	7706	3,88683	6	7726	3,88795	6
7687	3,88576	5	7707	3,88689	5	7727	3,88801	6
7688	3,88581	6	7708	3,88694	6	7728	3,88807	5
7689	3,88587	6	7709	3,88700	5	7729	3,88812	6
7690	3,88593	5	7710	3,88705	6	7730	3,88818	6
7691	3,88598	6	7711	3,88711	6	7731	3,88824	5
7692	3,88604	6	7712	3,88717	5	7732	3,88829	6
7693	3,88610	5	7713	3,88722	6	7733	3,88835	5
7694	3,88615	6	7714	3,88728	6	7734	3,88840	6
7695	3,88621	6	7715	3,88734	5	7735	3,88846	6
7696	3,88627	5	7716	3,88739	6	7736	3,88852	5
7697	3,88632	6	7717	3,88745	5	7737	3,88857	6
7698	3,88638	5	7718	3,88750	6	7738	3,88863	5
7699	3,88643	6	7719	3,88756	6	7739	3,88868	6
7700	3,88649	6	7720	3,88762	5	7740	3,88874	6

1 nomb.	2 Log.	3 d.t	4 nomb.	5 Log.	6 d.t	7 nomb	8 Log.	9 d.t
7741	3,88880	5	7761	3,88992	5	7781	3,89104	5
7742	3,88885	6	7762	3,88997	6	7782	3,89109	6
7743	3,88891	6	7763	3,89003	6	7783	3,89115	5
7744	3,88897	5	7764	3,89009	5	7784	3,89120	6
7745	3,88902	6	7765	3,89014	6	7785	3,89126	5
7746	3,88908	5	7766	3,89020	5	7786	3,89131	6
7747	3,88913	6	7767	3,89025	6	7787	3,89137	6
7748	3,88919	6	7768	3,89031	6	7788	3,89143	5
7749	3,88925	5	7769	3,89037	5	7789	3,89148	6
7750	3,88930	6	7770	3,89042	6	7790	3,89154	5
7751	3,88936	5	7771	3,89048	5	7791	3,89159	6
7752	3,88941	6	7772	3,89053	6	7792	3,89165	5
7753	3,88947	6	7773	3,89059	5	7793	3,89170	6
7754	3,88953	5	7774	3,89064	6	7794	3,89176	6
7755	3,88958	6	7775	3,89070	6	7795	3,89182	5
7756	3,88964	5	7776	3,89076	5	7796	3,89187	6
7757	3,88969	6	7777	3,89081	6	7797	3,89193	5
7758	3,88975	6	7778	3,89087	5	7798	3,89198	6
7759	3,88981	5	7779	3,89092	6	7799	3,89204	5
7760	3,88986	6	7780	3,89098	6	7800	3,89209	6

1 nomb.	2 Log.	3 d.t	4 nomb.	5 Log.	6 d.t	7 nomb.	8 Log.	9 d.t
7801	3,89215	6	7821	3,89326	6	7841	3,89437	6
7802	3,89221	5	7822	3,89332	5	7842	3,89443	5
7803	3,89226	6	7823	3,89337	6	7843	3,89448	6
7804	3,89232	5	7824	3,89343	5	7844	3,89454	5
7805	3,89237	6	7825	3,89348	6	7845	3,89459	6
7806	3,89243	5	7826	3,89354	6	7846	3,89465	5
7807	3,89248	6	7827	3,89360	5	7847	3,89470	6
7808	3,89254	6	7828	3,89365	6	7848	3,89476	5
7809	3,89260	5	7829	3,89371	5	7849	3,89481	6
7810	3,89265	6	7830	3,89376	6	7850	3,89487	5
7811	3,89271	5	7831	3,89382	5	7851	3,89492	6
7812	3,89276	6	7832	3,89387	6	7852	3,89498	6
7813	3,89282	5	7833	3,89393	5	7853	3,89504	5
7814	3,89287	6	7834	3,89398	6	7854	3,89509	6
7815	3,89293	5	7835	3,89404	5	7855	3,89515	5
7816	3,89298	6	7836	3,89409	6	7856	3,89520	6
7817	3,89304	6	7837	3,89415	6	7857	3,89526	5
7818	3,89310	5	7838	3,89421	5	7858	3,89531	6
7819	3,89315	6	7839	3,89426	6	7859	3,89537	5
7820	3,89321	5	7840	3,89432	5	7860	3,89542	6

1	2	3	4	5	6	7	8	9
nomb.	Log.	d.t	nomb.	Log.	d.t	nomb.	Log.	d.t
7861	3,89548	5	7881	3,89658	6	7901	3,89768	6
7862	3,89553	6	7882	3,89664	5	7902	3,89774	5
7863	3,89559	5	7883	3,89669	6	7903	3,89779	6
7864	3,89564	6	7884	3,89675	5	7904	3,89785	5
7865	3,89570	5	7885	3,89680	6	7905	3,89790	6
7866	3,89575	6	7886	3,89686	5	7906	3,89796	5
7867	3,89581	5	7887	3,89691	6	7907	3,89801	6
7868	3,89586	6	7888	3,89697	5	7908	3,89807	5
7869	3,89592	5	7889	3,89702	6	7909	3,89812	6
7870	3,89597	6	7890	3,89708	5	7910	3,89818	5
7871	3,89603	6	7891	3,89713	6	7911	3,89823	6
7872	3,89609	5	7892	3,89719	5	7912	3,89829	5
7873	3,89614	6	7893	3,89724	6	7913	3,89834	6
7874	3,89620	5	7894	3,89730	5	7914	3,89840	5
7875	3,89625	6	7895	3,89735	6	7915	3,89845	6
7876	3,89631	5	7896	3,89741	5	7916	3,89851	5
7877	3,89636	6	7897	3,89746	6	7917	3,89856	6
7878	3,89642	5	7898	3,89752	5	7918	3,89862	5
7879	3,89647	6	7899	3,89757	6	7919	3,89867	6
7880	3,89653	5	7900	3,89763	5	7920	3,89873	5

1 nomb.	2 Log.	3 d.t	4 nomb	5 Log.	6 d.t	7 nomb.	8 Log.	9 d.t
7921	3,89878	5	7941	3.89988	5	7961	3,90097	5
7922	3,89883	6	7942	3,89993	5	7962	3,90102	6
7923	3,89889	5	7943	3,89998	6	7963	3,90108	5
7924	3,89894	6	7944	3,90004	5	7964	3,90113	6
7925	3,89900	5	7945	3,90009	6	7965	3,90119	5
7926	3,89905	6	7946	3,90015	5	7966	3,90124	5
7927	3,89911	5	7947	3,90020	6	7967	3,90129	6
7928	3,89916	6	7948	3,90026	5	7968	3,90135	5
7929	3,89922	5	7949	3,90031	6	7969	3,90140	6
7930	3,89927	6	7950	3,90037	5	7970	3,90146	5
7931	3,89933	5	7951	3,90042	6	7971	3,90151	6
7932	3,89938	6	7952	3,90048	5	7972	3,90157	5
7933	3,89944	5	7953	3,90053	6	7973	3,90162	6
7934	3,89949	6	7954	3,90059	5	7974	3,90168	5
7935	3,89955	5	7955	3,90064	5	7975	3,90173	6
7936	3,89960	6	7956	3,90069	6	7976	3,90179	5
7937	3,89966	5	7957	3,90075	5	7977	3,90184	5
7938	3,89971	6	7958	3,90080	6	7978	3,90189	6
7939	3,89977	5	7959	3,90086	5	7979	3,90195	5
7940	3,89982	6	7960	3,90091	6	7980	3,90200	6

1 nomb.	2 Log.	3 d.t	4 nomb.	5 Log.	6 d.t	7 nomb	8 Log.	9 d.t
7981	3,90206	5	8001	3,90314	6	8021	3,90423	5
7982	3,90211	6	8002	3,90320	5	8022	3,90428	6
7983	3,90217	5	8003	3,90325	6	8023	3,90434	5
7984	3,90222	5	8004	3,90331	5	8024	3,90439	6
7985	3,90227	6	8005	3,90336	6	8025	3,90445	5
7986	3,90233	5	8006	3,90342	5	8026	3,90450	5
7987	3,90238	6	8007	3,90347	5	8027	3,90455	6
7988	3,90244	5	8008	3,90352	6	8028	3,90461	5
7989	3,90249	6	8009	3,90358	5	8029	3,90466	6
7990	3,90255	5	8010	3,90363	6	8030	3,90472	5
7991	3,90260	6	8011	3,90369	5	8031	3,90477	5
7992	3,90266	5	8012	3,90374	6	8032	3,90482	6
7993	3,90271	5	8013	3,90380	5	8033	3,90488	5
7994	3,90276	6	8014	3,90385	5	8034	3,90493	6
7995	3,90282	5	8015	3,90390	6	8035	3,90499	5
7996	3,90287	6	8016	3,90396	5	8036	3,90504	5
7997	3,90293	5	8017	3,90401	6	8037	3,90509	6
7998	3,90298	6	8018	3,90407	5	8038	3,90515	5
7999	3,90304	5	8019	3,90412	5	8039	3,90520	6
8000	3,90309	5	8020	3,90417	6	8040	3,90526	5

1 nomb.	2 Log.	3 d.t	4 nomb.	5 Log.	6 d.t	7 nomb.	8 Log.	9 d.t
8041	3,90531	5	8061	3,90639	5	8081	3,90747	5
8042	3,90536	6	8062	3,90644	6	8082	3,90752	5
8043	3,90542	5	8063	3,90650	5	8083	3,90757	6
8044	3,90547	6	8064	3,90655	5	8084	3,90763	5
8045	3,90553	5	8065	3,90660	6	8085	3,90768	5
8046	3,90558	5	8066	3,90666	5	8086	3,90773	6
8047	3,90563	6	8067	3,90671	6	8087	3,90779	5
8048	3,90569	5	8068	3,90677	5	8088	3,90784	5
8049	3,90574	6	8069	3,90682	5	8089	3,90789	6
8050	3,90580	5	8070	3,90687	6	8090	3,90795	5
8051	3,90585	5	8071	3,90693	5	8091	3,90800	6
8052	3,90590	6	8072	3,90698	5	8092	3,90806	5
8053	3,90596	5	9073	3,90703	6	8093	3,90811	5
8054	3,90601	6	8074	3,90709	5	8094	3,90816	6
8055	3,90607	5	8075	3,90714	6	8095	3,90822	5
8056	3,90612	5	8076	3,90720	5	8096	3,90827	5
8057	3,90617	6	8077	3,90725	5	8097	3,90832	6
8058	3,90623	5	8078	3,90730	6	8098	3,90838	5
8059	3,90628	6	8079	3,90736	5	8099	3,90843	6
8060	3,90634	5	8080	3,90741	6	8100	3,90849	5

1 nomb.	2 Log.	3 d.t	4 nomb.	5 Log.	6 d.t	7 nomb.	8 Log.	9 d.t
8101	3,90854	5	8121	3,90961	5	8141	3,91068	5
8102	3,90859	6	8122	3,90966	6	8142	3,91073	5
8103	3,90865	5	8123	3,90972	5	8143	3,91078	6
8104	3,90870	5	8124	3,90977	5	8144	3,91084	5
8105	3,90875	6	8125	3,90982	6	8145	3,91089	5
8106	3,90881	5	8126	3,90988	5	8146	3,91094	6
8107	3,90886	5	8127	3,90993	5	8147	3,91100	5
8108	3,90891	6	8128	3,90998	6	8148	3,91105	5
8109	3,90897	5	8129	3,91004	5	8149	3,91110	6
8110	3,90902	5	8130	3,91009	5	8150	3,91116	5
8111	3 90907	6	8131	3,91014	6	8151	3,91121	5
8112	3,90913	5	8132	3,91020	5	8152	3,91126	6
8113	3,90918	6	8133	3,91025	5	8153	3,91132	5
8114	3,90924	5	8134	3,91030	6	8154	3,91137	5
8115	3,90929	5	8135	3,91036	5	8155	3,91142	6
8116	3,90934	6	8136	3,91041	5	8156	3,91148	5
8117	3,90940	5	8137	3,91046	6	8157	3,91153	5
8118	3,90945	5	8138	3,91052	5	8158	3,91158	6
8119	3,90950	6	8139	3,91057	5	8159	3,91164	5
8120	3,90956	5	8140	3,91062	6	8160	3,91169	5

1 nomb.	2 Log.	3 d.t	4 nomb.	5 Log.	6 d.t	7 nomb.	8 Log.	9 d.t
8161	3,91174	6	8181	3,91281	5	8201	3,91387	5
8162	3,91180	5	8182	3,91286	5	8202	3,91392	5
8163	3,91185	5	8183	3,91291	6	8203	3,91397	6
8164	3,91190	6	8184	3,91297	5	8204	3,91403	5
8165	3,91196	5	8185	3,91302	5	8205	3,91408	5
8166	3,91201	5	8186	3,91307	5	8206	3,91413	5
8167	3,91206	6	8187	3,91312	6	8207	3,91418	6
8168	3,91212	5	8188	3,91318	5	8208	3,91424	5
8169	3,91217	5	8189	3,91323	5	8209	3,91429	5
8170	3,91222	6	8190	3,91328	6	8210	3,91434	6
8171	3,91228	5	8191	3,91334	5	8211	3,91440	5
8172	3,91233	5	8192	3,91339	5	8212	3,91445	5
8173	3,91238	5	8193	3,91344	6	8213	3,91450	5
8174	3,91243	6	8194	3,91350	5	8214	3,91455	6
8175	3,91249	5	8195	3,91355	5	8215	3,91461	5
8176	3,91254	5	8196	3,91360	5	8216	3,91466	5
8177	3,91259	6	8197	3,91365	6	8217	3,91471	6
8178	3,91265	5	8198	3,91371	5	8218	3,91477	5
8179	3,91270	5	8199	3,91376	5	8219	3,91482	5
8180	3,91275	6	8200	3,91381	6	8220	3,91487	5

1 nomb.	2 Log.	3 d.t	4 nomb.	5 Log.	6 d.t	7 nomb.	8 Log.	9 d.t
8221	3,91492	6	8241	3,91598	5	8261	3,91703	6
8222	3,91498	5	8242	3,91603	6	8262	3,91709	5
8223	3,91503	5	8243	3,91609	5	8263	3,91714	5
8224	3,91508	6	8244	3,91614	5	8264	3,91719	5
8225	3,91514	5	8245	3,91619	5	8265	3,91724	6
8226	3,91519	5	8246	3,91624	6	8266	3,91730	5
8227	3,91524	5	8247	3,91630	5	8267	3,91735	5
8228	3,91529	6	8248	3,91635	5	8268	3,91740	5
8229	3,91535	5	8249	3,91640	5	8269	3,91745	6
8230	3,91540	5	8250	3,91645	6	8270	3,91751	5
8231	3,91545	6	8251	3,91651	5	8271	3,91756	5
8232	3,91551	5	8252	3,91656	5	8272	3,91761	5
8233	3,91556	5	8253	3,91661	5	8273	3,91766	6
8234	3,91561	5	8254	3,91666	6	8274	3,91772	5
8235	3,91566	6	8255	3,91672	5	8275	3,91777	5
8236	3,91572	5	8256	3,91677	5	8276	3,91782	5
8237	3,91577	5	8257	3,91682	5	8277	3,91787	6
8238	3,91582	5	8258	3,91687	6	8278	3,91793	5
8239	3,91587	6	8259	3,91693	5	8279	3,91798	5
8240	3,91593	5	8260	3,91698	5	8280	3,91803	5

1	2	3	4	5	6	7	8	9
nombre	Log.	d.t	nombre	Log.	d.t	nombre	Log.	d.t
8281	3,91808	6	8301	3,91913	5	8321	3,92018	5
8282	3,91814	5	8302	3,91918	6	8322	3,92023	5
8283	3,91819	5	8303	3,91924	5	8323	3,92028	5
8284	3,91824	5	8304	3,91929	5	8324	3,92033	5
8285	3,91829	5	8305	3,91934	5	8325	3,92038	6
8286	3,91834	6	8306	3,91939	5	8326	3,92044	5
8287	3,91840	5	8307	3,91944	6	8327	3,92049	5
8288	3,91845	5	8308	3,91950	5	8328	3,92054	5
8289	3,91850	5	8309	3,91955	5	8329	3,92059	6
8290	3,91855	6	8310	3,91960	5	8330	3,92065	5
8291	3,91861	5	8311	3,91965	6	8331	3,92070	5
8292	3,91866	5	8312	3,91971	5	8332	3,92075	5
8293	3,91871	5	8313	3,91976	5	8333	3,92080	5
8294	3,91876	6	8314	3,91981	5	8334	3,92085	6
8295	3,91882	5	8315	3,91986	5	8335	3,92091	5
8296	3,91887	5	8316	3,91991	6	8336	3,92096	5
8297	3,91892	5	8317	3,91997	5	8337	3,92101	5
8298	3,91897	6	8318	3,92002	5	8338	3,92106	5
8299	3,91903	5	8319	3,92007	5	8339	3,92111	6
8300	3,91908	5	8320	3,92012	6	8340	3,92117	5

1 nomb.	2 Log.	3 d.t	4 nomb.	5 Log.	6 d.t	7 nomb.	8 Log.	9 d.t
8341	3,92122	5	8361	3,92226	5	8381	3,92330	5
8342	3,92127	5	8362	3,92231	5	8382	3,92335	5
8343	3,92132	5	8363	3,92236	5	8383	3,92340	5
8344	3,92137	6	8364	3,92241	6	8384	3,92345	5
8345	3,92143	5	8365	3,92247	5	8385	3,92350	5
8346	3,92148	5	8366	3,92252	5	8386	3,92355	6
8347	3,92153	5	8367	3,92257	5	8387	3,92361	5
8348	3,92158	5	8368	3,92262	5	8388	3,92366	5
8349	3,92163	6	8369	3,92267	6	8389	3,92374	5
8350	3,92169	5	8370	3,92273	5	8390	3,92376	5
8351	3,92174	5	8371	3,92278	5	8391	3,92381	6
8352	3,92179	5	8372	3,92283	5	8392	3,92387	5
8353	3,92184	5	8373	3,92288	5	8393	3,92392	5
8354	3,92189	6	8374	3,92293	5	8394	3,92397	5
8355	3,92195	5	8375	3,92298	6	8395	3,92402	5
8356	3,92200	5	8376	3,92304	5	8396	3,92407	5
8357	3,92205	5	8377	3,92309	5	8397	3,92412	6
8358	3,92210	5	8378	3,92314	5	8398	3,92418	5
8359	3,92215	6	8379	3,92319	5	8399	3,92423	5
8360	3,92221	5	8380	3,92324	6	8400	3,92428	5

1 nomb.	2 Log.	3 d.t	4 nomb.	5 Log.	6 d.t	7 nomb.	8 Log.	9 d.t
8401	3,92433	5	8421	3,92536	6	8441	3,92639	6
8402	3,92438	5	8422	3,92542	5	8442	3,92645	5
8403	3,92443	6	8423	3,92547	5	8443	3,92650	5
8404	3,92449	5	8424	3,92552	5	8444	3,92655	5
8405	3,92454	5	8425	3,92557	5	8445	3,92660	5
8406	3,92459	5	8426	3,92562	5	8446	3,92665	5
8407	3,92464	5	8427	3,92567	5	8447	3,92670	5
8408	3,92469	5	8428	3,92572	6	8448	3,92675	6
8409	3,92474	6	8429	3,92578	5	8449	3,92681	5
8410	3,92480	5	8430	3,92583	5	8450	3,92686	5
8411	3,92485	5	8431	3,92588	5	8451	3,92691	5
8412	3,92490	5	8432	3,92593	5	8452	3,92696	5
8413	3,92495	5	8433	3,92598	5	8453	3,92701	5
8414	3,92500	5	8434	3,92603	6	8454	3,92706	5
8415	3,92505	6	8435	3,92609	5	8455	3,92711	5
8416	3,92511	5	8436	3,92614	5	8456	3,92716	6
8417	3,92516	5	8437	3,92619	5	8457	3,92722	5
8418	3,92521	5	8438	3,92624	5	8458	3,92727	5
8419	3,92526	5	8439	3,92629	5	8459	3,92732	5
8420	3,92531	5	8440	3,92634	5	8460	3,92737	5

1 nomb.	2 Log.	3 d.t	4 nomb.	5 Log.	6 d.t	7 nomb.	8 Log.	9 d.t
8461	3,92742	5	8481	3,92845	5	8501	3,92947	5
8462	3,92747	5	8482	3,92850	5	8502	3,92952	5
8463	3,92752	6	8483	3,92855	5	8503	3,92957	5
8464	3,92758	5	8484	3,92860	5	8504	3,92962	5
8465	3,92763	5	8485	3,92865	5	8505	3,92967	6
8466	3,92768	5	3486	3,92870	5	8506	3,92973	5
8467	3,92773	5	8487	3,92875	6	8507	3,92978	5
8468	3,92778	5	8488	3,92881	5	8508	3,92983	5
8469	3,92783	5	8489	3,92886	5	8509	3,92988	5
8470	3,92788	5	8490	3,92891	5	8510	3,92993	5
8471	3,92793	6	8491	3,92896	5	8511	3,92998	5
8472	3,92799	5	8492	3,92901	5	8512	3,93003	5
8473	3,92804	5	8493	3,92906	5	8513	3,93008	5
8474	3,92809	5	8494	3,92911	5	8514	3,93013	5
8475	3,92814	5	8495	3,92916	5	8515	3,93018	6
8476	3,92819	5	8496	3,92921	6	8516	3,93024	5
8477	3,92824	5	8497	3,92927	5	8517	3,93029	5
8478	3,92829	5	8498	3,92932	5	8518	3,93034	5
8479	3,92834	6	8499	3,92937	5	8519	3,93039	5
8480	3,92840	5	8500	3,92942	5	8520	3,93044	5

1 nomb.	2 Log.	3 d.t	4 nomb.	5 Log.	6 d.t	7 nomb.	8 Log.	9 d.t
8521	3,93049	5	8541	3,93151	5	8561	3,93252	6
8522	3,93054	5	8542	3,93156	5	8562	3,93258	5
8523	3,93059	5	8543	3,93161	5	8563	3,93263	5
8524	3,93064	5	8544	3,93166	5	8564	3,93268	5
8525	3,93069	6	8545	3,93171	5	8565	3,93273	5
8526	3,93075	5	8546	3,93176	5	8566	3,93278	5
8527	3,93080	5	8547	3,93181	5	8567	3,93283	5
8528	3,93085	5	8548	3,93186	6	8568	3,93288	5
8529	3,93090	5	8549	3,93192	5	8569	3,93293	5
8530	3,93095	5	8550	3,93197	5	8570	3,93298	5
8531	3,93100	5	8551	3,93202	5	8571	3,93303	5
8532	3,93105	5	8552	3,93207	5	8572	3,93308	5
8533	3,93110	5	8553	3,93212	5	8573	3,93313	5
8534	3,93115	5	8554	3,93217	5	8574	3,93318	5
8535	3,93120	5	8555	3,93222	5	8575	3,93323	5
8536	3,93125	6	8556	3,93227	5	8576	3,93328	6
8537	3,93131	5	8557	3,93232	5	8577	3,93334	5
8538	3,93136	5	8558	3,93237	5	8578	3,93339	5
8539	3,93141	5	8559	3,93242	5	8579	3,93344	5
8540	3,93146	5	8560	3,93247	5	8580	3,93349	5

1 nomb.	2 Log.	3 d.t	4 nomb.	5 Log.	6 d.t	7 ncmb.	8 Log.	9 d.t
8581	3,93354	5	8601	3.93455	5	8621	3,93556	5
8582	3,93359	5	8602	3,93460	5	8622	3,93561	5
8583	3,93364	5	8603	3,93465	5	8623	3,93566	5
8584	3,93369	5	8604	3,93470	5	8624	3,93571	5
8585	3,93374	5	8605	3,93475	5	8625	3,93576	5
8586	3,93379	5	8606	3,93480	5	8626	3,93581	5
8587	3,93384	5	8607	3,93485	5	8627	3,93586	5
8588	3,93389	5	8608	3,93490	5	8628	3,93591	5
8589	3,93394	5	8609	3,93495	5	8629	3,93596	5
8590	3,93399	5	8610	3,93500	5	8630	3,93601	5
8591	3,93404	5	8611	3,93505	5	8631	3,93606	5
8592	3,93409	5	8612	3,93510	5	8632	3,93611	5
8593	3,93414	6	8613	3,93515	5	8633	3,93616	5
8594	3,93420	5	8614	3,93520	6	8634	3,93621	5
8595	3,93425	5	8615	3,93526	5	8635	3,93626	5
8596	3,93430	5	8616	3,93531	5	8636	3,93631	5
8597	3,93435	5	8617	3,93536	5	8637	3,93636	5
8598	3,93440	5	8618	3,93541	5	8638	3,93641	5
8599	3,93445	5	8619	3,93546	5	8639	3,93646	5
8600	3,93450	5	8620	3,93551	5	8640	3,93651	5

1 nomb.	2 Log.	3 d.t	4 nomb	5 Log.	6 d.t	7 nomb.	8 Log.	9 d.t
8641	3.93656	5	8661	3.93757	5	8681	3,93857	5
8642	3,93661	5	8662	3,93762	5	8682	3,93862	5
8643	3,93666	5	8663	3,93767	5	8683	3,93867	5
8644	3,93671	5	8664	3,93772	5	8684	3.93872	5
8645	3,93676	6	8665	3,93777	5	8685	3,93877	5
8646	3,93682	5	8666	3,93782	5	8686	3,93882	5
8647	3,93687	5	8667	3,93787	5	8687	3,93887	5
8648	3.93692	5	8668	3,93792	5	8688	3,93892	5
8649	3,93697	5	8669	3,93797	5	8689	3,93897	5
8650	3,93702	5	8670	3,93802	5	8690	3,93902	5
8651	3,93707	5	8671	3,93807	5	8691	3,93907	5
8652	3,93712	5	8672	3,93812	5	8692	3,93912	5
8653	3,93717	5	8673	3,93817	5	8693	3.93917	5
8654	3,93722	5	8674	3,93822	5	8694	3,93922	5
8655	3,93727	5	8675	3,93827	5	8695	3,93927	5
8656	3,93732	5	8676	3,93832	5	8696	3,93932	5
8657	3.93737	5	8677	3,93837	5	8697	3,93937	5
8658	3,93742	5	8678	3,93842	5	8698	3,93942	5
8659	3,93747	5	8679	3,93847	5	8699	3,93947	5
8660	3,93752	5	8680	3,93852	5	8700	3,93952	5

1 nomb.	2 Log.	3 d.t	4 nomb.	5 Log.	6 d.t	7 nomb	8 Log.	9 d.t
8701	3,93957	5	8721	3,94057	5	8741	3,94156	5
8702	3,93962	5	8722	3,94062	5	8742	3,94161	5
8703	3,93967	5	8723	3,94067	5	8743	3,94166	5
8704	3,93972	5	8724	3,94072	5	8744	3,94171	5
8705	3,93977	5	8725	3,94077	5	8745	3,94176	5
8706	3,93982	5	8726	3,94082	4	8746	3,94181	5
8707	3,93987	5	8727	3,94086	5	8747	3,94186	5
8708	3,93992	5	8728	3,94091	5	8748	3,94191	5
8709	3,93997	5	8729	3,94096	5	8749	3,94196	5
8710	3,94002	5	8730	3,94101	5	8750	3,94201	5
8711	3,94007	5	8731	3,94106	5	8751	3,94206	5
8712	3,94012	5	8732	3,94111	5	8752	3,94211	5
8713	3,94017	5	8733	3,94116	5	8753	3,94216	5
8714	3,94022	5	8734	3,94121	5	8754	3,94221	5
8715	3,94027	5	8735	3,94126	5	8755	3,94226	5
8716	3,94032	5	8736	3,94131	5	8756	3,94231	5
8717	3,94037	5	8737	3,94136	5	8757	3,94236	4
8718	3,94042	5	8738	3,94141	5	8758	3,94240	5
8719	3,94047	5	8739	3,94146	5	8759	3,94245	5
8720	3,94052	5	8740	3,94151	5	8760	3,94250	5

1 nomb.	2 Log.	3 d.t	4 nomb.	5 Log.	6 d.t	7 nomb.	8 Log.	9 d.t
8761	3,94255	5	8781	3,94354	5	8801	3,94453	5
8762	3,94260	5	8782	3,94359	5	8802	3,94458	5
8763	3,94265	5	8783	3,94364	5	8803	3,94463	5
8764	3,94270	5	8784	3,94369	5	8804	3,94468	5
8765	3,94275	5	8785	3,94374	5	8805	3,94473	5
8766	3,94280	5	8786	3,94379	5	8806	3,94478	5
8767	3,94285	5	8787	3,94384	5	8807	3,94483	5
8768	3,94290	5	8788	3,94389	5	8808	3,94488	5
8769	3,94295	5	8789	3,94394	5	8809	3,94493	5
8770	3,94300	5	8790	3,94399	5	8810	3,94498	5
8771	3,94305	5	8791	3,94404	5	8811	3,94503	4
8772	3,94310	5	8792	3,94409	5	8812	3.94507	5
8773	3,94315	5	8793	3,94414	5	8813	3,94512	5
8774	3,94320	5	8794	3,94419	5	8814	3,94517	5
8775	3,94325	5	8795	3,94424	5	8815	3,94522	5
8776	3,94330	5	8796	3,94429	4	8816	3,94527	5
8777	3,94335	5	8797	3,94433	5	8817	3,94532	5
8778	3,94340	5	8798	3,94438	5	8818	3,94537	5
8779	3,94345	4	8799	3,94443	5	8819	3,94542	5
8780	3,94349	5	8800	3,94448	5	8820	3,94547	5

1 nomb.	2 Log.	3 d.t	4 nomb.	5 Log.	6 d.t	7 nomb.	8 Log.	9 d.t
8821	3,94552	5	8841	3,94650	5	8861	3,94748	5
8822	3,94557	5	8842	3,94655	5	8862	3,94753	5
8823	3,94562	5	8843	3,94660	5	8863	3,94758	5
8824	3,94567	4	8844	3,94665	5	8864	3,94763	5
8825	3,94571	5	8845	3,94670	5	8865	3,94768	5
8826	3,94576	5	8846	3,94675	5	8866	3,94773	5
8827	3,94581	5	8847	3,94680	5	8867	3,94778	5
8828	3,94586	5	8848	3,94685	4	8868	3,94783	4
8829	3,94591	5	8849	3,94689	5	8869	3,94787	5
8830	3,94596	5	8850	3,94694	5	8870	3,94792	5
8831	3,94601	5	8851	3,94699	5	8871	3,94797	5
8832	3,94606	5	8852	3,94704	5	8872	3,94802	5
8833	3,94611	5	8853	3,94709	5	8873	3,94807	5
8834	3,94616	5	8854	3,94714	5	8874	3,94812	5
8835	3,94621	5	8855	3,94719	5	8875	3,94817	5
8836	3,94626	4	8856	3,94724	5	8876	3,94822	5
8837	3,94630	5	8857	3,94729	5	8877	3,94827	5
8838	3,94635	5	8858	3,94734	4	8878	3,94832	4
8839	3,94640	5	8859	3,94738	5	8879	3,94836	5
8840	3,94645	5	8860	3,94743	5	8880	3,94841	5

1 nomb.	2 Log.	3 d.t	4 nomb.	5 Log.	6 d.t	7 nomb.	8 Log.	9 d.t
8881	3,94846	5	8901	3,94944	5	8921	3,95041	5
8882	3,94851	5	8902	3,94949	5	8922	3,95046	5
8883	3,94856	5	8903	3,94954	5	8923	3,95051	5
8884	3,94861	5	8904	3,94959	4	8924	3,95056	5
8885	3,94866	5	8905	3,94963	5	8925	3,95061	5
8886	3,94871	5	8906	3,94968	5	8926	3,95066	5
8887	3,94876	4	8907	3,94973	5	8927	3,95071	4
8888	3,94880	5	8908	3,94978	5	8928	3,95075	5
8889	3,94885	5	8909	3,94983	5	8929	3,95080	5
8890	3,94890	5	8910	3,94988	5	8930	3,95085	5
8891	3,94895	5	8911	3,94993	5	8931	3,95090	5
8892	3,94900	5	8912	3,94998	4	8932	3,95095	5
8893	3,94905	5	8913	3,95002	5	8933	3,95100	5
8894	3,94910	5	8914	3,95007	5	8934	3,95105	4
8895	3,94915	4	8915	3,95012	5	8935	3,95109	5
8896	3,94919	5	8916	3,95017	5	8936	3,95114	5
8897	3,94924	5	8917	3,95022	5	8937	3,95119	5
8898	3,94929	5	8918	3,95027	5	8938	3,95124	5
8899	3,94934	5	8919	3,95432	4	8939	3,95129	5
8900	3,94939	5	8920	3,95036	5	8940	3,95134	5

1 nomb	2 Log.	3 d.t	4 nomb.	5 Log.	6 d t	7 nomb.	8 Log.	9 d.t
8941	3,95139	4	8961	3,95236	4	8981	3,95332	5
8942	3,95143	5	8962	3,95240	5	8982	3,95337	5
8943	3,95148	5	8963	3,95245	5	8983	3,95342	5
8944	3,95153	5	8964	3,95250	5	8984	3,95347	5
8945	3,95158	5	8965	3,95255	5	8985	3,95352	5
8946	3,95163	5	8966	3,95260	5	8986	3,95357	4
8947	3,95168	5	8967	3,95265	5	8987	3,95361	5
8948	3,95173	4	8968	3,95270	4	8988	3,95366	5
8949	3,95177	5	8969	3,95274	5	8989	3,95371	5
8950	3,95182	5	8970	3,95279	5	8990	3,95376	5
8951	3,95187	5	8971	3,95284	5	8991	3,95381	5
8952	3,95192	5	8972	3,95289	5	8992	3,95386	4
8953	3,95197	5	8973	3,95294	5	8993	3,95390	5
8954	3,95202	5	8974	3,95299	4	8994	3,95395	5
8955	3,95207	4	8975	3,95303	5	8995	3,95400	5
8956	3,95211	5	8976	3,95308	5	8996	3,95405	5
8957	3,95216	5	8977	3,95313	5	8997	3,95410	5
8958	3,95221	5	8978	3,95318	5	8998	3,95415	4
8959	3,95226	5	8979	3,95323	5	8999	3,95419	5
8960	3,95231	5	8980	3,95328	4	9000	3,95424	0

TABLE DES MATIÈRES

27

Pages

SECONDE PARTIE,

ERRATA

Page 20, 20me *ligne*, $149 \times 0,880$, *lisez* : $149 \times 0,888 = 0,00132$.

Page 83, 18me *ligne*, $1800 = \log. 3,90849$, *lisez* : $8100 = \log. 3,90849$.

Page 88, 24me *ligne*, $52200 = \log. 4,40140$, *lisez* : $25200 = \log. 4,40140$.

Page 102, 4me *ligne*, $157 = \log. 2,9590$, *lisez* : $157 = \log. 2,19590$.

Page 118, 13me *ligne*, diff. tab. $21 + 0,48 = 10$, *lisez* : $21 \times 0,48 = 0,00010$.

Page 130, 25me *ligne*, total apparent du log. $21,25297 - 10$, *lisez* : -20 unités.

Page 145, 18me ligne, *lisez* : $+ \log.$ du carré du rayon $2 \times 2 \times 5 = 20$.

Page 147, 16me *ligne,* + compl. arith. de 113+2=226, *lisez :* 113×2=226.

Page 160, 8me *ligne*, le volume 3053,528, *lisez :* 3053,628 décimèt. cub.

Page 196, 13me *ligne*, la fraction $\frac{12}{0,0002}$, *lisez :* $\frac{12,96}{0,0002}$=625000 fr.

Page 205, 11me *ligne*, la fraction $\frac{340,98}{214,45}$, *lisez :* $\frac{34098}{214,45}$=159 florins.

Page 208, *dernière ligne*, la fraction $\frac{52}{45}$, *lisez :* $\frac{152}{45}$.

Page 220, 12me *ligne*, 5 : 70, 7/8 :: 125 : x; *lisez :* 120 : x.

Page 224, 5me *ligne*, la fraction $\frac{1000}{3120}$, *lisez :* $\frac{10000}{3120}$ = 3,205.

Page 230, 8me *ligne*, 4 1/2 $= \frac{o}{2}$; *lisez :* 4 1/2 = 9/2.

Page 230, 15me *ligne*, 5 3/4 $= \frac{}{4}$, *lisez :* $\frac{23}{4}$.

Page 235, 8me *ligne*, pour 8 mois, *lisez :* pour 38 semaines.

Page 238, 24me *ligne*, 72×100×46,98= $\frac{338056}{275}$, *lisez :* $\frac{338256}{275}$.

Page 240, 18me *ligne*, log. 20,69896—10, *lisez :* — 20 unités.

Page 272, 15me *ligne*, total apparent, *lisez :* total définitif du log.

Page 288, 14me *ligne*, 0,025 centièmes, *lisez :* 0,25 centièmes.

Page 299, 2me *ligne,* le log. de 0,62889 = log. 8,79857, *lisez :* 0,79857.

Page 299, 17mo *ligne,* le log. de 0,62889= log. 0,79857, *lisez :* -- 1 unité.

Page 400, 12me *ligne des nombres,* 4913, *lisez :* 4912.

Page 401, 4me *ligne des nombres,* 4964=log. 3,69583.

Page 441, dernière ligne de la 1re *col. des log.,* 3,86540, *lisez :* 3,86570.

Page 445, 12me *ligne,* le log. 3,87924, *lisez :* log. 3,87921.

Reims, Imprimerie de P. DUBOIS, rue de l'Arbalète, 9.